“十二五”国家重点出版规划项目

雷达与探测前沿技术丛书

机会阵雷达

Opportunistic Array Radar

龙伟军　著

国防工业出版社

·北京·

内 容 简 介

本书从机会阵雷达概念与内涵、基础理论和应用技术三个层面对新概念雷达进行了系统论述。概念与内涵部分介绍机会阵雷达概念来源、内涵、系统特点、工作原理与应用优势等；基础理论部分介绍机会阵雷达机会理论、机会阵阵列综合理论、机会阵阵列处理理论等；应用技术部分介绍机会阵传输同步与单元定位技术、机会阵雷达阵列技术等。最后一章以美国海军提出的用于弹道导弹防御和反隐身的机会阵雷达为例，从系统总体角度，介绍系统的作战原理和技术要求，并以此为基础分析机会阵雷达系统的关键性能参数、天线阵列布局规划、系统可靠性、可维护性及可用性与经济成本考虑等。

读者对象为从事雷达、通信、声纳、电子对抗等领域的科技人员，电子信息学科的高年级学生，以及部队的电子信息领域科技干部和管理人员。

图书在版编目(CIP)数据

机会阵雷达／龙伟军著. —北京：国防工业出版社，2017.12

(雷达与探测前沿技术丛书)

ISBN 978－7－118－11520－8

Ⅰ. ①机… Ⅱ. ①龙… Ⅲ. ①阵列雷达－研究 Ⅳ. ①TN959

中国版本图书馆 CIP 数据核字(2018)第 008371 号

※

国防工业出版社出版发行

(北京市海淀区紫竹院南路 23 号 邮政编码 100048)

天津嘉恒印务有限公司印刷

新华书店经售

*

开本 710×1000 1/16 **印张** 16¾ **字数** 289 千字

2017 年 12 月第 1 版第 1 次印刷 **印数** 1—3000 册 **定价** 78.00 元

国防书店：(010)88540777 发行邮购：(010)88540776

发行传真：(010)88540755 发行业务：(010)88540717

“雷达与探测前沿技术丛书”
编审委员会

编辑委员会

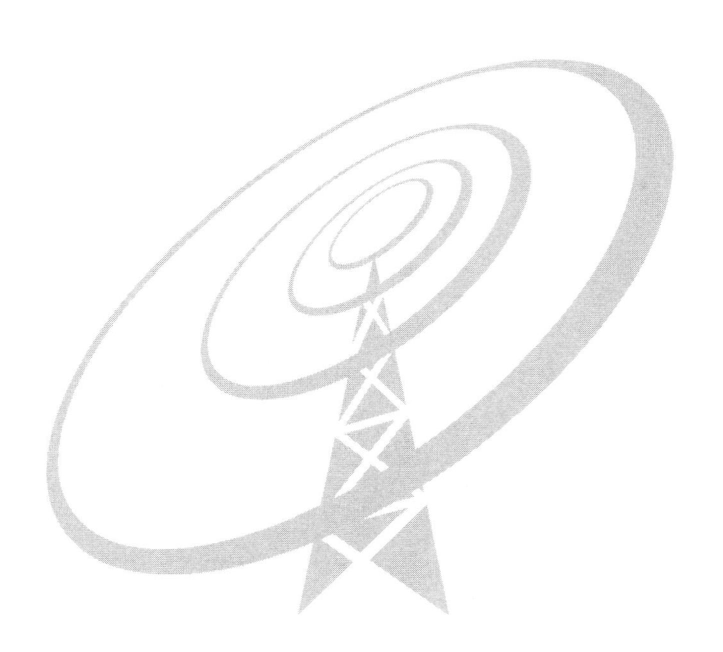

总 序

雷达在第二次世界大战中初露头角。战后,美国麻省理工学院辐射实验室集合各方面的专家,总结战争期间的经验,于1950年前后出版了一套雷达丛书,共28个分册,对雷达技术做了全面总结,几乎成为当时雷达设计者的必备读物。我国的雷达研制也从那时开始,经过几十年的发展,到21世纪初,我国雷达技术在很多方面已进入国际先进行列。为总结这一时期的经验,中国电子科技集团公司曾经组织老一代专家撰著了“雷达技术丛书”,全面总结他们的工作经验,给雷达领域的工程技术人员留下了宝贵的知识财富。

电子技术的迅猛发展,促使雷达在内涵、技术和形态上快速更新,应用不断扩展。为了探索雷达领域前沿技术,我们又组织编写了本套“雷达与探测前沿技术丛书”。与以往雷达相关丛书显著不同的是,本套丛书并不完全是作者成熟的经验总结,大部分是专家根据国内外技术发展,对雷达前沿技术的探索性研究。内容主要依托雷达与探测一线专业技术人员的最新研究成果、发明专利、学术论文等,对现代雷达与探测技术的国内外进展、相关理论、工程应用等进行了广泛深入研究和总结,展示近十年来我国在雷达前沿技术方面的研制成果。本套丛书的出版力求能促进从事雷达与探测相关领域研究的科研人员及相关产品的使用人员更好地进行学术探索和创新实践。

本套丛书保持了每一个分册的相对独立性和完整性,重点是对前沿技术的介绍,读者可选择感兴趣的分册阅读。丛书共41个分册,内容包括频率扩展、协同探测、新技术体制、合成孔径雷达、新雷达应用、目标与环境、数字技术、微电子技术八个方面。

(一) 雷达频率迅速扩展是近年来表现出的明显趋势,新频段的开发、带宽的剧增使雷达的应用更加广泛。本套丛书遴选的频率扩展内容的著作共4个分册:

(1)《毫米波辐射无源探测技术》分册中没有讨论传统的毫米波雷达技术,而是着重介绍毫米波热辐射效应的无源成像技术。该书特别采用了平方千米阵的技术概念,这一概念在用干涉式阵列基线的测量结果来获得等效大口径阵列效果的孔径综合技术方面具有重要的意义。

(2)《太赫兹雷达》分册是一本较全面介绍太赫兹雷达的著作,主要包括太赫兹雷达系统的基本组成和技术特点、太赫兹雷达目标检测以及微动目标检测技术,同时也讨论了太赫兹雷达成像处理。

(3)《机载远程红外预警雷达系统》分册考虑到红外成像和告警是红外探测的传统应用,但是能否作为全空域远距离的搜索监视雷达,尚有诸多争议。该书主要讨论用监视雷达的概念如何解决红外极窄波束、全空域、远距离和数据率的矛盾,并介绍组成红外监视雷达的工程问题。

(4)《多脉冲激光雷达》分册从实际工程应用角度出发,较详细地阐述了多脉冲激光测距及单光子测距两种体制下的系统组成、工作原理、测距方程、激光目标信号模型、回波信号处理技术及目标探测算法等关键技术,通过对两种远程激光目标探测体制的探讨,力争让读者对基于脉冲测距的激光雷达探测有直观的认识和理解。

(二) 传输带宽的急剧提高,赋予雷达协同探测新的使命。协同探测会导致雷达形态和应用发生巨大的变化,是当前雷达研究的热点。本套丛书遴选出协同探测内容的著作共10个分册:

(1)《雷达组网技术》分册从雷达组网使用的效能出发,重点讨论点迹融合、资源管控、预案设计、闭环控制、参数调整、建模仿真、试验评估等雷达组网新技术的工程化,是把多传感器统一为系统的开始。

(2)《多传感器分布式信号检测理论与方法》分册主要介绍检测级、位置级(点迹和航迹)、属性级、态势评估与威胁估计五个层次中的检测级融合技术,是雷达组网的基础。该书主要给出各类分布式信号检测的最优化理论和算法,介绍考虑到网络和通信质量时的联合分布式信号检测准则和方法,并研究多输入多输出雷达目标检测的若干优化问题。

(3)《分布孔径雷达》分册所描述的雷达实现了多个单元孔径的射频相参合成,获得等效于大孔径天线雷达的探测性能。该书在概述分布孔径雷达基本原理的基础上,分别从系统设计、波形设计与处理、合成参数估计与控制、稀疏孔径布阵与测角、时频相同步等方面做了较为系统和全面的论述。

(4)《MIMO 雷达》分册所介绍的雷达相对于相控阵雷达,可以同时获得波形分集和空域分集,有更加灵活的信号形式,单元间距不受 $\lambda/2$ 的限制,间距拉开后,可组成各类分布式雷达。该书比较系统地描述多输入多输出(MIMO)雷达。详细分析了波形设计、积累补偿、目标检测、参数估计等关键技术。

(5)《MIMO雷达参数估计技术》分册更加侧重讨论各类MIMO雷达的算法。从MIMO雷达的基本知识出发,介绍均匀线阵,非圆信号,快速估计,相干目标,分布式目标,基于高阶累计量的、基于张量的、基于阵列误差的、特殊阵列结构的MIMO雷达目标参数估计的算法。

(6)《机载分布式相参射频探测系统》分册介绍的是MIMO技术的一种工程应用。该书针对分布式孔径采用正交信号接收相参的体制,分析和描述系统处理架构及性能、运动目标回波信号建模技术,并更加深入地分析和描述实现分布式相参雷达杂波抑制、能量积累、布阵等关键技术的解决方法。

(7)《机会阵雷达》分册介绍的是分布式雷达体制在移动平台上的典型应用。机会阵雷达强调根据平台的外形,天线单元共形随遇而布。该书详尽地描述系统设计、天线波束形成方法和算法、传输同步与单元定位等关键技术,分析了美国海军提出的用于弹道导弹防御和反隐身的机会阵雷达的工程应用问题。

(8)《无源探测定位技术》分册探讨的技术是基于现代雷达对抗的需求应运而生,并在实战应用需求越来越大的背景下快速拓展。随着知识层面上认知能力的提升以及技术层面上带宽和传输能力的增加,无源侦察已从单一的测向技术逐步转向多维定位。该书通过充分利用时间、空间、频移、相移等多维度信息,寻求无源定位的解,对雷达向无源发展有着重要的参考价值。

(9)《多波束凝视雷达》分册介绍的是通过多波束技术提高雷达发射信号能量利用效率以及在空、时、频域中减小处理损失,提高雷达探测性能;同时,运用相位中心凝视方法改进杂波中目标检测概率。分册还涉及短基线雷达如何利用多阵面提高发射信号能量利用效率的方法;针对长基线,阐述了多站雷达发射信号可形成凝视探测网格,提高雷达发射信号能量的使用效率;而合成孔径雷达(SAR)系统应用多波束凝视可降低发射功率,缓解宽幅成像与高分辨之间的矛盾。

(10)《外辐射源雷达》分册重点讨论以电视和广播信号为辐射源的无源雷达。详细描述调频广播模拟电视和各种数字电视的信号,减弱直达波的对消和滤波的技术;同时介绍了利用GPS(全球定位系统)卫星信号和GSM/CDMA(两种手机制式)移动电话作为辐射源的探测方法。各种外辐射源雷达,要得到定位参数和形成所需的空域,必须多站协同。

（三） 以新技术为牵引，产生出新的雷达系统概念，这对雷达的发展具有里程碑的意义。本套丛书遴选了涉及新技术体制雷达内容的6个分册：

(1)《宽带雷达》分册介绍的雷达打破了经典雷达5MHz带宽的极限，同时雷达分辨力的提高带来了高识别率和低杂波的优点。该书详尽地讨论宽带信号的设计、产生和检测方法。特别是对极窄脉冲检测进行有益的探索，为雷达的进一步发展提供了良好的开端。

(2)《数字阵列雷达》分册介绍的雷达是用数字处理的方法来控制空间波束，并能形成同时多波束，比用移相器灵活多变，已得到了广泛应用。该书全面系统地描述数字阵列雷达的系统和各分系统的组成。对总体设计、波束校准和补偿、收/发模块、信号处理等关键技术都进行了详细描述，是一本工程性较强的著作。

(3)《雷达数字波束形成技术》分册更加深入地描述数字阵列雷达中的波束形成技术，给出数字波束形成的理论基础、方法和实现技术。对灵巧干扰抑制、非均匀杂波抑制、波束保形等进行了深入的讨论，是一本理论性较强的专著。

(4)《电磁矢量传感器阵列信号处理》分册讨论在同一空间位置具有三个磁场和三个电场分量的电磁矢量传感器，比传统只用一个分量的标量阵列处理能获得更多的信息，六分量可完备地表征电磁波的极化特性。该书从几何代数、张量等数学基础到阵列分析、综合、参数估计、波束形成、布阵和校正等问题进行详细讨论，为进一步应用奠定了基础。

(5)《认知雷达导论》分册介绍的雷达可根据环境、目标和任务的感知，选择最优化的参数和处理方法。它使得雷达数据处理及反馈从粗犷到精细，彰显了新体制雷达的智能化。

(6)《量子雷达》分册的作者团队搜集了大量的国外资料，经探索和研究，介绍从基本理论到传输、散射、检测、发射、接收的完整内容。量子雷达探测具有极高的灵敏度，更高的信息维度，在反隐身和抗干扰方面优势明显。经典和非经典的量子雷达，很可能走在各种量子技术应用的前列。

（四） 合成孔径雷达(SAR)技术发展较快，已有大量的著作。本套丛书遴选了有一定特点和前景的5个分册：

(1)《数字阵列合成孔径雷达》分册系统阐述数字阵列技术在SAR中的应用，由于数字阵列天线具有灵活性并能在空间产生同时多波束，雷达采集的同一组回波数据，可处理出不同模式的成像结果，比常规SAR具备更多的新能力。该书着重研究基于数字阵列SAR的高分辨力宽测绘带SAR成像、极化层析 SAR 三维成像和前视 SAR 成像技术三种新能力。

(2)《双基合成孔径雷达》分册介绍的雷达配置灵活,具有隐蔽性好、抗干扰能力强、能够实现前视成像等优点,是 SAR 技术的热点之一。该书较为系统地描述了双基 SAR 理论方法、回波模型、成像算法、运动补偿、同步技术、试验验证等诸多方面,形成了实现技术和试验验证的研究成果。

(3)《三维合成孔径雷达》分册描述曲线合成孔径雷达、层析合成孔径雷达和线阵合成孔径雷达等三维成像技术。重点讨论各种三维成像处理算法,包括距离多普勒、变尺度、后向投影成像、线阵成像、自聚焦成像等算法。最后介绍三维 MIMO-SAR 系统。

(4)《雷达图像解译技术》分册介绍的技术是指从大量的 SAR 图像中提取与挖掘有用的目标信息,实现图像的自动解译。该书描述高分辨 SAR 和极化 SAR 的成像机理及相应的相干斑抑制、噪声抑制、地物分割与分类等技术,并介绍舰船、飞机等目标的 SAR 图像检测方法。

(5)《极化合成孔径雷达图像解译技术》分册对极化合成孔径雷达图像统计建模和参数估计方法及其在目标检测中的应用进行了深入研究。该书研究内容为统计建模和参数估计及其国防科技应用三大部分。

(五) 雷达的应用也在扩展和变化,不同的领域对雷达有不同的要求,本套丛书在雷达前沿应用方面遴选了 6 个分册:

(1)《天基预警雷达》分册介绍的雷达不同于星载 SAR,它主要观测陆海空天中的各种运动目标,获取这些目标的位置信息和运动趋势,是难度更大、更为复杂的天基雷达。该书介绍天基预警雷达的星星、星空、MIMO、卫星编队等双/多基地体制。重点描述了轨道覆盖、杂波与目标特性、系统设计、天线设计、接收处理、信号处理技术。

(2)《战略预警雷达信号处理新技术》分册系统地阐述相关信号处理技术的理论和算法,并有仿真和试验数据验证。主要包括反导和飞机目标的分类识别、低截获波形、高速高机动和低速慢机动小目标检测、检测识别一体化、机动目标成像、反投影成像、分布式和多波段雷达的联合检测等新技术。

(3)《空间目标监视和测量雷达技术》分册论述雷达探测空间轨道目标的特色技术。首先涉及空间编目批量目标监视探测技术,包括空间目标监视相控阵雷达技术及空间目标监视伪码连续波雷达信号处理技术。其次涉及空间目标精密测量、增程信号处理和成像技术,包括空间目标雷达精密测量技术、中高轨目标雷达探测技术、空间目标雷达成像技术等。

（4）《平流层预警探测飞艇》分册讲述在海拔约20km的平流层，由于相对风速低、风向稳定，从而适合大型飞艇的长期驻空，定点飞行，并进行空中预警探测，可对半径500km区域内的地面目标进行长时间凝视观察。该书主要介绍预警飞艇的空间环境、总体设计、空气动力、飞行载荷、载荷强度、动力推进、能源与配电以及飞艇雷达等技术，特别介绍了几种飞艇结构载荷一体化的形式。

（5）《现代气象雷达》分册分析了非均匀大气对电磁波的折射、散射、吸收和衰减等气象雷达的基础，重点介绍了常规天气雷达、多普勒天气雷达、双偏振全相参多普勒天气雷达、高空气象探测雷达、风廓线雷达等现代气象雷达，同时还介绍了气象雷达新技术、相控阵天气雷达、双/多基地天气雷达、声波雷达、中频探测雷达、毫米波测云雷达、激光测风雷达。

（6）《空管监视技术》分册阐述了一次雷达、二次雷达、应答机编码分配、S模式、多雷达监视的原理。重点讨论广播式自动相关监视（ADS-B）数据链技术、飞机通信寻址报告系统（ACARS）、多点定位技术（MLAT）、先进场面监视设备（A-SMGCS）、空管多源协同监视技术、低空空域监视技术、空管技术。介绍空管监视技术的发展趋势和民航大国的前瞻性规划。

（六） 目标和环境特性，是雷达设计的基础。该方向的研究对雷达匹配目标和环境的智能设计有重要的参考价值。本套丛书对此专题遴选了4个分册：

（1）《雷达目标散射特性测量与处理新技术》分册全面介绍有关雷达散射截面积（RCS）测量的各个方面，包括RCS的基本概念、测试场地与雷达、低散射目标支架、目标RCS定标、背景提取与抵消、高分辨力RCS诊断成像与图像理解、极化测量与校准、RCS数据的处理等技术，对其他微波测量也具有参考价值。

（2）《雷达地海杂波测量与建模》分册首先介绍国内外地海面环境的分类和特征，给出地海杂波的基本理论，然后介绍测量、定标和建库的方法。该书用较大的篇幅，重点阐述地海杂波特性与建模。杂波是雷达的重要环境，随着地形、地貌、海况、风力等条件而不同。雷达的杂波抑制，正根据实时的变化，从粗犷走向精细的匹配，该书是现代雷达设计师的重要参考文献。

（3）《雷达目标识别理论》分册是一本理论性较强的专著。以特征、规律及知识的识别认知为指引，奠定该书的知识体系。首先介绍雷达目标识别的物理与数学基础，较为详细地阐述雷达目标特征提取与分类识别、知识辅助的雷达目标识别、基于压缩感知的目标识别等技术。

（4）《雷达目标识别原理与实验技术》分册是一本工程性较强的专著。该书主要针对目标特征提取与分类识别的模式，从工程上阐述了目标识别的方法。重点讨论特征提取技术、空中目标识别技术、地面目标识别技术、舰船目标识别及弹道导弹识别技术。

（七） 数字技术的发展，使雷达的设计和评估更加方便，该技术涉及雷达系统设计和使用等。本套丛书遴选了3个分册：

（1）《雷达系统建模与仿真》分册所介绍的是现代雷达设计不可缺少的工具和方法。随着雷达的复杂度增加，用数字仿真的方法来检验设计的效果，可收到事半功倍的效果。该书首先介绍最基本的随机数的产生、统计实验、抽样技术等与雷达仿真有关的基本概念和方法，然后给出雷达目标与杂波模型、雷达系统仿真模型和仿真对系统的性能评价。

（2）《雷达标校技术》分册所介绍的内容是实现雷达精度指标的基础。该书重点介绍常规标校、微光电视角度标校、球载BD/GPS（BD为北斗导航简称）标校、射电星角度标校、基于民航机的雷达精度标校、卫星标校、三角交会标校、雷达自动化标校等技术。

（3）《雷达电子战系统建模与仿真》分册以工程实践为取材背景，介绍雷达电子战系统建模的主要方法、仿真模型设计、仿真系统设计和典型仿真应用实例。该书从雷达电子战系统数学建模和仿真系统设计的实用性出发，着重论述雷达电子战系统基于信号/数据流处理的细粒度建模仿真的核心思想和技术实现途径。

（八） 微电子的发展使得现代雷达的接收、发射和处理都发生了巨大的变化。本套丛书遴选出涉及微电子技术与雷达关联最紧密的3个分册：

（1）《雷达信号处理芯片技术》分册主要讲述一款自主架构的数字信号处理（DSP）器件，详细介绍该款雷达信号处理器的架构、存储器、寄存器、指令系统、I/O资源以及相应的开发工具、硬件设计，给雷达设计师使用该处理器提供有益的参考。

（2）《雷达收发组件芯片技术》分册以雷达收发组件用芯片套片的形式，系统介绍发射芯片、接收芯片、幅相控制芯片、波速控制驱动器芯片、电源管理芯片的设计和测试技术及与之相关的平台技术、实验技术和应用技术。

（3）《宽禁带半导体高频及微波功率器件与电路》分册的背景是，宽禁带材料可使微波毫米波功率器件的功率密度比Si和GaAs等同类产品高10倍，可产生开关频率更高、关断电压更高的新一代电力电子器件，将对雷达产生更新换代的影响。分册首先介绍第三代半导体的应用和基本知识，然后详细介绍两大类各种器件的原理、类别特征、进展和应用：SiC 器件有功率二极管、MOSFET、JFET、BJT、IBJT、GTO 等；GaN 器件有 HEMT、MMIC、E 模 HEMT、N 极化 HEMT、功率开关器件与微功率变换等。最后展望固态太赫兹、金刚石等新兴材料器件。

本套丛书是国内众多相关研究领域的大专院校、科研院所专家集体智慧的结晶。具体参与单位包括中国电子科技集团公司、中国航天科工集团公司、中国电子科学研究院、南京电子技术研究所、华东电子工程研究所、北京无线电测量研究所、电子科技大学、西安电子科技大学、国防科技大学、北京理工大学、北京航空航天大学、哈尔滨工业大学、西北工业大学等近 30 家。在此对参与编写及审校工作的各单位专家和领导的大力支持表示衷心感谢。

王小谟

2017 年 9 月

前　言

机会阵雷达概念的提出改变了长期以来雷达与平台设计相对独立的传统理念,采用平台与雷达协同设计,强调以平台为核心,即优先考虑平台的各种性能,如作战性能、机动性、结构的隐身性、飞行器的空气动力学性能等与平台相关的战术技术性能。这是一种更加突出以平台实战性为第一要素的作战系统综合设计理念。机会阵在平台核心设计要素约束下,再开展天线单元的布局。理论上只要平台上有机会布置天线单元的地方都可以随遇布置,而不需要苛求于天线的具体形式,天线单元可以是共形也可以是非共形的,可以是稀疏也可以是均匀的。这样不但不会因为受平台设计约束而造成现有雷达功率孔径受限、探测能力的下降,反而因为遍布载体平台的天线单元而提供了更多的组阵方式,因此在提升雷达探测威力的同时,还可以实现全向的视场和多种功能,最大限度保留作战平台的隐身性、机动性和作战能力,因此具有重要的应用价值和研究意义。

本书在国内外前期研究基础上,从机会阵雷达概念与内涵、基础理论和应用技术三个层面对新概念雷达进行系统阐述,全书共分为7章。

第1章绪论。首先论述雷达技术发展趋势和新的作战形式对雷达设计提出的新需求,引出机会阵雷达研究的必要性;然后介绍机会阵雷达的概念来源、国内外发展情况;最后介绍本书的主要内容。

第2章机会阵雷达与机会理论。在国外机会阵雷达概念雏形基础上,结合国内近年来的研究,阐述机会阵雷达的概念与内涵,探讨机会阵雷达应用概念与应用技术问题,分析机会阵雷达的系统特点和工作原理;将数学领域和人工智能的新进展中不确定性理论、机会发现、机会管理理论引入机会阵雷达研究领域;从数学角度表征机会阵雷达的机会性特征,尝试建立机会阵雷达的基本理论。

第3章机会阵阵列综合理论。机会阵雷达单元随遇布置于三维(3-D)空间的电磁开放区域,为获得目标波束,需要研究空间任意位置构型非规则阵列的综合理论。本章从阵列天线基本理论出发,阐述方向图综合的基本原理和均匀阵方向图的综合方法;采用遗传算法作为机会阵雷达方向图综合优化工具,论述引入时间参量和维度,研究其对机会阵方向图综合和波束控制的潜在应用;最后探讨引入机会理论和机会约束的阵列综合方法。

第4章机会阵阵列处理理论。从信号处理域解决阵面接收条件下的波束形成问题。它是机会阵雷达信号处理、目标检测的基础。机会阵通过 3 - D 空间“机会性”分布的天线单元对空间信号场进行非均匀空域采样，然后在一定的自适应最优化准则下，经加权求和处理得到期望的输出结果。首先介绍常规阵列信号处理的模型和方法，然后针对机会阵 DBF 和 ADBF 问题，采用最大信干噪比准则建立机会阵从一维到多维 DBF 的数理模型和快速收敛算法，通过计算机仿真验证了算法的有效性。

第 5 章机会阵传输同步与单元定位技术。首先分析机会阵雷达的信号特点和传输要求，论述可供采用的信号传输技术，设计无线传输、光纤传输形式下的同步方式，建立同步性对雷达系统性能影响的关系模型；其次由于机会阵常处于动态环境之中，因此单元定位技术同样重要，所以接着分析定位的不确定性因素，探讨单元定位的多种实现方法；最后建模分析舰船动态变化对定位的影响等。

第 6 章机会阵雷达阵列技术。首先介绍可供机会阵雷达采用的孔径结构阵列技术，如共形承载天线结构技术、阵列结构感知技术、阵列结构集成技术等；然后介绍可重构天线阵列技术，如频率可重构天线技术、极化可重构天线技术、方向图可重构天线技术等。

第 7 章机会阵雷达工程应用。以美国海军提出的用于弹道导弹防御和反隐身的机会阵雷达为例，从系统总体的角度，介绍系统的作战原理和技术要求，并以此为基础分析机会阵雷达系统的关键性能参数、平台天线阵列布局规划，系统可靠性、可维护性、可用性与经济成本考虑等。作为一项庞大而复杂的系统工程，机会阵雷达的作战要求、系统参数和研发能力是相互制约的，本章将综合考虑诸多相互矛盾的约束关系，从中进行折中性分析，为机会阵雷达的工程应用奠定基础。

本书的出版，首先需要感谢我的恩师贲德院士，使我有幸在博士期间开展了机会阵雷达的研究课题。在博士论文选题上，他始终坚持创新的原则，还记得我数次求教于贲院士，而他总是想方设法让我自己去开拓新的领域，直到有一天，我向贲院士谈到了机会阵雷达的一些最初想法，他听完以后，以睿智的目光看着我，并恳切地回答了两个字“可以!”于是才有了国内机会阵雷达研究工作的开始，所以贲院士是最先需要感谢的人。贲院士“治学有道唯勤奋，处世无奇但坦诚”的赠言，既是贲院士的人生写照，也是对我们的一种鞭策和激励，常记于心，受益不尽!

特别需要感谢的是中国电子科技集团公司第十四研究所副所长王建明研究员，他的气度与胸怀，高超的领导艺术和远见卓识，指引我们的机会阵雷达项目团队做出了许多原创性工作，得到了国家“973”项目的立项支持，将机会阵雷达的研究工作向前推进了一大步。同样需要感谢的有中国电子科技集团公司首席科学家李明研究员，赵玉洁、程钧、邓大松、王晓光等领导和专家以及机会阵雷达项目组的同事们。本书的出版得到国防工业出版社、国家出版基金项目、国家自然科学基金和“973”项目的支持，一并表示感谢。

作为一种新概念雷达，机会阵雷达处于发展初期，尚未形成完整的理论和技术体系。有关机会阵雷达的著作，这还是第一部，希望本书的出版能够起到抛砖引玉的作用，推动业界对机会阵雷达的关注和研究。书中所提出的观点和想法中，不足与错误之处在所难免，诚请并衷心感谢读者赐正！

作　者

2017 年 9 月

目　录

第1章 绪论

1.1 引 言

雷达的起源可追溯到基本电磁理论的发展,19世纪后期,物理学家麦克斯韦、法拉第等人预言并用数学公式描述了电磁波的存在情况,奠定了无线电探测和通信的理论基础。1922年,无线电之父马可尼在发表的论文中提出了一个新思路:在低能见度条件下,可以通过发射无线电波并测量“回声”来探测物体,据此奠定了雷达概念最初的雏形。从20世纪初雷达概念的出现至今,雷达探测技术已经发展了近一个世纪,雷达技术的进步和发展主要围绕两个方面:①增大探测距离、增加估计参数、改善估计精度;②解决雷达系统的四抗问题即抗隐身、抗干扰、抗摧毁、抗低空突防。

高技术条件下的现代战争,作战空间拓展到了陆、海、空、天,战场环境日益恶劣。近年来,随着信息战、联合作战、网络中心战、精确作战、体系对抗作战等作战理论和作战形态的出现,信息感知能力成为决定战争胜负的关键因素之一;同时各个装备的武器系统在不断地改进和升级,先进的高空弹道导弹、中低空的隐身飞机、低空的巡航导弹已经成为现代信息化战争的最大杀手,现代战争要求雷达系统具有良好的四抗性能,并且能够满足不对称作战中机动灵活的要求,向着“隐身化、小型化、多功能、网络化”的方向发展。在未来战争中,复杂的战场环境和来自目标的威胁对雷达系统提出了更高的性能要求。雷达系统设计进一步复杂化,促使雷达设计师需要探索新体制和新方法。

当前的雷达系统作为重要的感知手段已经受到极大的挑战。以当前最重要的雷达体制相控阵雷达为例,毋庸置疑,相控阵雷达的出现极大地推动了雷达探测技术的发展,其有效地解决了采用大功率孔径的远距离多目标的探测和高数据率搜索、跟踪问题。但是,由于其体制上的约束,如主要体现在作用距离受功率孔径积的限制,布阵受到半个波长的限制等,越来越难以满足现代战争对探测

系统的要求,使其发展面临困境。具体原因如下:

(1) 远程预警相控阵雷达体积庞大,灵活性机动性差,不能满足非对称作战的应用需求,并且系统抗摧毁能力差,应用风险大,一旦被摧毁,便完全失去了对这一区域的感知能力,系统的抗反辐射摧毁问题无法解决,比如美国的铺路爪(PAVE PAWS)雷达系统。

(2) 相控阵雷达系统的平台适装性差,平台虽大,天线面积受限,致使对低空、超低空隐身目标的发现能力不足,抗隐身和抗低空突防的性能不理想。对于机载、星载等运动平台的相控阵雷达系统,为了增大探测距离,就必须增加天线阵面的面积,将导致载荷增加、功耗增大、搭载的复杂性增加、气动性能降低、续航时间减少、系统风险增大等一系列问题。

美国通过构建弹道导弹防御(BMD)系统用以对抗核弹道导弹威胁,在整个BMD系统传感网络中,相控阵雷达起着至关重要的作用。相控阵雷达被战略部署在世界各个区域,并通过网络连接在一起,实现全球范围内的早期预警。BMD系统的宙斯盾(AEGIS)平台使用了AN/SPY-1雷达,如图1.1(a)所示,它是一个多功能的相控阵雷达,在S波段使用了多频点,可以在任意方向、任意给定时刻跟踪100批以上目标。整部雷达由四面组成,形成空间360°覆盖。AN/SPY-1虽然具有4MW的峰值功率,但是在低仰角方向只具有不到200n mile的作用距离,远不能满足BMD的早期预警要求和快速大范围的前沿部署。为了提高作用距离并获得用于制导的高分辨力,下一代美国海军驱逐舰朱姆瓦尔特(Zumwalt)级DDG1000(图1.1(b))装备双波段雷达(DBR),采用X波段进行武器控制和制导,L波段做早期预警。DBR中的AN/SPY-3是一部X波段多功能有源相控阵雷达,具有短距离高分辨能力,而在L波段采用全数字阵,用于大范围远距离搜索,以弥补AN/SPY-3的远距离探测和早期预警之不足。双波段雷达通过2部雷达的协同工作,从一定程度上既可以提高作用距离又可以提高分辨力,但是无论搜索还是跟踪,作用距离和分辨力都受限于雷达的孔径尺寸。理论上,雷达孔径尺寸越大越好,但受到载体平台的限制,孔径和阵面做得过大,会影响到平台的隐身、气动性、机动性和作战能力,因此雷达孔径是制约雷达发展的重要因素。

机会阵雷达概念的提出突破了传统相控阵雷达孔径尺寸的限制,可以最大限度地利用平台空间。理论上只要平台上哪里有电磁开放的空间,哪里就可以布置天线单元,通过孔径结构(Aperstructure)设计,将获得与平台孔径尺寸相当的天线辐照孔径,与平台最大基线长度相当的角分辨力,最大限度地提高功率孔径积,因此对机会阵雷达的研究具有重要意义。

(a)

(b)

图 1.1 AEGIS AN/SPY－1 和 DDG1000(见彩图)

1.2 雷达技术应用需求与发展趋势

机会阵雷达概念的提出还来自于作战平台对雷达系统所提出的新的应用需求,以及现代雷达技术发展趋势。

1.2.1 雷达与平台电磁隐身性的需求

新一代武器装备,无论空、天、地、海作战平台,隐身性是雷达系统必须考虑的问题,雷达系统和作战平台的隐身与反隐身能力直接决定了战场生存能力。以机载平台为例,未来航空装备对隐身性能的需求日益迫切,雷达已成为制约机载平台隐身性能的重要因素,现有雷达形态已经无法满足平台隐身性能进一步提升的需求。机会阵雷达使雷达天线与载机外形相契合,极大减少雷达对平台隐身的影响,对平台整体隐身性能提升具有重要意义。

高隐身性能是未来作战飞行器的重要特征之一。未来装备对隐身性能的要求将从目前的有限角度和有限频段向全方位和全频段扩展,隐身性能要求的指标量级将进一步增加,因此对武器装备平台的隐身技术提出了更高要求。

雷达天线对雷达散射截面(RCS)的贡献与它在飞机上的安装位置、安装姿态、形状等因素有关。以战斗机为例,如果火控雷达天线不采取任何措施,则天线的 RCS 可以达到上百平方米,倾斜安装后 RCS 可下降到 $0.5m^2$ 左右,再进一步采取 RCS 缩减措施后可降低至 $0.01m^2$ 以下。在 X 波段,F－35 飞机 RCS 约为 $0.1m^2$,F－22 飞机约为 $0.01m^2$。由以上数据看出,雷达天线的 RCS 极大地影响了整机的隐身性能。为了满足飞机对目标探测覆盖空域和自身隐身的要求,目前隐身战机的机载火控雷达需要将天线安装在飞机的特定位置并使用特殊的天线姿态(如图 1.2 所示的上仰安装),这样影响了雷达的使用。今后随着隐身指标要求的增加，雷达等传感器对飞机的隐身性能影响将更为突出，对雷达传感器的隐身设计的要求也越来越高。

图 1.2　F－35 飞机 APG－81 雷达（见彩图）

机会阵雷达在不改变平台外形的前提下，充分利用飞机上各种可能布阵空间进行布阵，同时兼顾了飞机对目标的大范围探测与平台隐身性能的需求，对下一代飞机探测系统的设计具有重要意义。

1.2.2　适应未来平台扁平化发展需求

未来空中作战平台多采用扁平化设计，机身上没有空间放置传统雷达孔径。机会阵雷达单元在三维（3－D）空间上随遇布置于平台各处，是适应未来平台发展的重要途径。

未来无人战斗机与高超声速飞机，如图 1.3 所示的 X－45A、X－43、X－47B、X－51 等。由图中可以看出，未来作战飞机机身扁平化设计以后，已经没有空间来放置传统样式的机载火控雷达，因此目前机载火控雷达的物理架构已不能适应未来战机发展的需求。

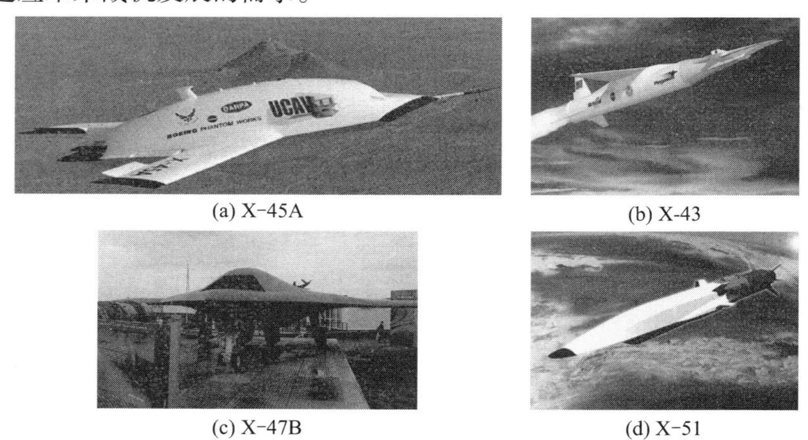

(a) X-45A　(b) X-43　(c) X-47B　(d) X-51

图 1.3　未来作战平台形态（见彩图）

从另一方面来看，为了适应不同平台的作战需求，需要为每一型飞机平台单独研制雷达系统，由于不同平台外形和飞行性能要求存在差异，从而大大增加了雷达研制复杂性，也延长了设备研制周期。

随着下一代航空电子系统综合程度从现在的射频综合、孔径综合提高到任务综合，采用机会阵雷达技术，以一套硬件架构方案为基础，可通过仅采用软件配置和不同的天线阵元组合来适用不同平台的装机适用条件，降低了装备研制的复杂度，缩短了装备研制周期，同时也提高了装备的维修性。

1.2.3　多功能一体化发展趋势

现有军事电子系统存在这样的问题：单机装备功能单一，集成装备资源冗余、电磁兼容性差、规模庞大；综合系统异构为主，互操作性差、难融合协同；作战模式灵活性缺乏，战场环境感知适应能力弱，频谱资源日益紧张。

另一方面，作战平台面临的威胁日益增多、工作的电磁环境日益复杂，大量有意、无意的干扰使得战场空间中的电磁信号非常密集，大功率、全频段、智能化的电子干扰机将使雷达致盲，或受到欺骗，威力降低、测量精度恶化，进而严重影响雷达效能。为提高雷达和平台的生存能力，作战平台不得不同时配备越来越多的电子设备，比如战机、战舰等机动作战平台通常需要同时装备用于雷达探测、电子战干扰、无线电通信和截获侦收的电子装备。显然，仅仅将这些单一功能电子装备进行简单组合叠加所构成的作战平台难以对付敌方综合性高科技电子兵器，因此需要借助现代先进的光子和电子信息技术，将具有探测、干扰、通信等功能的电子装配综合一体。电子装备多功能一体化是军事电子系统的发展趋势，也将成为军事电子系统最具潜力、最为彻底的技术变革方向。

国外体现航电/射频综合一体化的典型项目包括美国海军的“先进多功能射频概念”（AMRFC）项目和空军的“多功能综合射频”（MIRFS）项目，MIRFS 于 1996 年 2 月启动，合同总额为 1.1 亿美元，承包商包括休斯公司（后并入雷声公司）和诺·格公司。两家公司将完成雷达系统的研制和试飞演示。通过综合运用天线孔径，F－35 机身上的天线孔径减少为 21 个，其将雷达、电子战通信、导航等天线融为一体，实现多功能，如图 1.4 所示。根据合同要求，新的有源多功能阵列（MFA）将联合战斗攻击机（JSF）航电系统成本减少 30%、重量减少 50%。

机会阵雷达根据作战任务的不同、目标种类的不同、环境条件的差异等因素，动态优化重构雷达资源和工作参数，同时或分时地实现多种系统功能。比如，为了实现雷达自身的隐身与对隐身目标的反隐身探测，雷达的探测功率、探测方式，随着目标的时变而时变。再如，为了实现多种功能，可以重构雷达孔径，用以实现侦察引导、电子干扰、链路通信等多种功能。

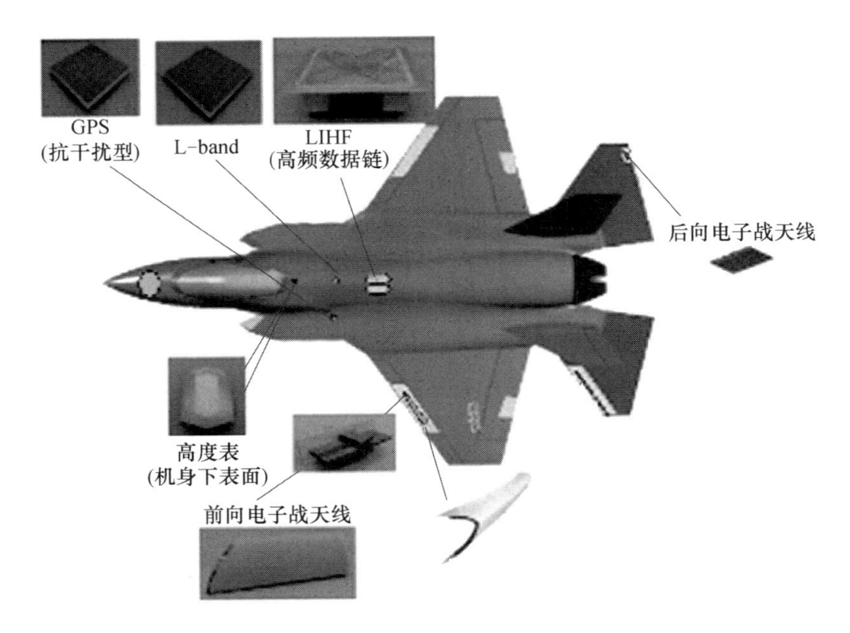

图 1.4　综合化设计的 F-35 天线孔径布置(见彩图)

1.2.4　雷达阵列发展趋势

王小谟院士在文献[1]对雷达阵列发展趋势做了高度的概括,认为雷达系统经历了从分布式天线→阵列天线→反射面天线→阵列天线→分布式系统的发展历程,如图 1.5 所示,从表面形态上看似乎是一个简单的回归,但从技术形势上看却发生本质的改变。最初的雷达阵列受限于理论与技术水平,是一种简单的分布式天线系统,只能应用较低的频段、较长的波长,采用分散的米波阵列组链工作,比如第二次世界大战期间部署在英国英伦岛东南部的"本土链雷达(Chain Home Radar)系统",如图 1.6 所示。随着电子器件技术的发展,功率器件由最初的真空管、电子管、行波管、磁控管向固态有源器件发展,并且出现了用于相位控制的电控移相器,采用电控移相器,人们不再需要将天线孔径加工成特殊的赋形曲面来实现能量的聚焦,但需要将天线单元集成到一个平面上,需要通过控制单元的相位,并且满足一定约束的单元间隔(比如半个波长)才可以获得较低的天线副瓣,这就是在 20 世纪 60 年代前后迅速发展起来的相控阵雷达技术。可以看出,随着电子技术、通信技术、计算机技术和光电子技术的发展,未来的雷达系统将是分布式的雷达系统,比如多基地雷达系统、网络化雷达系统以及本书将要介绍的机会阵雷达系统,都将具有分布式的特点。

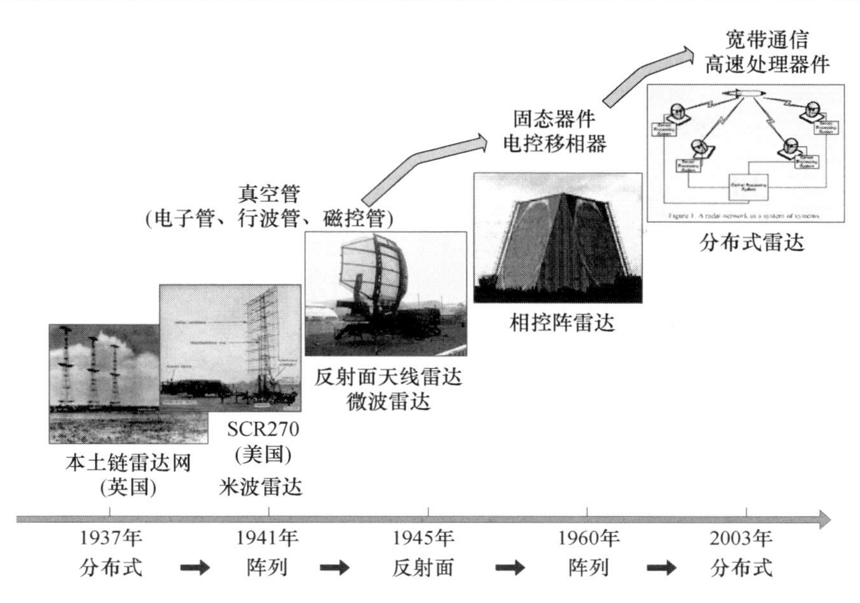

图 1.5　雷达阵列发展趋势[1]（见彩图）

图 1.6　本土链雷达系统

1.3　机会阵雷达研究进展

1.3.1　概念来源

美国海军研究生院（NPS）是最早提出机会阵雷达概念的机构，概念最初的提出源于美国海军对下一代隐身驱逐舰 DD(X)发展构想和用于弹道导弹防御的应用背景,NPS 早在 20 世纪末就开展了这方面的研究工作并于 2000 年前后公开发表了研究文献[2-13]。

机会阵雷达是以平台为核心,单元与数字收发组件被机会布置于载体平台 3-D 开放空间的任意位置;通过实时感知战场环境变化并做出"机会性"决策和天线单元、工作模式"机会性"选择的雷达系统。如果考虑机会阵雷达工程上复杂的电磁兼容性问题、方向图综合问题、信号传输与同步问题等,则机会阵雷达是一个比较"冒险"的新概念。但美国军方也看到了机会阵雷达所具有的应用潜力和研究价值,开展了长期持续的研究工作。

机会阵雷达概念的提出改变了以往作战平台以雷达系统为核心的设计理念。一般而言,作战平台的设计通常围绕雷达系统展开(Warship Around Radar),比如著名的宙斯盾(AEGIS)系统,首先要保证的是雷达系统的作战威力,再考虑建造足够庞大的舰船承载雷达系统,导致舰船平台的隐身性、机动性和作战能力受到极大限制。正如文献[3]所述:"宙斯盾之父韦恩·E. 迈耶(Wayne E. Meyer)认为 AEGIS 已有 25 年之久的历史,远不能满足 21 世纪战舰隐身性、多功能及其他作战要求,需要从观念上有所转变……"。

随后美国导弹防御局(MDA)和美国海军研究办公室(ONR)指派美国海军研究生院针对这一理念结合下一代 DD(X),设计一种全新概念的雷达系统。机会阵雷达正是 NPS 在韦恩·E. 迈耶这一技术发展思路引领下提出并开展的。机会阵单元被"机会性"地放置于可获得的载体内部或平台上任意区域。海面舰船应用中,机会阵单元被放置于整个与舰体同尺寸的可获得的开放区域,机会阵被作为一种孔径结构集成于舰体,这种孔径结构将保留战舰的隐身性,且最大化其生存能力和操控性。如图 1.7 所示:载体平台为电动力隐身驱逐舰 DD(X);图中×网格表

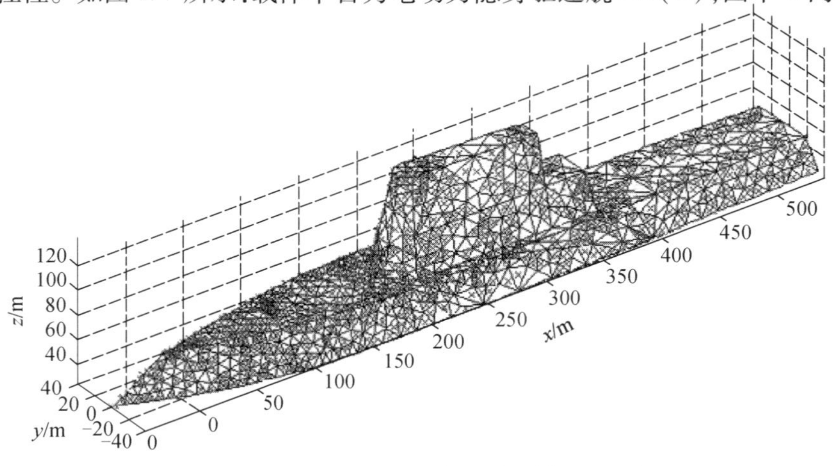

图 1.7 密布 DD(X)的机会阵单元[4](见彩图)

示密布于舰体的机会阵天线单元,有舰船表面单元,也有舰体内部单元,整个舰船放置了 1200 多个单元。舰船甲板上没有桅杆和不均匀“凸起”,以减少舰船的 RCS 从而提高平台隐身性。机会阵雷达可以达到与舰同尺寸的孔径结构的角分辨力。

NPS 最初提出的机会阵雷达概念具有三重重要属性:机会性,孔径结构和无线网络化数字阵架构。

机会性强调天线单元在载体位置上分布的不确定性,不需要在平台上预先特别指定放置位置。孔径结构强调集成载体的天线单元能够获得与载体相同尺寸的功率孔径,以期得到高的分辨力和作用距离。机会阵雷达采用一种孔径结构方式设计,该方式将雷达孔径与舰船结构结合起来考虑,设计出与舰体尺寸相当的功率孔径和分辨力。相控阵雷达常规的设计为周期性阵列。然而,在研究孔径结构概念中,重要的是研究非周期阵列是否能够达到相当的孔径性能。这是因为船体的上部结构使得物理上难以在整个舰船的结构上实现均衡的周期性阵列。另外,在整个船体结构上将空间相邻的天线单元集成起来不切实际,代价昂贵。

无线网络化的数字阵架构,这要求每个数字收发组件能够独立工作,单元与中央信号处理器之间借助无线网络协同工作。因此分布式的无线波束形成成为技术难题。NPS 提出的无线网络化机会阵雷达(WNOAR)如图 1.8 所示。数字收发组件与信号处理机之间除了电源缆线,没有一根电缆用于信号连接。本振(LO)、数字时序信号和数据同相/正交(I/Q)信号全部无线传输。

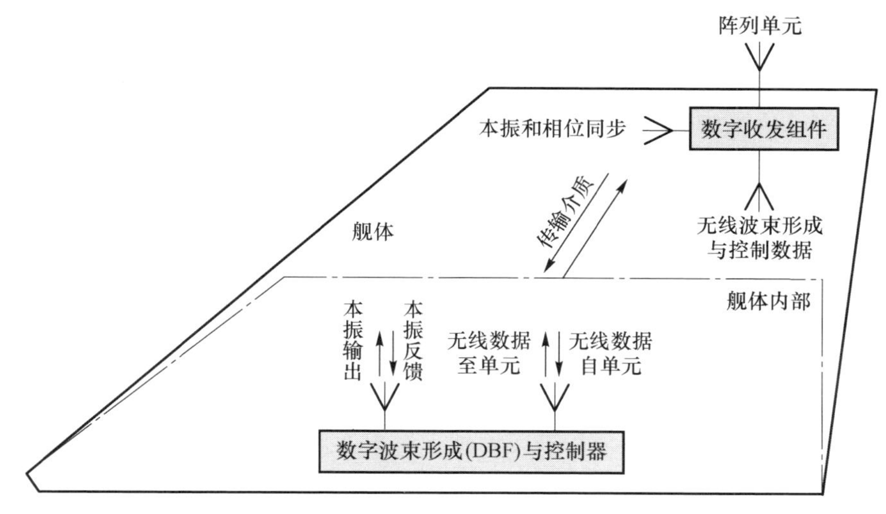

图 1.8 无线网络化机会阵雷达

机会阵雷达首先考虑的是舰船的战术技术性能，如电磁隐身性、机动性和作战能力等，并以此为基础设计雷达系统，这与传统的以雷达为核心的设计理念有很大不同。因此雷达系统设计必须受限于舰船的外形、体积、布局等因素。

根据 NPS 对机会阵雷达概念的最初描述可见，机会阵雷达是一部数字阵雷达(DAR)，具有数字阵雷达的基本特征。有关数字阵雷达的概念，其与传统模拟阵雷达的区别以及数字阵雷达的优越性在大量国内外文献中都有较为详细的论述，这里不再赘述。机会阵雷达正是在雷达数字化程度不断提高，数字阵雷达研究工作不断深入的基础之上，为适应以作战平台为核心的设计理念应运而生的新概念雷达。

1.3.2 国外相关进展

美国海军研究生院是机会阵雷达概念的最早提出者，同时也是具体开展研发工作的机构，从 20 世纪 90 年代至今一直致力于该领域的研究，并形成了一个研发团体，陆续有相关文献和阶段性成果被发表[2-13]。NPS 有针对性地开展了机会阵雷达的基础性预先研究和关键技术的原理试验验证。最近的调研文献显示，NPS 甚至将机会阵概念扩展到集群无人飞行器(UAV)应用领域[2]，即整个机会阵由数个处于不同无人机平台的子机会阵构成，通过无线实现信号同步和传输链路，采用无线分布式数字波束形成和信号处理方案。国外研究人员研究进展具体如下：

D. C. Jenn、D. L. Walters 等人在 2002 年针对下一代海军 DD(X)应用提出了机会阵雷达概念，美国导弹防御局和美国海军研究办公室给予 NPS 立项和经费支持。

A. B. Jon[3]给出了球坐标系下，天线单元在 3-D 空间方向图综合的数学模型，并做了初期的算法仿真。C. E. Lance[4]在此基础上进行了 24 单元的暗室小面阵试验，设计了简便的两个垂直正交平面近似模拟 3-D 空间，在两个垂直平面上随机稀布 24 单元进行暗室近场测试，获得了与算法预期的结果，如图 1.9 所示。

Tong[5]等人对机会阵雷达和孔径结构概念进行了系统级的深入研究，通过计算机辅助设计(CAD)建模了全尺寸的 DD(X)战舰，在该舰上构建了大量的随机分布的天线单元。通过计算仿真得到了整个战舰在数量不同、分布形式不同的天线单元所能综合的方向图，并且将铺路爪作为实际的参考，开发了机会阵雷达性能参数模型。通过机会阵雷达的理论研究和仿真，可以预测在特定指向角下被激励单元所能达到的平均副瓣和主瓣增益，据此，雷达的性能和激励单元数量之间的关系模型能够被表征。Tong 的研究验证了雷达理论上的作用距离与所需要参与工作的天线数量之间的关系，此外研究也表明，机会阵雷达能够达到

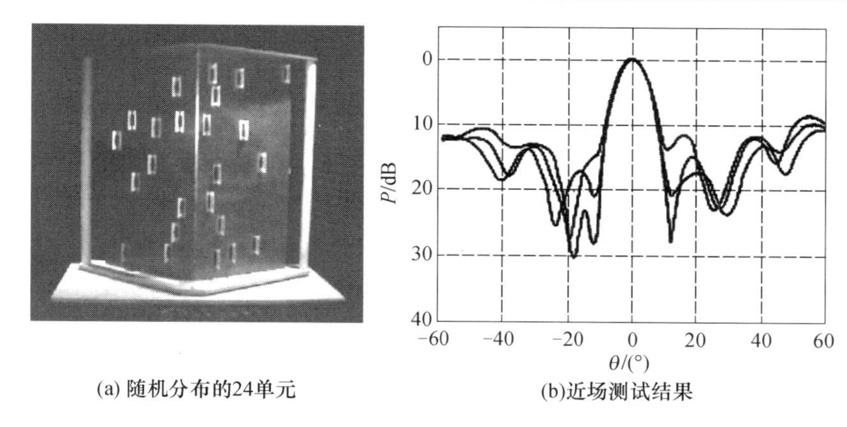

(a) 随机分布的24单元　　(b)近场测试结果

图 1.9　机会阵小面阵单元分布与近场测试[3]

全方位 360°的工作能力。

Yong[6] 等人研究了传感器同步、单元定位和无线传输等方面的机会阵雷达应用技术。验证了分散各处的独立的收/发 T/R 组件和天线单元与中央波束形成器和处理单元之间的本振信号无线同步分发和宽带数据信号的分集能力。阵列单元的相位同步技术采用无线同步电路和单元定位网络实现。无线网络化机会阵雷达的宽带大容量数据传输要求需要采用通信领域中的多输入多输出(MIMO)的正交频分复用(OFDM)技术达到雷达数据 Gbit 的传输速率。

Jose[7] 等人进行了分布式机会阵雷达无线网络化的传输技术研究,对 2 个单元组成的阵列采用无线传输技术,测试它们与中央波束形成器和处理单元之间的无线传输能力。对于舰载系统,除了考虑远距离、高速率以外,更需要考虑无线传输过程中的信道质量。

Kocaman[2] 等人进行了无人机平台的机会阵无线波束形成试验,已完成了对单个无人机平台上机会阵天线单元的无线数字波束形成可行性、灵活性和其他优势的试验验证。UAV 群上宽范围的分布式无线网络化的机会阵预期将有更重要的研究价值,涉及的关键技术包括分布式的无线数字波束形成技术、单元定位和信号同步等。

1.3.3　国内研究进展

国内在 2007 年前后,中国电子科技集团公司第十四研究所科研人员开展了机会阵雷达的前期研究工作,并于 2009 年在国内率先发表了机会阵雷达概念及其应用技术分析相关的科技论文[14-16],通过项目的研究,在国外机会阵雷达概念雏形基础上,结合近年来雷达技术的发展和作战应用需求,提出了明确的机会阵雷达概念,形成了清晰的研究路线,并就其中涉及的机会阵雷达关键技术问题进行了深入研究，并取得一定进展，如 3 - D 机会阵方向图综合[17-20]、分布式机会阵数字波束形成[21]、无线网络化机会阵雷达信号传输与同步[22]、机会阵单元互耦影响[23,24]、机会阵波形设计[25]、机会阵信号检测[26]等，文献[27]中论述了机会阵雷达系统架构方面的设计考虑。

近年来，机会阵雷达研究除了充分吸收国外机会阵雷达的先进理念，并将其概念不断拓展到其他平台和领域的同时，还结合未来雷达智能化的发展趋势，为机会阵雷达概念注入了新的元素。机会阵雷达的内涵不但体现在单元的机会布置，而且还体现在雷达机会性工作，比如雷达系统的战术功能、工作模式、资源管理等均具有“机会性”的特征，机会阵雷达随着环境、目标等条件的变化而动态决策、机会性地改变工作任务并调整雷达系统资源和工作参数，如功率、孔径、频率、带宽等，具有更高的智能化水平。

目前，机会阵雷达尚处于概念研究和原理验证阶段，国外也仅限于其关键技术研究和小面阵原理验证试验。从前面的分析可以看出，机会阵面临诸多理论和技术难题，而这些难题往往把相关技术领域推向最为复杂的境地，因此进一步探索性研究其应用概念与应用技术，将对现代雷达系统理论及技术和其他多种学科产生基础性推动作用。

1.4 本书的主要内容

本书围绕机会阵雷达应用概念与应用技术问题展开研究。在大量国外文献情报调研基础上，归纳总结出了机会阵雷达概念的来源、内涵、提出背景及应用价值；阐述了机会阵雷达仿生学原理和理论基础；在对机会阵应用问题分析基础上，确立了机会阵雷达研究的技术路线。着重从三方面关键技术展开论证，即机会阵雷达方向图综合问题，机会阵数字波束形成和信号处理问题，机会阵的信号同步和数据分集问题。全书共分为 7 章，具体安排如下：

第 1 章绪论。阐述了现代雷达发展趋势和应用需求，引入了机会阵雷达系统概念，并阐述了概念的来源，国内外研究现状及最新进展，最后介绍了本书的主要内容。

第 2 章机会阵雷达与机会理论。在机会阵雷达概念雏形基础上结合现代雷达发展趋势和应用需求，对机会阵雷达概念进行了提炼和概括，探讨了机会阵雷达应用概念，如机会阵应用领域、应用平台、工作模式和相对于传统相控阵雷达的应用优势等。阐述了机会阵雷达理论基础，如仿生学原理、机会理论、机会测度和机会性工作原理等；将人工智能领域的机会发现、机会管理理论引入到机会阵雷达研究中。现实世界中不确定性现象除了随机现象、模糊现象以外，还有随机性和模糊性并存的现象。随机现象用概率理论来描述；模糊现象用模糊理论、可信性理论等来刻画;随机性和模糊性并存的不确定性现象,在现代数学中用机会理论来表征。机会理论是处理模糊性与随机性并存现象的数学理论,研究混合变量在机会空间的各种参数,如悲观值、乐观值、期望、方差、距离、机会熵等。本章结合机会阵雷达工作原理和技术特点,介绍了机会测度、机会约束规划和机会发现等基础理论。

第 3 章机会阵阵列综合理论。机会阵雷达阵列方向图综合优化是机会阵雷达的重要理论问题,为了保持载体平台良好的电磁隐身性能,机会阵天线单元随遇共形分布于载体平台表面,不仅如此,机会阵单元还可以放置于平台内部或是任意可获得的电磁开放空间,单元间距可以是非规则的,机会阵雷达为适应各种战场环境,需要赋形不同的波束,因此方向图综合优化成为需要研究的基础问题。本章从阵列天线基本理论出发,阐述了方向图综合的基本原理和方法,以此为基础分析了非规则阵方向图综合需要解决的问题,归纳对比各种优化算法的优缺点,综合考虑单元空间位置分布、激励状态和幅相权值等约束参数,采用遗传算法作为机会阵雷达方向图综合优化工具,在提高优化效率的同时有效避免传统算法容易出现的局部最优或过早收敛问题。考虑到机会阵雷达的机会性特征和方向图综合过程中的不确定性因素,采用基于机会理论中的模糊规划模型,建立基于模糊机会约束规划的机会阵方向图综合方法,用以解决方向图综合时的不确定性问题。

第 4 章机会阵阵列处理理论。从信号处理域解决阵面方向图综合问题,是机会阵雷达信号处理、目标检测的基础。机会阵通过 3 - D 空间“机会性”分布的天线单元对空间信号场进行非均匀空域采样,然后在一定的自适应最优化准则下,经加权求和处理得到期望的输出结果。机会阵由于采用数字化技术,所以可在信号处理机中灵活实现波束控制,有效地抑制空间干扰和噪声,增强有用信号。自适应阵列信号处理对特定目标信号的接收和干扰的抑制都是通过自适应数字波束形成(ADBF)来实现的。经典的阵列信号处理方法,如各种波达方向(DOA)估计算法和 DBF 算法仅适用于均匀间隔的规则阵。针对机会阵 DBF 和 ADBF 问题,本章基于阵列信号处理和自适应信号处理理论,以 Olen - Compton 算法数学模型为基础,采用最大信干噪比(MSINR)准则设计了机会阵 DBF 优化算法。该算法通过利用干扰对波束形成的影响来实现期望方向图的赋形约束和方向图控制,通过迭代比较期望方向图与参考波束之间的相对幅度差异来达到逐次收敛逼近。通过计算机仿真验证算法的有效性。

第 5 章机会阵传输同步与单元定位技术。机会阵雷达天线单元和收/发组件机会布置于同一个载体平台或者不同载体平台的 3 - D 立体空间,收/发组件被高度数字化,面临着信号传输与同步的技术难题,尤其当雷达工作频率和带宽增加以后,本振信号和时序信号的同步性将对雷达系统工作性能产生重要影响。

本章在对现有的和潜在的几种雷达信号传输方式进行分析比较的基础上，以分布式机会阵雷达为例，对光纤与无线两种传输技术进行较为深入的探讨，设计了信号传输链路，介绍了本振信号同步技术实现方法。光纤采用层级化的同步模式，无线采用闭环反馈的自适应同步。建立了同步对雷达系统性能影响的数学模型，借助该模型可以定量分析同步精度、工作带宽、工作频率与波束指向、副瓣电平等系统指标的关系。机会阵雷达机会布置的天线单元通常处于动态的环境中，阵元位置是不断连续变化的，为了获得良好的阵列波束形状，并在信号处理过程中避免天线副瓣抬高和天线增益的下降，单元的空间位置需要精确定位，介绍了位置误差对雷达系统性能的影响和基于多种位置定位技术的工程测量方法。基于系统性能和技术适用性的考虑，探讨了单元定位方法实现的可行性。最后通过仿真得到舰体形变对雷达性能的影响，以便确定动态位置传感器所需的精度要求。

第6章机会阵雷达阵列技术。机会阵雷达采用孔径结构设计理念，平台结构有多大，雷达孔径理论上就可以做多大，雷达的孔径即平台的结构，强调雷达与结构一体化设计。近年来一些新兴的天线阵列技术为实现机会阵雷达孔径结构理念提供了重要的技术基础，本章将从技术层面介绍可供机会阵雷达应用的阵列技术，如共形承载天线技术、阵列结构感知技术和阵列结构集成技术等。

第7章机会阵雷达工程应用。本章将在前面有关机会阵雷达应用概念与应用技术研究基础上，以近年来美国海军提出的用于弹道导弹防御和反隐身的机会阵雷达为例，从系统总体的角度，介绍系统的作战原理和技术要求，并以此为基础分析机会阵雷达系统的关键性能参数，如天线增益、T/R组件、总阵列功率、脉冲积累数目、天线综合效率、接收机噪声带宽、噪声系数、雷达系统虚警概率、检测概率、工作频率选择等。此外围绕机会阵雷达的工程应用问题，对如下方面进行了介绍：雷达参数灵敏度分析，T/R组件冷却方案，搜索方向图选择，电子攻击（EA）能力，舰船形体畸变弯曲影响，阵列天线的对准与校准、动态补偿，顶层天线阵列布局规划，系统可靠性、维修性和可用性（RM&A），经济成本考虑等。作为一项庞大而复杂的系统工程，机会阵雷达的作战要求、系统参数和研发能力是相互制约的，因此本章将考虑诸多相互矛盾的关系，从中进行折中性分析，为机会阵雷达的工程应用奠定基础。

参考文献

[1] 王小谟. 雷达发展趋势报告[D]. 南京：中国电子科技集团公司第十四研究所60周年所庆院士论坛，2009.

[2] Ibrahim Kocaman. Distributed opportunistic beam forming in a swarm UAV network [D]. Cal-

ifornia:Naval Postgraduate School,2008.

[3] Jon A Bartee. Genetic algorithms as a tool for opportunistic phased array radar design [D]. California:Naval Postgraduate School, 2002.

[4] Lance C Esswein. Genetic algorithm design and testing of a random element 3 – D 2.4 GHz phased array transmit antenna constructed of commercial RF microchips [D]. California:Naval Postgraduate School,2003.

[5] Chin H M T. System study and design of broad – band U – slot microstrip patch antennas for aperstructures and opportunistic arrays [D]. California:Naval Postgraduate School,2005.

[6] Yong L. Sensor synchronization geolocation and wireless communication in a shipboard opportunistic array [D]. California:Naval Postgraduate School,2006.

[7] Jose S G N. Wireless networks for beam forming in distributed phased array radar [D]. California:Naval Postgraduate School,2007.

[8] Cantrell B, DeGraa C B, Ian B, et al. Opportunistic digital array radar for ballistic missile defense and counter – stealth systems analysis and parameter trade – off study[R]. California:Naval Postgraduate School,2006.

[9] Gert Burgstaller. Wirelessly networked opportunistic digital phased array: system analysis and development of a 2.4GHz demonstrator [D]. California:Naval Postgraduate School,2006.

[10] Yoke C Y. Receive channel architecture and transmission system for opportunistic digital array radar [D]. California:Naval Postgraduate School,2005.

[11] Micael Grahn. Wirelessly networked opportunistic digital phase array: analysis and development of a phase synchronization concept [D]. California:Naval Postgraduate School,2007.

[12] David J, Yong L, Matthew T, et al. Distributed phased arrays with wireless beamforming [C]. Pacific Grove: 2007 41st Asilomar Conference on Signals, Systems and Computers (ACSSC'07),IEEE, 2008:948 – 952.

[13] Wayne E. Meyer Father of the Aegis Weapons System[R]. Monterey CA:Naval Postgraduate School, August 25, 2007.

[14] 龙伟军,潘明海. 机会阵雷达系统综述[J]. 中国雷达,2009(2):5 – 9.

[15] 龙伟军,贲德,潘明海. 机会阵雷达概念与应用技术分析[J]. 南京航空航天大学学报,2009,41(6):727 – 733.

[16] Long W J, Ben D, Pan M H. Opportunistic digital array radar and its technical characteristic analysis[C]. IET international radar Conference, 2009:724 – 727.

[17] 龙伟军,贲德, Asim D B. 三维机会阵雷达波束综合优化[J]. 电波科学学报,2010,25(1):93 – 98.

[18] 龚树凤,贲德,潘明海,等. 基于模糊机会约束规划的机会阵雷达方向图综合[J]. 航空学报,2014,35(9):2615 – 2623.

[19] Long W J, Ben D, Pan M H. Pattern synthesis for OAR using LSFE – GA method [J]. International Journal of RF and Microwave Computer – Aided Engineering, 2011, 21 (5): 584 – 588.

[20] Long W J, Ben D, Pan M H. Pattern synthesis optimization of 3 - D ODAR based on improved GA using LSFE method [J]. Haerbin Institute of Technology Journal, 2011,18(1): 96 - 100.

[21] 龙伟军. 机会阵雷达概念及其关键技术研究[D]. 南京:南京航空航天大学,2011.

[22] 龙伟军. ODAR 无线传输与自适应同步方法初探[J]. 现代雷达,2009(8):131 - 135.

[23] 龚树凤,贲德,潘明海,等. 一种考虑互耦的机会阵雷达波束综合方法[J]. 电波科学学报,2014,29(1):12 - 18.

[24] 龚树凤,贲德,潘明海,等. 考虑互耦修正的机会阵雷达波束综合优化[J]. 电子与信息学报,2014,36(3):516 - 522.

[25] Gong S F, Long W J, Huang H, et al. Poly - phase orthogonal sequences design for opportunistic array radar via HGA [J]. Journal of System Engineering and Electronics, 2013, 24(1):60 - 67.

[26] Gong S, Long W, Pan M. Distributed fuzzy MX - CMLD - CFAR detector based on voting fuzzy fusion rule[J]. IET Radar Sonar and Navigation,2015,9(8):1055 - 1062.

[27] 陈一新,查林,张金元. 机会阵雷达系统架构与关键技术分析[J]. 雷达科学与技术, 2014,(8):358 - 362.

[28] 徐文. 美国空军的传感器飞机计划[J]. 飞航导弹,2005,(3):1 - 4.

第2章 机会阵雷达与机会理论

2.1 引　言

机会阵雷达以平台为核心,最大化平台作战能力与生存能力条件下开展雷达设计和天线单元的布局。天线单元与数字收发组件(DTR)机会布置于载体平台三维空间的任意可获得的电磁开放区域,通过“机会性”方式工作。国外学者给出了机会阵雷达概念的雏形描述,对于机会阵雷达的理论基础并未做过多论述。本章在大量文献研究基础上结合现代雷达发展趋势,应用需求,对机会阵雷达概念进行提炼和概括,探讨机会阵雷达应用概念,在此基础上分析机会阵雷达的应用技术问题,如应用领域、应用平台、应用模式和相比于传统相控阵雷达的应用优势等。阐明机会阵雷达的仿生学原理,介绍机会阵雷达的机会理论,并尝试将人工智能领域的机会发现、机会管理理论引入到机会阵雷达研究中。

现实世界中不确定性现象除了随机现象、模糊现象以外,还有随机性和模糊性并存的现象。随机现象用概率理论来描述,模糊现象用模糊理论、可信性理论等来刻画;随机性和模糊性并存的不确定性现象,在现代数学中用不确定性理论、机会理论来表征。机会理论是处理模糊性与随机性并存现象的数学理论,研究混合变量在机会空间的各种参数,如悲观值、乐观值、期望、方差、距离、机会熵等。本章结合机会阵雷达工作原理和技术特点,介绍机会测度、机会约束规划和机会发现等基础理论。

2.2 机会阵雷达概述

2.2.1 机会阵雷达概念与内涵

在国外最初提出的机会阵雷达概念雏形基础上[1-6],本书结合现代雷达发展趋势,将机会阵雷达概念进行提炼和概括,并赋予新的含义。

机会阵雷达以平台为核心，在最大化平台的作战能力与生存能力的条件下开展雷达系统设计。单元机会布置于平台电磁开放的 3－D 区域，根据作战任务的不同，雷达采取机会性方式工作，实现环境、目标和资源的最佳匹配。因此机会阵雷达内涵可以概括为单元机会布置、雷达机会工作两方面。机会性是一种不确定性，既包含客观的随机性也包含主观的模糊性，具有智能化的特征。

单元机会布置是指机会阵雷达的单元能够最大限度地摆脱作战时间和作战空间的束缚，根据对主体有利的因素，择机灵活部署。

雷达机会工作是指机会阵雷达作战任务根据外界环境、目标等条件的变化而变化，机会性地对资源进行管理和调度。

从概念上看，机会阵雷达强调以平台为核心的雷达系统设计理念，与以往作战系统设计以雷达为核心的传统理念有所不同。传统雷达设计时，首先设计满足足够探测能力和功率孔径的雷达系统，再考虑设计能够承载雷达系统的运输平台，比如著名的宙斯盾作战系统，首先要保证的是雷达系统（如 AN/SPY－1）的探测威力，阵面要足够大，再考虑建造更为庞大的驱逐舰来承载雷达。导致舰船平台的隐身性、机动性和作战能力受到极大的限制。再如以色列的“费尔康”机载预警机雷达系统，为了保证足够的雷达探测威力，采用背负式的雷达天线设计，再配以大型的运输机承载，严重影响了飞机平台的气动性能、隐身性能和作战能力，如图 2.1 所示。由此可见，传统以雷达为核心的设计思想，使作战平台本应具备的作战能力、隐身性、气动性、机动性等平台性能得不

(a) 美国宙斯盾雷达

(b) 以色列“费尔康”预警机雷达

图 2.1　以雷达为核心的作战系统（见彩图）

到保障。随着未来战争对平台的隐身性、高超声速等要求，平台外形结构日趋扁平化，因此，对雷达系统设计提出了新要求，平台围绕雷达设计的思想需要转变。

机会阵雷达，正是在这一思想转变过程中被提出并得以迅速发展。机会阵雷达系统强调以平台为核心，即优先考虑平台的各种性能，如作战性能、机动性、结构的隐身性、飞行器的空气动力学性能等与平台相关的战术技术性能。这是一种更加突出以平台实战性为第一要素的系统综合设计理念。机会阵雷达在平台核心设计要素约束下，再开展天线单元的布局，理论上只要有机会布置天线的地方都可以布置，而不需要苛求于天线具体的形式和平台的构型，天线单元可以是共形也可以是非共形，可以是稀疏也可以是均匀分布。这样不但不会因为受平台设计约束而造成现有雷达功率孔径受限，造成探测能力的下降，反而因为遍布载体平台的天线单元提供了更多、更灵活的组阵方式，因此提升雷达探测威力的同时，还可以实现全向的视场，这在机载领域尤为重要。设想一架未来的战机遍布雷达，既可以顶视，也可以侧视、俯视和后视，实现 360°全向视场，如图 2. 2 所示，无论用于对空探测还是火控打击都具有极其重要的军事价值。

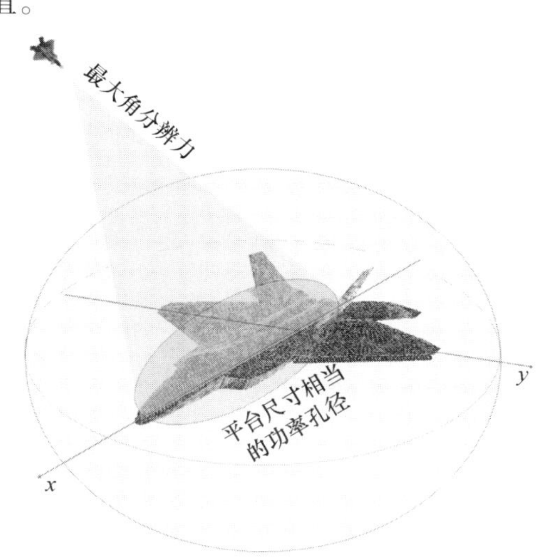

图 2. 2　机载机会阵雷达概念图(见彩图)

机会阵雷达兼具雷达探测(搜索、跟踪)、电子战(侦察、干扰)和通信等多种功能于一体，具备灵活的工作模式(如相控阵(PA)模式、多输入多输出(MIMO)模式、泛探(Ubiquitous)模式[7-10]等，采用动态机会性组阵和工作的智能化雷达。传统雷达采用仿生学原理，而机会阵雷达更具有拟人化的特性，雷达对外界环境具有感知和认知能力，进而发现有利个体生存和发展的机会，并做出对机会的应用(机会选择和机会管理)。机会阵雷达单元被机会性地布置于同一个载体平台或不同的载体平台的3-D空间的任意可获得的电磁开放区域,采用不同于传统雷达阵列的孔径结构方式设计,该方式将雷达孔径与载体结构综合起来考虑,设计出与载体尺寸和基线相当的功率孔径和分辨力。机会阵雷达采用“机会性”的方式工作,机会性是一种不确定性,同时包含了客观的随机性和主观的模糊性,不但天线阵面布置具有机会性,信号处理、数据处理及资源管理同样具有机会性的特点。在国外学者机会阵雷达概念雏形基础上,通过概念拓展,可以认为,机会性是一个更广义的范畴,机会阵雷达中“机会”一词具有如下几层含义。[11,12]

1)单元或收/发组件机会布置

机会阵雷达的单元或收/发组件能够最大限度地摆脱作战时间和作战空间的束缚,根据对主体有利的因素,择机灵活部署。单元可以随遇密布于载体平台的任意电磁开放空间,这里的载体可以是舰船、飞机、卫星、山体等。单元可以密布于平台表面,也可以在平台内部;可共形,也可非共形;可能稀疏,也可能均匀分布。因此有别于传统意义上的共形阵和稀疏阵概念,但应遵循的基本规律是单元或收/发组件尽可能多地密集分布于整个载体平台,而不破坏平台的构型和性能,且单元布置尽可能减少对于平台的依赖,即哪里有机会,就在哪里布置。

单元机会布置的优势是显而易见的:①提高单元与平台契合度和一体化,尽可能保留平台的隐身性能、机动性能和作战能力;②机会布置,可以获取与平台孔径尺寸相当的功率孔径,提升雷达作用距离,可以获取与平台基线长度相当的角分辨力。

2)单元的选取和工作状态是“机会性”的

机会阵雷达降低了雷达建造前严苛的设计约束。传统雷达阵面通常建造之前就优化并固化了阵面的规模、天线的数量、单元的间距、工作的频率等各种设计要素;单元同时处于开启或关闭状态,参与工作的单元和数量通常是固定不变的,事先固化好的。机会阵雷达工作时选中的单元和数目是随任务按需实时动态重构确定的,即根据战场上雷达工作的有利条件——机会,雷达智能地实时优化确定参与工作的单元和数量、频率、波形、功率等资源要素。这里的“机会”可以是为获得更好探测能力而采取的波束赋形要求,也可以是为获得良好的雷达隐身性能而采用的目标匹配的功率孔径等。

单元的机会选择通过对系统资源的按需调度和使用,可提高雷达系统的低截获(LPI)性能,降低资源消耗;单元的机会选择还可增强系统工作的鲁棒性和抗摧毁能力,即使一部分单元损坏,通过阵列动态重构,也可以很快恢复阵列的功能,降低对系统的影响。

3）雷达的战术功能是机会性的

这里的战术功能是指雷达担任的搜索、跟踪、火控、制导、引导、通信、电子对抗等战术任务。传统的做法是制造几部具有不同功能的雷达，或是将多种雷达战术功能通过时 – 能管理划分成不重叠的时间片区[13]。机会阵雷达由于拥有密布于 3 – D 空间的数量众多的天线单元，数字阵灵活的波束形成能力，完全可以根据战术任务，机会性地选择工作方式，使雷达“同时”实现一种或多种战术功能。比如：搜索的“同时”可以全空域精密跟踪；当来袭目标处于低空飞行的时候，可开启舰船侧舷的天线进行低空补盲，当目标处于近距离状态时，可自适应调整雷达脉冲重复频率、脉冲宽度、辐射天线数量等参数，使之缩小盲区并减少辐照能量，提高低截获性能。总之雷达战术功能、工作状态是非恒定的，而是随战术任务和战场条件机会性地改变，如图 2. 3 所示。

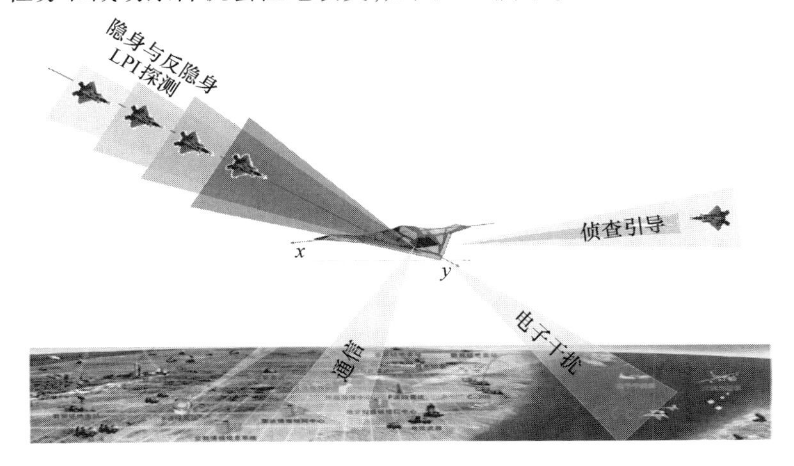

图 2. 3　机会阵雷达动态机会性工作（见彩图）

4）雷达的工作模式是机会性的

这里的工作模式不同于通常所说的搜索和跟踪模式，而具有更广泛的涵义。如这些年成为国内外研究热点的 MIMO 雷达系统[14]，在机会阵雷达中，MIMO 仅仅是雷达的一种工作模式，正如国内较早引入 MIMO 雷达概念的文献[15]所言，MIMO 雷达与其说是一种雷达体制，不如说是一种工作模式，在各子阵（或单元）发射相同的波形时，即常规工作模式。机会阵雷达是一种雷达体制，具有多种工作模式，除了常规模式、MIMO 模式之外，通过特殊的波束赋形和空-时-能管理，机会阵还可以工作于泛探模式，即在任意时刻探测空间任意方位，这种模式的强大之处在于搜索的同时可以不间断地跟踪，具有同时获取空间多方位目标探测信息的能力，另外一个优越性体现在其低截获性能方面，M. Skolnik[16]和 Daniel J. R.[8]在其文献中均有详细论述。机会阵雷达可以在常规模式、MIMO

模式和泛探等模式下机会性地工作。

5）雷达的空-时-能资源管理是机会性的

机会阵雷达是一部多功能、多模式、全时-空-频域工作的综合雷达系统，其具备空、时、频、能等参量的多维度系统资源。为了实现其多种机会性的战术功能，要求雷达资源管理系统必须也是动态机会性的，而不是恒定不变的，雷达自身必须具有对战场环境的感知、评估能力，结合雷达的战术要求和战场条件，通过智能学习，机会性、自适应地选择最佳的工作方式，并形成有效的空、时、频、能等资源优化配置，如图 2. 3 所示。

6）广义机会阵雷达

广义的机会阵雷达是由若干种机会单元动态组成的传感器阵列或传感器网络，机会单元可以简化为一个天线阵元（振子），一个雷达阵列，也可以复杂化为一部雷达，一个子网，统一抽象为一个机会传感器单元的概念，如图 2. 4 所示。雷达机会阵（网）采用动态机会接入，动态机会退出，动态自组阵或动态自组网。网络无中心、抗摧毁能力强；动态自组织，组阵、组网灵活度高；平台和拓扑构型不受限制，应用模式多。如图 2. 5 所示，①－⑧表示在不同平台间动态机会自组阵（网）的过程。

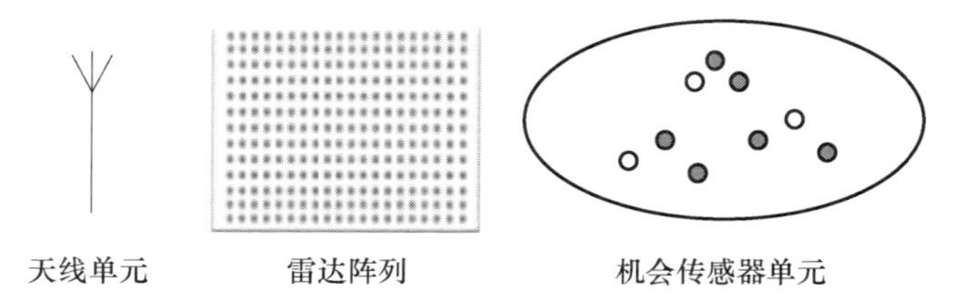

图 2. 4　机会单元的几种形式（见彩图）

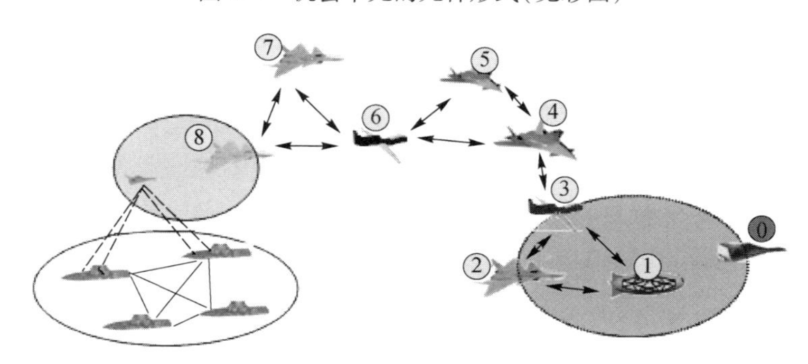

图 2. 5　广义机会阵雷达（见彩图）

与传统雷达网络相比，雷达机会网具有如下几方面优势。

从隐身能力上看：传统的雷达网单跳分组、功率大、隐身差、易遭受反辐射攻击；雷达机会网采用多跳分组、机会发射，功率小、机会组阵、隐身性好。从信息融合能力看:传统雷达网由中心结点融合,信息量少;雷达机会网由机会单元融合,信息量大。从抗干扰能力看:传统雷达网络结构固定、易受压制干扰;雷达机会网络动态可变、抗干扰能力强、具有抗毁灭性。传统雷达网中心结点一旦被摧毁,即面临瘫痪;雷达机会网络中机会单元地位平等、无中心、信息对称、态势统一,若结点被摧毁,则只会部分削弱探测性能。因此,广义的机会阵雷达在未来多军兵种,多平台集群作战、联合作战中具有重要应用价值。

2.2.2　机会阵雷达机会性特征

现实世界中的不确定性可以分为主观不确定性和客观不确定性,客观不确定性可以用现代概率论和统计学进行描述和刻画,而主观不确定性通常通过模糊理论来表述。机会阵雷达的机会性是一种不确定性,同时包括主观的模糊性和客观的随机性两个方面,传统上的雷达系统通常将模糊性和随机性孤立地分开,而机会阵雷达强调的是将主观的模糊性和客观的随机性融为一体。

虽然模糊性和随机性是两种完全不同的不确定性,然而在现代复杂的智能化雷达中可能同时出现,机会阵雷达就是一例。美国海军研究生院提出的机会阵雷达,虽然最初的定义主要体现在对天线单元的机会性布置和不确定性选择上,但从其概念原形的初衷可以做适当的外推,即机会阵强调的是一种不确定性,这种不确定性不单是单元的机会性选择,还在于雷达对外界环境的认知所做出的对机会的判断和决策。机会的大小同样需要引入一种测度方法来表征。描述这种不确定性,数学家提出了模糊随机变量的概念,但一直缺少对这种不确定性的测度方法。众所周知,概率论中是通过概率密度和随机变量来实现对客观不确定事件的表征。目前关于模糊性测度的研究并不多见,由 Gao & Liu 提出的机会测度理论有望成为模糊随机变量的度量方法[17,18],这将为机会阵雷达研究提供重要的数学基础理论。

在人工智能领域,日本学者 Yukio Ohsawa 在2000年前后提出机会发现和机会管理的概念[19,20],它是基于对许多学科近年来面临的共同问题——环境的动态不确定性对决策者决策的影响,这些学科包括人工智能、经济学、决策论、控制论、系统论和资料挖掘等学科。

机会发现(CD)是解释一个事件何以成为一个机会的过程。而机会管理(CM)则是利用已经发现的机会的过程,具体而言就是利用难得的机遇,而避免可能存在的危机。机会发现的任务不仅仅是预测未来,更重要的是改变未来,使得决策者能够在未来获得更好的生存和发展的空间。因此,机会的本质,不管是机遇还是危机,都是引起未来发生重要变化的因素。

Ohsawa 认为,所谓机会是指这样一些事件,它们能够在一些不确定的场合对决策者的决策产生重要的作用。这个作用可能是正的,也可能是负的。产生正面作用的机会称为“机遇”(Opportunity),而负面作用的机会则可能是“危机”(Risk)。他归纳了机会所具有的如下几重特征[21-23]。

(1) 重要性(影响性)。机会能够影响事态的发展,进而影响决策。机会不仅刻画事件和结果的联系,更重要的是通过机会执行能够达到预期效果。这一特性体现了发现机会的重要性。

(2) 不确定性。尽管机会对决策具有重要影响,机会对目标结果的影响并不能完全被预测,影响结果是不确定的,甚至与预期结果正好相反。

(3) 罕见性。机会出现的频次稀少,使得发现和利用机会变得困难。罕见性意味着机会事件的出现频率不高,不是一个高概率事件,不能通过以往的传统的规划方法来刻画这种事件或情形。对于一个高概率事件,尽管可能它的影响很大,但是由于人们事先对它有所意识,所以它所造成的意外影响就会小得多。然而,由于机会具有稀少的特性,才使得人们识别和利用机会变得困难,未能识别出而所带来的意外影响相对来说会更大,这样使得发现机会变得具有重要的意义。

(4) 时效性。“机不可失”指的就是机会的时效性,机会仅能在一个有限的时间内被发现并加以利用。因此在有限的时间内如何发现机会是一个重要的问题。

(5) 可控性。机会是可以改变未来世界状态的事件,主体应该有能力在一定程度上控制事态的发生,使得机会事件在一定程度上按照主体的预期来发展。对于完全不可控事件,可以不认为是机会。

(6) 意外性。存在这样的情况,即客体出现的概率很大,但也不会被主体所采纳,这些事件未能在主体的信念中引起意识。也就是说事件能否成为机会与主体的知识有关。在雷达系统中,这更强调了系统知识的更新和平台间信息融合的重要性。

2.2.3 机会阵雷达仿生学原理

现代各种先进的传感器都或多或少地用到了仿生学原理,比如:潜艇用的声纳对虎鲸的模拟,光学照相机对人眼的模拟,红外探测器对蝮蛇“眼睛”的模拟,相控阵对昆虫“复眼”的模拟,等等。现代先进的理论和算法也都或多或少地取材于仿生学,比如:基因算法对物种繁衍过程的模拟,蚁群算法对蚂蚁觅食过程的模拟,粒子群算法对蜜蜂生活习性的模拟,等等。

雷达本身更是应用仿生学的典型例子,通常人们认为雷达的仿生原形为蝙蝠,蝙蝠不依赖视觉可以在夜空成功地捕捉到食物,且能灵活地规避障碍物得益于其自身的“声学雷达”。研究表明蝙蝠通过自身发出超声波并通过回差定位可以确定目标位置。雷达正是基于对蝙蝠的仿生学原理实现目标探测的。

机会阵雷达也不例外,只是它模仿的对象既非蝙蝠也非昆虫一类的一般生物,而是人类及人类社会本身。个体的人可以理解为自然人,人的属性既有自然属性也有社会属性,个体的人从一开始就不是独立存在的,需要依托一定的环境。食物仅仅是提供人生存的基本条件,还有各种各样的外在条件,个体自身的因素共同作用决定人是否能够成长和发展,这些客观和主观的不确定因素可以概括为“机会”。人就像其他生物一样,总是试图寻找适合自己生存和发展的机会,但不同的人对呈现眼前的各种机会的解读(认知)是不一样的,所以作出的选择和得到的结果也不一样。个体可以发现机会,应用机会,甚至可以从无到有地创造机会,雷达也可以这样,发现有利于雷达生存的机会,根据战场环境作出实时的改变,并作出有利于作战的机会选择(决策),甚至在必要的情况下,如为隐身需要,制造出一些利于生存的机会,如一些欺骗和干扰。同样的机会对不同的个体其价值和效果是不同的,对个体 A 可能是机遇,对个体 B 可能是危机,即便是对 A、B 个体都有益,但其效果也有所不同。如机会阵上的分布式阵面或多频段天线,虽然都能进行目标搜索,但搜索的范围和被敌方发现的概率也不一样,这就需要对不同的个体引入机会测度的概念来权衡机会的大小。同样的机会在不同的时刻对同一个个体的价值也不一样,机不可失,强调的即机会的时效性,这在经济学领域尤为明显,股市的波动、货币汇率的调整都是很好的例子。雷达面临的问题更是如此,来袭目标在助推段被检测和跟踪的威胁与进入杀伤范围才被发现时的威胁是不一样的。

总之机会阵雷达是一种智能化雷达,模拟了人类在自然环境和社会环境中生存和发展的整个过程。雷达不单纯是一个传感器,而且具有了能动性和与其他平台之间信息交互的能力,在作战过程中可以感知和认知环境,并发现有利于雷达生存和作战的机会,根据雷达自身的资源状况,选择最佳的作战模式。机会阵雷达超越了传统雷达仿生学的范畴,具有拟人化的特点。

2.3　机会阵雷达应用概念

2.3.1　机会阵雷达应用领域

机会阵雷达最初应用在弹道导弹防御领域,机会阵雷达能够进行远距离的搜索,检测和跟踪弹道导弹并实现与其他传感器的协同关联超视距作战。它能在大范围内,对陆地、海面和天空中的弹道导弹发射过程进行早期预警,而这些能力是现有传感器难以做到的。机会阵雷达对威胁目标的早期检测和跟踪无疑可以为后续的作战决策和武器火控提供更多的时间。部署于舰船上的机会阵能够采用分布式协同战区前置方式,在导弹威胁的推进段和上升段作战,可以将目标威胁降至最小。也能够采取战区后置的方式,进行本土防御,在目标威胁的中段和末端检测和跟踪目标,并引导火控雷达将其摧毁。机会阵雷达另外一个应用是大范围搜索、检测和跟踪空中的隐身目标,文献[24]提出采用工作于 VHF/UHF 频段的机会阵雷达,具有有效的反隐身性能。机会阵还可以与视线内的通信卫星建立通信链路。在商用领域,机会阵雷达可用于机场的空中交通管制、民用通信网络,相比传统的雷达,机会阵具有更强的自组织能力,在面临系统瘫痪时能够快速恢复。

多功能和一体化是机会阵的重要特点之一,如图 2.6 所示,分布于舰船各处的天线单元通过分区域分频段工作,可以实现外层空间探测、机动目标精密跟踪、电子干扰追踪、低空来袭目标确认、海面目标探测、海况监测、战场杀伤评估和照射制导等功能。通过多个机会阵雷达的联合可以实现网络化的战场环境。

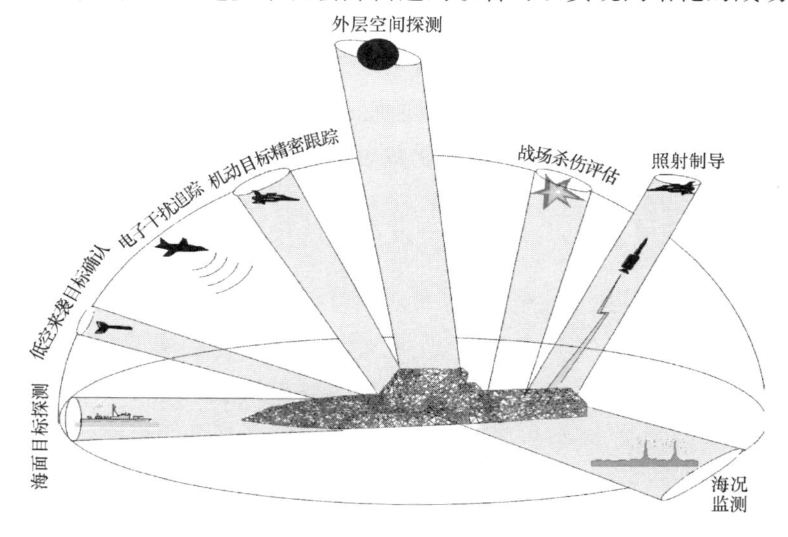

图 2.6　多功能机会阵雷达分区域工作(见彩图)

机会阵雷达具有良好的环境综合和认知能力,通过对周围复杂的电磁环境的历史和当前状况进行检测、分析、学习、推理和规划,利用相应结果选择参与工作的单元以及其相应的工作模式,调整工作单元工作参数,采用最适合的工作参数(包括频率、波形、发射功率、波束宽度等)完成各项功能。智能化的机会阵雷达,能够帮助用户自动选择最优工作单元及其参数、最优化的资源进行工作,甚至能够根据现有的或者即将开展的工作,规划后续较长时间段内的系统工作。机会阵雷达的工作单元发射雷达信号,经过复杂的战场电磁环境,接收到的雷达回波信号送入雷达场景分析器。雷达场景分析器将来自外部传感器接收到的相关环境信息和雷达回波进行信息融合,并将融合后的环境信息送给雷达环境判决器。雷达环境判决器根据之前获得的关于环境的先验知识,并结合该次雷达环境分析器送入的关于环境的融合信息,根据一定的规则,对雷达环境进行认知，并将雷达环境的信息上报给智能决策中枢系统，由智能决策中枢系统按照战术要求，根据雷达环境信息选择参与工作的发射单元和接收单元，并将机会阵雷达的工作模式以及工作单元的参数反馈给智能环境照射系统，由智能环境照射系统从波形库中选择雷达发射波形，并通过功率控制和选择合适的频点及发射时机，完成各项功能，使得机会阵雷达在空-时-能等资源和性能上达到最佳折中。从某种程度上来说，机会阵雷达具备很强的自适应能力，能够通过利用空间状态模型和参数递归估计，实现雷达工作参数与使用环境、用户需求的最佳匹配。实际作战条件下雷达所处环境的复杂性，简单地根据环境信息检测、推理和分析可能无法获得较好的性能。如何根据背景环境、结合用户作战需求进行分析推理和预测是一个非常重要的课题。建立完善的环境数据库，根据历史数据进行推理，获得相应的参考信息，在此基础上进行归纳总结为实战知识，即通过不断的学习过程形成有效的知识库，利用知识库进行策略调整是一个很好的解决途径。一般来讲，这种推理和学习的过程分为三种类型：基于简单固定规则的线性预测模型；基于较为复杂的模型，运用一些模糊规则，输出结果不可完全预测；基于隐 Markov 过程的 Bayesian 推理等学习型的模型。

机会阵可以用于诸多战场环境和战斗平台，如前面提到的用于弹道导弹防御的舰载机会阵雷达，如图 2.7(a)所示，天线单元密布舰体，可以做到与舰体表面的共形以保持载体的隐身性能，同时机会阵单元采用孔径结构方式可以获得 BMD 所需要的功率孔径积和极高的角分辨力。图 2.7(b)是整个舰体单元的方向图，可见在目标方向可以得到窄的方位波束。城市地区的建筑物上布置机会阵单元，可大范围用于军民用通信，即使战时遭到摧毁，也能够快速得到恢复。此外，根据战区地形特点，可在山体和丘陵地带上布置天线单元，快速形成机会阵雷达或雷达网，既可以用于战场通信也可用做防空雷达，以便搜索和跟踪威胁导弹、飞机和炮弹等，如图 2.7(c)所示，图中红色的 × 表示山体上的机会阵单元。上面提到的这些应用都是单元相对固定的单个平台，事实上，在一些应用环境中阵面可以是运动的，如运动中的集群装备。文献[6]中论述的无人机群上的分布式机会阵，采用无线通信和网络化技术使得处于无人机群的多个机会阵可以实现分布式的数字波束形成能力和资源共享，还较详细地论述了无人机群上具体的无线波束形成方法和验证手段，并做了大量有关单个平台机会阵的灵活性和优势的验证。试验表明：无人机群上的处于多个平台的无线网络化的分布式机会阵雷达，相对于单个平台而言具有更多的优势。但由于平台的运动将带来更多难题，如阵面、单元的定位，信号同步以及分布式的数字波束形成(DDBF)等。机会阵在陆基、空基和天基均具有重要的应用潜力。图 2.8 为星载、机载、舰载上的多平台分布式机会阵通过无线传输实现平台之间的联合，分布式机会阵平台的联合协同探测带来的优势是显而易见的：资源共享，信息融合，平台间可合作或非合作地照射目标,从整体上提高平台的作战能力和隐身性等。但分布式机会阵平台同样存在无线本振传输、信号同步、分布式波束形成的难题。

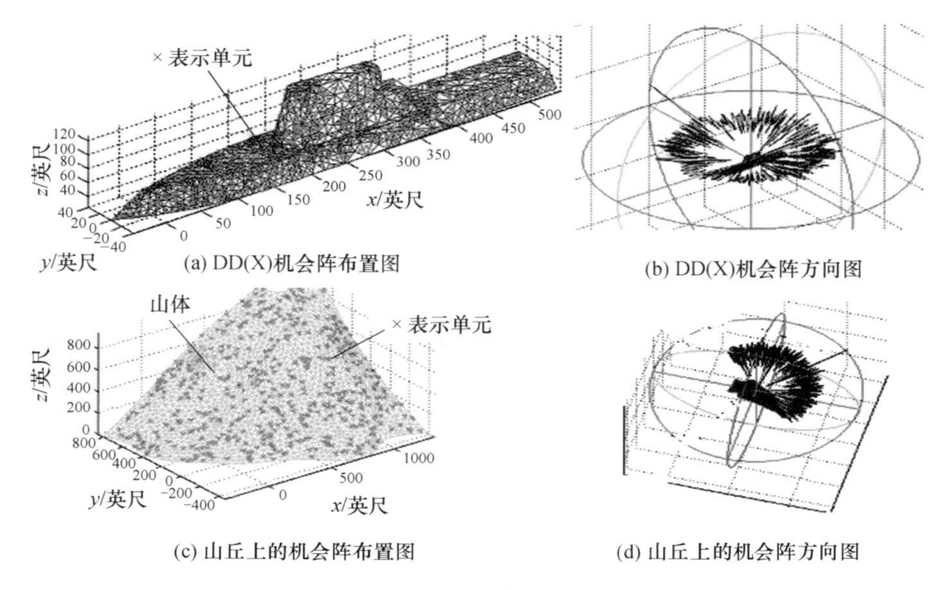

图 2.7　机会阵应用平台和方向图[25] (1 英尺 = 30.48cm) (见彩图)

图 2.8　多平台分布式机会阵

2.3.2　机会阵雷达应用优势

机会阵雷达一些显而易见的优势如下:

（1）极高的角分辨力：机会阵能够获得与载体最长基线相当的角分辨力。如基线长度为 200m，工作于 300MHz，则可以获得 0.3°的角分辨力。在 BMD 应用中，高的角分辨力很重要。即便工作在 VHF/UHF 频段，雷达也能够获得与目前工作于 X 波段的丹麦眼镜蛇（Cobra）系列雷达相比拟的高分辨力和跟踪能力。

（2）具有与目标匹配的可变的作用距离：为适应隐身与反隐身需要，作用距离是可变的，可根据目标威胁的程度自适应调整。

（3）多功能与一体化：机会阵单元遍布载体，具有多功能一体化的物理条件，通过硬件重构，可将通信、火控、电子对抗措施（ECM）、电子攻击（EA）、搜索、跟踪和监视等融于一体。

（4）增强的生存能力：相比传统的 AEGIS 系统的 AN/SPY－1 雷达，机会阵具有更低的单点失效率，即便部分单元遭到破坏，仍然不会影响整个系统的工作，显著提高战场生存能力。

（5）全新的天线系统设计：阵列采用孔径即结构，开放式架构，积木式搭建。单元在空间随遇布置，数目众多，空-时-能资源丰富，可以实现多种功能，同时显著降低设计、生产、制造的周期和成本。

（6）增强的隐身性：低的截获概率，机会阵天线被集成到载体内部，舰船容易采用隐身设计，以减少载体对射频信号的反射和红外辐射。同时工作于高频的机会阵雷达和灵活的工作模式也可显著提高隐身性能。

（7）灵活多样的数字波束形成能力：便于根据战场条件采取不同的波束形式和工作模式：分布式的数字波束形成能力，分区域的工作方式。如一部分单元用于发射，一部分单元负责接收，不同区域分频段工作，甲板上的用于垂直探测，船舷用于补盲和低仰角海面探测。

（8）多种工作模式：空间上机会布置的单元通过组成不同的基线，可以获得更高的空间分集增益，有利于对抗目标 RCS 闪烁，甚至非均匀的单元分布在目标参数估计上也是有益的。

泛探模式下，雷达可以在任意时刻探测空间任意方位，如同光学 CCD 相机一样，缺点是导致发射能量辐照不足，信噪比下降，需要通过增加积累时间来提高信噪比。机会阵与平台相当的功率孔径可望获得足够的功率孔径积，弥补传统泛探（Ubiquitous）模式下的能量积累问题。

（9）成本优势：机会阵雷达具有显著的成本优势，硬件上通过采用开放式架构，结构组装时采用积木式搭建，模块直接采用商业货架产品（COTS），短期即可建造相当规模的大型机会阵雷达系统，经济优势明显。

2.3.3　机会阵雷达应用模式

机会阵大量的天线单元和灵活的波束形成能力可以实现多种雷达工作模

式。从雷达波束形式来看，如图 2.9 所示，均可在机会阵平台实现。图 2.9(a)为收发分置的“聚焦式”波束。图 2.8(b)为宽波束发射，多窄波束接收。图 2.9(c)为全向波束发射，多子窄波束接收，文献[7,8]称之为“Ubiquitous”模式，Ubiquitous 的直接意思是“无所不在的”，有国内学者译作“泛探”模式[9]。形象地表述了机会阵这一工作模式特点，即在任意时刻探测空间任意方位。图 2.9(d)为 MIMO 模式下的空间波束形式，通过独立的单元发射相互正交的雷达信号以获取高的空间分集增益。

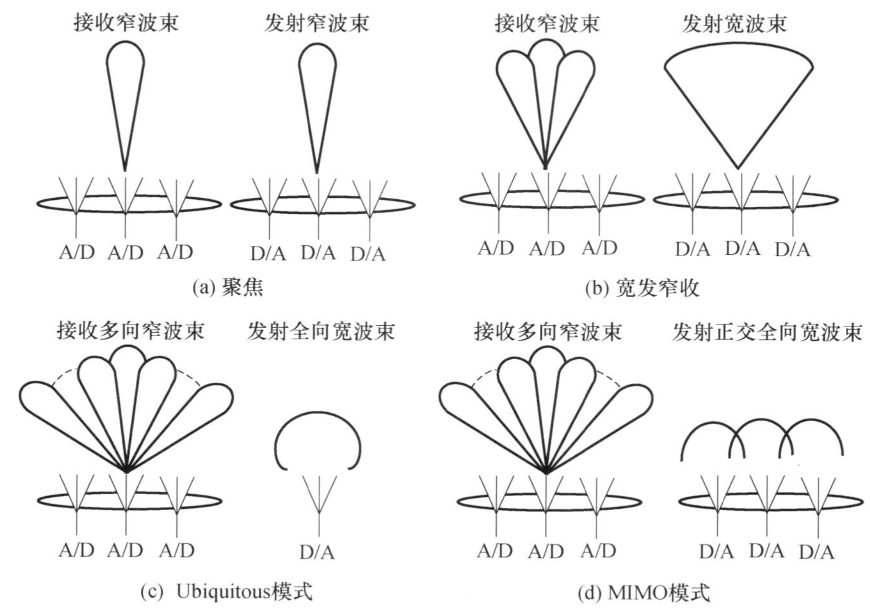

图 2.9 灵活的波束形式

机会阵雷达相对传统雷达更易实现如上所述的几种工作模式。

“Ubiquitous”工作模式下的机会阵雷达波束形式如图 2.9(c)所示，需要发射“全向”波束，非聚焦的“全向”波束能量随距离迅速衰减，波束增益和信噪比都难以满足检测门限，作用距离大为受限，相关文献[7,8,10]均不同程度地提到了 Ubiquitous 面临的这一技术难题，并给出了通过增加相干或非相干积累时间的办法以提高信噪比，而时间资源的占用必然导致系统实时性降低。机会阵突破了传统平面阵的口径限制具有与平台相当的照射孔径，因此，可以用空间换时间，从较少的积累周期获得较高的信噪比和作用距离。

波束形式如图 2.9(d)的 MIMO 模式下，通过分散的天线单元和统计独立的辐射波形来获得较高的空间分集增益，机会阵雷达单元随遇分布，通过机会性地选择单元的间距和工作波形恰恰可以很容易满足 MIMO 模式的分散要求，利于取得更好的空间分集效果。比如,机会阵宽阔的基线和空间任意分布的单元在MIMO 模式下,在对抗目标闪烁引起的 RCS 起伏和多径干扰方面具有重要意义。

2.4　机会理论基础知识

2.4.1　基本概念

人们在生产生活实践活动中所遇到的现象,一般来说可以分为两大类:一类是确定性现象,或称为必然现象;另一类是不确定性现象,长期以来人们一直认为不确定性现象就是随机现象,但随着人们认识的深入发现,不确定性现象不但包括客观因素的不确定性,而且还包括主观因素的不确定性,客观因素的不确定性表现为客观世界事件结果发生的随机性,可以用现代概率理论和统计学来描述和刻画;而主观世界的不确定性表现在事物类属的不确定性,即事物所呈现的"似是而非"的特性,这是一种与随机性完全不同的不确定性——模糊性。最早提出并解决模糊性问题的是美国数学家 Zadeh,他在 1965 年首次提出了模糊集的概念[26],并在随后大量学者长期的深入研究过程中,建立了现代数学新理论——模糊理论。对于模糊理论的发展,可以参阅文献[27 - 29]。模糊理论提出后,一些学者开始对模糊集合的概念进行推广,相继提出 Type - 2 模糊集、直觉模糊集以及双层模糊集等。Type - 2 模糊集是由 Zadeh[27] 提出的,它的基本思想是将每个元素隶属于模糊集合的隶属度也设为模糊集。直觉模糊集是 Atanassov[30] 提出的,其特点是用两个隶属函数来描述一个模糊集合,有关直觉模糊集的研究可以参阅文献[30 - 32]。双层模糊集的概念由 Dubois&Prade[33] 提出,它是在可能性测度和必要性测度的基础上提出的,相关的文献还有 Dubois&Prade[34]。

长期以来,模糊数学的理论研究一直落后于应用研究。为了解决这一问题,1978 年 Zadeh[27] 用三条公理定义了可能性测度,并进一步引进可能性空间以及模糊变量等概念,初步建立起模糊数学的公理体系。然而,由于可能性测度自身自对偶性的缺失,用可能性理论去解决现实问题时需要同时使用它的对偶部分——必要性测度。为了解决这个问题,Liu&Liu[35] 定义了一个自对偶的可信性测度,并由 Li 和 Liu[36] 给出了可信性测度的一个充分必要条件。基于可信性测度,还讨论了模糊变量的期望值[37]、关键值[38]、方差[39]、距离、熵[40] 等概念。另外,基于可信性理论 Liu[41] 还建立起了一套模糊规划理论。至此,初步形成了一套形式上与概率论相似的用来处理模糊现象的可信性理论,关于可信性理论的最新成果可参阅文献[42]。

模糊性与随机性虽然是两种完全不同的不确定性,然而在复杂系统中两者可能会同时出现。这个问题最早由 Kwakernaak[43,44]发现,并提出用模糊随机变量来描述这种现象。Kwakernaak 将模糊随机变量定义为从一个概率空间到模糊变量集合的可测映射。后来,Puri&Relascu[45],Kruse&meyer[46]以及 Liu&Liu[35]等又根据可测性的不同含义对上述定义作了相应的修改。模糊随机理论是一个比较新的领域,近年来许多学者对其进行了研究。

作为模糊性与随机性并存的另外一种形式,Liu[38]在 2002 年提出了随机模糊变量的概念,即从一个可信性空间到随机变量集合的函数。本质上,随机模糊变量是取随机值的模糊变量。此外,还有一些其他的双重不确定性,例如双重模糊性、双重随机性等,对于这些双重不确定性的研究可参阅文献[47,48]。到目前为止,国内外对于同时处理模糊性与随机性的双重不确定理论的研究及应用已经取得一定进展。

针对模糊随机变量与随机模糊变量的研究中,模糊性与随机性的地位是不平等的。其中,模糊随机变量采取的是先随机后模糊的形式,而随机模糊变量采取的是先模糊后随机的形式。然而,在实际问题中,模糊性与随机性是无“先”无“后”的。例如,在项目投资优化问题中就经常遇到部分完工时间与费用是模糊的,部分完工时间与费用是随机的情况,这样模糊性与随机性的地位是完全平等的。为了处理这类问题,Liu[49]首次提出了机会空间与混合变量的概念。一般来说,机会空间定义成一个可信性空间与一个概率空间的乘积,而混合变量定义为从机会空间到实数集的可测函数。基于此概念,文献[50,51]进一步定义了机会空间上的机会测度、混合变量的期望值、方差、乐观值、悲观值、距离等概念,初步形成了同时处理模糊性与随机性的数学理论——机会理论。机会理论的优势在于它与经典测度论在形式上是统一的,且既能解决模糊随机问题又能解决随机模糊问题。简言之,理论上更简单,但功能更强大。

综上所述,世界中不确定性现象除了随机现象、模糊现象以外,还有随机性和模糊性并存的现象。随机现象用概率理论来描述,模糊现象用模糊理论、可信性理论等来刻画,随机性和模糊性并存的不确定性现象,在现代数学中用机会理论来表征。机会理论主要研究混合变量在机会空间的各种参数,如悲观值、乐观值、期望值、方差、距离、机会熵等,以及机会测度对机会的度量,以便于进一步机会选择。

在运筹学、管理科学、可靠性工程、风险分析、气象预测、经济行为等很多领域都存在着模糊性与随机性并存的双重不确定现象,因此机会理论有广泛的应用背景。本节在理论上首先介绍一些概率论与可信性理论的基本概念和定理,包括概率测度、随机变量、随机变量的期望值、可信性测度、模糊变量、模糊变量的期望值等。然后介绍机会空间、混合变量、机会测度等概念,并讨论机会测度的一些重要性质,包括单调性、自对偶性、次可加性、相合性以及半连续性等。介绍机会测度的一些等价形式,这使得应用机会测度更加方便。事实上,还有许多的问题值得探讨,例如如何定义混合变量的独立性,如何定义混合变量的熵等。另外,研究如何在混合环境下建立数学模型,以及设计求解这些模型的有效算法也是非常重要的。

机会理论是处理模糊性与随机性并存现象的数学理论(图 2.10),下面介绍其基本概念与基础理论。

概率理论描述的随机现象数学表征为:概率空间$(\Omega,\mathscr{A},\mathrm{Pr})$、随机变量$((\omega)\mid\omega\in\Omega)$、概率测度(Pr)等。

模糊理论/可信性理论描述的模糊现象数学表征为:可信性空间$(\Theta,\mathscr{P},\mathrm{Cr})$、模糊变量$((\theta)\mid\theta\in\Theta)$、可信性测度(Cr)等。

机会理论描述随机性与模糊性并存的不确定性现象,数学表征为:机会空间$(\Theta,\mathscr{P},\mathrm{Cr})\times(\Omega,\mathscr{A},\mathrm{Pr})$、混合变量$(\xi(\theta,\omega)\mid\theta\in\Theta,\omega\in\Omega)$、机会测度$(\mathrm{Ch}\{\Lambda\})$等。

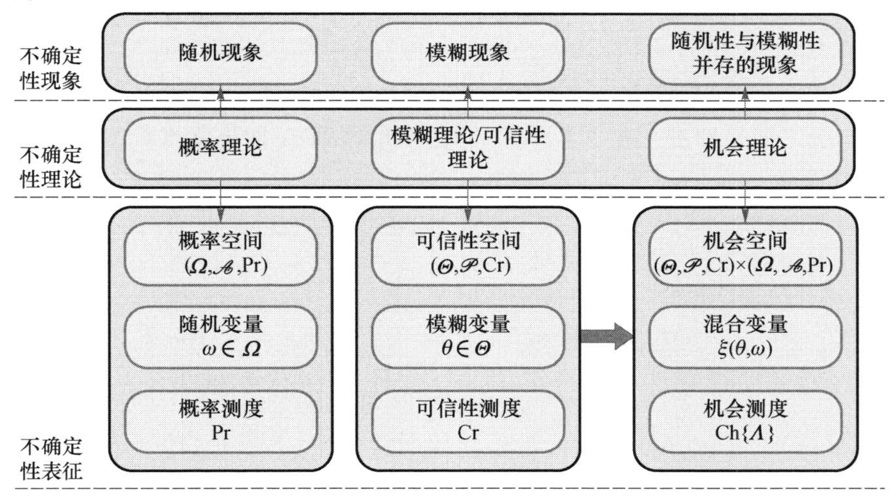

图 2.10　机会的数学原理与机会理论(见彩图)

2.4.1.1　概率空间与随机变量

定义 2.1 设Ω是一个非空集合,$\mathscr{A}$是Ω的子集(也称事件)组成的σ-代数。如果集函数 Pr 满足下面三个条件:

(1) $\mathrm{Pr}\{\Omega\}=1$;

(2) 对任意$A\in\mathscr{A}$,有$\mathrm{Pr}\{A\}=1$;

(3) 对A中每个互不相交的可数序列$\{A_i\}_{i=1}^{\infty}$,有$\mathrm{Pr}\left\{\bigcup_{i=1}^{\infty}A_i\right\}=\sum_{i=1}^{\infty}\mathrm{Pr}\{A_i\}$,

则称 $\Pr\{A\}$ 为一个概率测度。此时,称三元组$(\Omega,\mathscr{A},\Pr)$为一个概率空间。

定义 2.2 随机变量 ξ 是一个从概率空间$(\Omega,\mathscr{A},\Pr)$到实数集$\mathbb{R}$ 的可测函数。

定义 2.3 设 ξ 是概率空间$(\Omega,\mathscr{A},\Pr)$上的随机变量,称

$$E[\xi] = \int_0^{\infty} \Pr\{\xi \geqslant r\}\,\mathrm{d}r - \int_{-\infty}^{0} \Pr\{\xi \leqslant r\}\,\mathrm{d}r \tag{2.1}$$

为随机变量的期望值。

定义 2.4 设 ξ 是概率空间$(\Omega,A,\Pr)$上的随机变量,且 $\alpha \in (0,1]$,则称

$$\xi_{\sup}(\alpha) = \sup\{\gamma \mid \Pr\{\xi \geqslant \gamma\} \geqslant \alpha\} \tag{2.2}$$

为 ξ 的 α 乐观值。

定义 2.5 设 ξ 是概率空间$(\Omega,A,\Pr)$上的随机变量,且 $\alpha \in (0,1]$,则称

$$\xi_{\inf}(\alpha) = \inf\{\gamma \mid \Pr\{\xi \leqslant \gamma\} \geqslant \alpha\} \tag{2.3}$$

为 ξ 的 α 悲观值。

在数理统计中,乐观值与悲观值也分别称为上分位数与下分位数。

2.4.1.2 可信性空间与模糊变量

定义 2.6 设 Θ 是一个非空集合,$\mathscr{P}$是 Θ 的幂集。如果集函数 Cr 满足下面几项条件:

(1) $\mathrm{Cr}\{\Theta\} = 1$;

(2) 如果 $A \subset B$,则 $\mathrm{Cr}\{A\} \leqslant \mathrm{Cr}\{B\}$;

(3) 对于任意 $A \in \mathscr{P}$,有 $\mathrm{Cr}\{A\} + \mathrm{Cr}\{A^c\} = 1$;

(4) 对于 $\mathscr{P}$ 中任意集族 $\{A_i\}$,如果 $\sup_i \mathrm{Cr}\{A_i\} < 0.5$,则 $\mathrm{Cr}\{\cup_i A_i\} = \sup_i \mathrm{Cr}\{A_i\}$,则称 Cr 为可信性测度。此时,称三元组$(\Theta,\mathscr{P},\mathrm{Cr})$为一个可信性空间。

定义 2.7 设 ξ 是一个从可信性空间$(\Theta,\mathscr{P},\mathrm{Cr})$到实数集$\mathbb{R}$ 的一个函数,则称 ξ 为模糊变量。

定义 2.8 如果 ξ 是定义在可信性空间$(\Theta,\mathscr{P},\mathrm{Cr})$上的模糊变量,则它的隶属函数定义为

$$\mu(x) = (2\mathrm{Cr}\{\xi = x\}) \wedge 1, x \in \mathbb{R} \tag{2.4}$$

式中:符号"$\wedge$"为取小运算符。

隶属函数也就是该变量的可能性测度。

定理 2.1 设 ξ 为一个模糊变量,μ 表示其隶属函数。对于任意 Borel 集合 B,有

$$\mathrm{Cr}\{\xi \in B\} = \frac{1}{2}\left(\sup_{x \in B}\mu(x) + 1 - \sup_{x \in B^c}\mu(x)\right) \tag{2.5}$$

定理 2.2 对于任意 $A,B\in\mathscr{P}$,有

$$\mathrm{Cr}\{A\cup B\}\leqslant\mathrm{Cr}\{A\}+\mathrm{Cr}\{B\}\tag{2.6}$$

定义 2.9 设 ξ 是一个模糊变量,如果下式右端两个积分中至少有一个为有限的,则称

$$E[\xi]=\int_0^{\infty}\mathrm{Cr}\{\xi\geqslant r\}\mathrm{d}r-\int_{-\infty}^{0}\mathrm{Cr}\{\xi\leqslant r\}\mathrm{d}r\tag{2.7}$$

为模糊变量 ξ 的期望值。

定义 2.10 设 ξ 是一个模糊变量,且 $\alpha\in(0,1]$,则称

$$\xi_{\sup}(\alpha)=\sup\{\gamma\mid Cr\{\xi\geqslant\gamma\}\geqslant\alpha\}\tag{2.8}$$

为 ξ 的 α 乐观值。

定义 2.11 设 ξ 是一个模糊变量,且 $\alpha\in(0,1]$ 则称

$$\xi_{\inf}(\alpha)=\inf\{\gamma\mid Cr\{\xi\leqslant\gamma\}\geqslant\alpha\}\tag{2.9}$$

为 ξ 的 α 悲观值

2.4.1.3　机会空间与混合变量

定义 2.12 如果$(\Theta,\mathscr{P},\mathrm{Cr})$是一个可信性空间,$(\Omega,\mathscr{A},\mathrm{Pr})$是一个概率空间,那么乘积空间$(\Theta,\mathscr{P},\mathrm{Cr})\times(\Omega,\mathscr{A},\mathrm{Pr})$叫做机会空间。

机会空间中的论域定义为 Θ 与 Ω 的笛卡儿乘积,即 $\Theta\times\Omega=\{(\theta,\omega)\mid\theta\in\Theta,\omega\in\Omega\}$。

定义 2.13 混合变量 ξ 定义为从$(\Theta,\mathscr{P},\mathrm{Cr})\times(\Omega,\mathscr{A},\mathrm{Pr})$到实数集的一个可测函数。即对于任意 Borel 集合 B,有$\{\xi\in B\}\in\mathscr{P}\times\mathscr{A}$。

注 1:如果混合变量 $\xi(\theta,\omega)$的取值与 ω 无关,则 ξ 退化为模糊变量;如果 $\xi(\theta,\omega)$的取值与 θ 无关,则 ξ 退化为随机变量。因此,模糊变量与随机变量是两类特殊的混合变量。

注 2:混合变量 $\xi(\theta,\omega)$可以考虑成从可信性空间到随机变量的集合,也可以考虑成从概率空间到模糊变量集合的映射,分别对应随机模糊变量和模糊随机变量。

下面给出这两者的定义及其相关属性值。

定义 2.14 设 ξ 是一个从概率空间$(\Omega,\mathscr{A},\mathrm{Pr})$到模糊变量集合的函数,并且对于任意 Borel 集合 B,有 $\mathrm{Cr}\{\xi(\cdot,\omega)\in B\}$是关于 ω 的可测函数,那么 ξ 是一个模糊随机变量。

例 2.1 设$(\Omega,\mathscr{A},\mathrm{Pr})$为概率空间。如果 $\Omega=\{\omega_1,\omega_2,\cdots,\omega_m\}$,并且 $u_1,u_2,\cdots,u_m$是模糊变量,则函数

$$\xi(\omega)=\begin{cases}u_1,若\ \omega=\omega_1\\u_2,若\ \omega=\omega_2\\\vdots\\u_m,若\ \omega=\omega_m\end{cases}$$

是一个模糊随机变量。

定义 2.15 设 ξ 是一个从可信性空间$(\Theta,\mathscr{P},\mathrm{Cr})$到随机变量集合的函数,并且对于任意 Borel 集合 B,有 $\Pr\{\xi(\cdot,\omega)\in B\}$ 是关于 ω 的可测函数,那么 ξ 是一个随机模糊变量。

例 2.2 假设 $\eta_1,\eta_2,\cdots,\eta_m$是随机变量,$u_1,u_2,\cdots,u_m$为区间[0,1]上的实数,且满足 $u_1\vee u_2\vee\cdots\vee u_m=1$,则

$$\xi=\begin{cases}\eta_1,可能性\ u_1\\\eta_2,可能性\ u_2\\\vdots\\\eta_m,可能性\ u_m\end{cases}$$

是一个随机模糊变量。

定义 2.16 设 ξ 是一个模糊随机变量。如果下式右端两个积分中至少有一个为有限的,则称

$$E[\xi]=\int_0^{\infty}\Pr\{\omega\in\Omega\mid E[\xi(\omega)]\geqslant r\}\mathrm{d}r-\int_{-\infty}^{0}\Pr\{\omega\in\Omega\mid E[\xi(\omega)]\leqslant r\}\mathrm{d}r\tag{2.10}$$

为模糊随机变量 ξ 的期望值。

定义 2.17 设 ξ 是一个模糊随机变量,且 $\gamma,\delta\in(0,1]$,则称

$$\xi_{\sup}(\gamma,\delta)=\sup\{r\mid \mathrm{Ch}\{\xi\geqslant r\}(\gamma)\geqslant\delta\}$$

为 ξ 的(γ,δ)的乐观值。

定义 2.18 设 ξ 是一个模糊随机变量,且 $\gamma,\delta\in(0,1]$,则称

$$\xi_{\inf}(\gamma,\delta)=\inf\{r\mid \mathrm{Ch}\{\xi\leqslant r\}(\gamma)\geqslant\delta\}$$

为 ξ 的(γ,δ)的悲观值。

定义 2.19 设 ξ 是一个随机模糊变量。如果下式右端两个积分中至少有一个为有限的,则称

$$E[\xi]=\int_0^{\infty}\mathrm{Cr}\{\theta\in\Theta\mid E[\xi(\theta)]\geqslant r\}\mathrm{d}r-$$

$$\int_{-\infty}^{0} \mathrm{Cr}\{\theta \in \Theta \mid E[\xi(\theta)] \leqslant r\} \mathrm{d}r \tag{2.11}$$

为随机模糊变量 ξ 的期望值。

定义 2.20 设 ξ 是一个随机模糊变量，且 $\gamma,\delta \in (0,1]$，则称

$$\xi_{\sup}(\gamma,\delta) = \sup\{r \mid \mathrm{Ch}\{\xi \geqslant r\}(\gamma) \geqslant \delta\} \tag{2.12}$$

为 ξ 的(γ,δ)的乐观值。

定义 2.21 设 ξ 是一个随机模糊变量，且 $\gamma,\delta \in (0,1]$，则称

$$\xi_{\inf}(\gamma,\delta) = \inf\{r \mid \mathrm{Ch}\{\xi \leqslant r\}(\gamma) \geqslant \delta\} \tag{2.13}$$

为 ξ 的(γ,δ)的悲观值。

2.4.2　机会测度理论

模糊性和随机性是现实世界中两种基本不确定性，分别用来描述主观不确定性和客观不确定性。可信性理论与概率论分别是处理模糊现象和随机现象的数学理论。虽然模糊性和随机性是两种完全不同的不确定性，然而在现代复杂的智能化雷达中可能同时出现，机会阵雷达上的不确定性同时包括模糊性和随机性两个方面，传统上的雷达系统通常将模糊性和随机性孤立地分开，而机会阵雷达强调的是将主观的模糊性和客观的随机性融为一体。为了描述这种既包含随机性又包含模糊性的不确定性现象，数学家提出了机会理论和混合变量的概念，但一直缺少对这种不确定性的测度方法。众所周知，概率论中是通过随机变量和概率密度来实现对客观不确定性随机事件的表征和测度。目前关于机会测度的研究并不多见，由 Gao&Liu[17] 提出的机会测度理论有望成为混合变量的度量方法，这将为机会阵雷达研究提供理论支持。

文献[50,51]定义了机会空间上的机会测度，并证明了机会测度同可信性测度以及概率测度之间的相容性。即当机会空间退化为可信性空间时，机会测度退化为可信性测度，当机会空间退化为概率空间时，机会测度退化为相应的概率测度。进一步，证明了机会测度的一些重要的数学性质，如单调性、自对偶性、次可加性、半连续性等。为了方便机会测度的使用，还证明了机会测度的若干等价形式。作为机会测度的应用，定义了混合变量的机会分布、密度函数以及期望值，并研究了期望值与机会分布及密度函数之间的关系。以期望值为基础，进一步定义了混合变量的方差、矩、距离等概念。同时，证明了极大方差定理、矩估计定理、伪三角不等式等。

2.4.2.1　机会测度的定义与相关定理

定义 2.22 设 Λ 是 $\Theta \times \Omega$ 的一个子集，其机会测度(图 2.11)可以定义为

$$\mathrm{Ch}\{\Lambda\} = \int_0^1 \Pr\{\omega \in \Omega \mid \mathrm{Cr}\{\theta \in \Theta \mid (\theta,\omega) \in \Lambda\} \geqslant x\}\,\mathrm{d}x \tag{2.14}$$

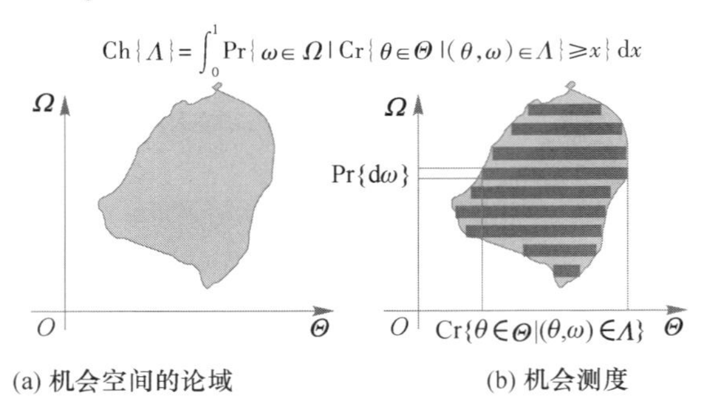

(a) 机会空间的论域　　(b) 机会测度

图 2.11　机会空间与机会测度(见彩图)

特别对于模糊随机变量和随机模糊变量,机会测度有如下两种定义形式。

定义 2.23 设 ξ 是定义在概率空间$(\Omega,\mathscr{A},\Pr)$上的模糊随机变量,B 是$\mathbb{R}$ 中的 Borel 集,则模糊随机事件 $\xi \in B$ 的机会测度为

$$\mathrm{Ch}\{\xi \in B\}(\alpha) = \sup_{\Pr\{A\} \geqslant \alpha} \inf_{\omega \in A} \mathrm{Cr}\{\xi(\omega) \in B\} \tag{2.15}$$

定义 2.24 设 ξ 是定义在可信性空间$(\Theta,\mathscr{P},\mathrm{Cr})$上的随机模糊变量,$B$ 是$\mathbb{R}$ 中的 Borel 集,则模糊随机事件 $\xi \in B$ 的机会测度为

$$\mathrm{Ch}\{\xi \in B\}(\alpha) = \sup_{\mathrm{Cr}\{A\} \geqslant \alpha} \inf_{\theta \in A} \mathrm{Cr}\{\xi(\theta) \in B\} \tag{2.16}$$

定理 2.3(机会合成定理)对于任何可测集 $\Lambda = X \times Y$,有

$$\mathrm{Ch}\{X \times Y\} = \mathrm{Cr}\{X\} \wedge \Pr\{Y\} \tag{2.17}$$

定理 2.4(机会单调定理)如果可测集 $\Lambda_1 \subset \Lambda_2$,则有

$$\mathrm{Ch}\{\Lambda_1\} \leqslant \mathrm{Ch}\{\Lambda_2\} \tag{2.18}$$

定理 2.5(机会自对偶定理)对于任意可测集 Λ,有

$$\mathrm{Ch}\{\Lambda\} + \mathrm{Ch}\{\Lambda^c\} = 1 \tag{2.19}$$

定理 2.6(机会次可加定理)对于任何可测集 Λ_1 和 Λ_2,有

$$\mathrm{Ch}\{\Lambda_1 \cup \Lambda_2\} \leqslant \mathrm{Ch}\{\Lambda_1\} + \mathrm{Ch}\{\Lambda_2\} \tag{2.20}$$

2.4.2.2　机会测度的等价形式

为了方便机会测度的应用,机会测度还有以下等价形式。

定理 2.7 对于任意可测集 Λ,有

$$\mathrm{Ch}\{\Lambda\} = \sup_{X \in P}(\mathrm{Cr}\{X\} \wedge \inf_{\theta \in X} \Pr\{\Lambda(\theta)\}) \tag{2.21}$$

定理 2.8 对于任意可测集 Λ,有

$$\mathrm{Ch}\{\Lambda\} = \sup_{0 \leqslant \alpha \leqslant 1}(\mathrm{Cr}\{\theta \in \Theta \mid \Pr\{\Lambda(\theta)\} \geqslant \alpha\} \wedge \alpha) \tag{2.22}$$

定理 2.9 对于任意可测集 Λ，有

$$\mathrm{Ch}\{\Lambda\} = \inf_{0\leqslant\alpha\leqslant 1}(\mathrm{Cr}\{\theta\in\Theta \mid \Pr\{\Lambda(\theta)\}\geqslant\alpha\}\vee\alpha) \tag{2.23}$$

2.4.3　机会约束规划理论

在很多实际问题中，如管理、工程、经济、工业、军事及生态等领域，系统是一个广泛使用的概念，而一个复杂的决策系统通常具有多维性、多样性、多功能性和多准则性，并带有随机或模糊参数，即具有随机性与模糊性等不确定性。对于不确定规划问题中所出现的不确定变量，处于不同的管理目的和技术要求，采用的方法也自然不同。第一类处理不确定规划问题中不确定变量的方法是所谓的期望值模型，即在期望值的约束下，使目标函数的期望达到最优的模型。根据不确定变量的种类，有随机期望值模型、模糊期望值模型、模糊随机期望值模型、随机模糊期望值模型以及其他不确定变量的期望值模型等。第二类方法是机会约束规划，最初是由 Charnes 和 Cooper 针对随机变量提出的随机机会约束规划，后被扩展到其他种类的机会约束规划，如模糊机会约束规划、模糊随机机会约束规划以及随机模糊机会约束规划等。机会约束规划，主要针对约束条件中含有不确定变量，且必须在观测到不确定变量的实现之前作出决策的情况。考虑到所作决策在不利情况发生时可能不满足约束条件，而采用一种原则：即允许所作决策在一定程度上不满足约束条件，但该决策应该使约束条件成立的概率不小于某一置信水平。第三类规划模型是相关机会规划，它是使事件的机会函数在不确定环境下达到最优的方法。在期望值模型和机会约束规划中，当对实际问题建模以后，可行集本质上是确定的，这就可能导致所给出的最优解在实际中无法执行，而相关机会规划并不假定可行集是确定的。实际上相关机会规划的可行集被描述为所谓的不确定环境。虽然相关机会规划也给出一个确定的解，但这个解只是要求在实际问题中尽可能地被执行。显然，相关机会规划的这一特点与期望值模型和机会约束规划是截然不同的。

下面，在随机环境、模糊环境以及随机和模糊共存的不确定环境下，分别对三种模型进行描述，同时针对单目标和多目标等，建立不同的规划模型。

2.4.3.1　期望值模型

在不确定环境中，单目标期望值模型可以表示如下：

$$\begin{cases}\max E[f(\boldsymbol{x},\boldsymbol{\xi})]\\ \text{s.t.}\\ E[g_j(\boldsymbol{x},\boldsymbol{\xi})]\leqslant 0\end{cases} \tag{2.24}$$

式中：$f(\boldsymbol{x},\boldsymbol{\xi})$ 是目标函数；$g_j(\boldsymbol{x},\boldsymbol{\xi})$ 是系统约束函数，$j=1,2,\cdots,p$；$E[\cdot]$ 表示值算子；$\boldsymbol{x}$ 是一个 n 维决策向量；当不确定环境只有随机性时，$\boldsymbol{\xi}$ 是一个 t 维随机向量；当不确定环境只有模糊性时，$\boldsymbol{\xi}$ 是一个 t 维模糊向量；当不确定环境模糊性与随机性并存时，$\boldsymbol{\xi}$ 是一个 t 维模糊随机向量或者随机模糊向量，具体依据情况而定。

作为单目标期望值模型的推广，m 个多目标期望值模型可以写成如下形式，为

$$\begin{cases}\max E[f_1(\boldsymbol{x},\boldsymbol{\xi}),f_2(\boldsymbol{x},\boldsymbol{\xi}),\cdots,f_m(\boldsymbol{x},\boldsymbol{\xi})]\\ \text{s. t.} \qquad \text{设}\\ E[g_j(\boldsymbol{x},\boldsymbol{\xi})]\leqslant 0,j=1,2,\cdots,p\end{cases}\tag{2.25}$$

根据决策者给定的优先结构和目标值，也可以把一个不确定性决策系统转化为一个期望值目标规划，模型可以改写成如下形式，为

$$\begin{cases}\min \sum_{j=1}^{l} P_j \sum_{i=1}^{m}(u_{ij}d_i^+ + v_{ij}d_i^-)\\ \text{s. t.}\\ E[f_i(\boldsymbol{x},\boldsymbol{\xi})]+d_i^- - d_i^+ = b_i \qquad i=1,2,\cdots,m\\ E[g_j(\boldsymbol{x},\boldsymbol{\xi})]\leqslant 0 \qquad j=1,2,\cdots,p\end{cases}\tag{2.26}$$

式中：P_j 为优先因子，表示各个目标的相对重要性，且对所有的 j，有 $P_j \gg P_{j+1}$；u_{ij} 为对应优先因子 j 第 i 个目标正偏差的权重因子；v_{ij} 为对应优先因子 j 第 i 个目标负偏差的权重因子；d_i^+ 为目标 i 偏离目标值的正偏差，定义为

$$d_i^+ = \begin{cases}E[f_i(\boldsymbol{x},\boldsymbol{\xi})]-b_i & E[f_i(\boldsymbol{x},\boldsymbol{\xi})]>b_i\\ 0 & E[f_i(\boldsymbol{x},\boldsymbol{\xi})]\leqslant b_i\end{cases}\tag{2.27}$$

d_i^- 为目标 i 偏离目标值的负偏差，定义为

$$d_i^+ = \begin{cases}0 & E[f_i(\boldsymbol{x},\boldsymbol{\xi})]\geqslant b_i\\ b_i - E[f_i(\boldsymbol{x},\boldsymbol{\xi})] & E[f_i(\boldsymbol{x},\boldsymbol{\xi})]<b_i\end{cases}\tag{2.28}$$

式中：$f_i(\boldsymbol{x},\boldsymbol{\xi})$ 为目标约束中的函数；$g_j(\boldsymbol{x},\boldsymbol{\xi})$ 为系统约束中的函数；l 为优先级个数；m 为目标约束个数；p 为系统约束个数。

2.4.3.2 机会约束规划模型

针对不同的不确定性环境，有不同的表现形式。

1）随机机会约束规划模型

单目标的随机机会约束规划模型可以表示成以下形式，以极大化目标值为例

$$\begin{cases}\max \bar{f} \\ \text{s.t.} \\ \Pr\{f(\boldsymbol{x},\boldsymbol{\xi}) \geqslant \bar{f}\} \geqslant \beta \\ \Pr\{g_j(\boldsymbol{x},\boldsymbol{\xi}) \leqslant 0 \quad j=1,2,\cdots,p\} \geqslant \alpha\end{cases} \tag{2.29}$$

式中：$\Pr\{\cdot\}$ 为事件成立的概率；α,β 分别为事先给定的约束条件和目标函数的置信水平。从极大化目标值 $\bar{f}$ 的观点来看，我们所要求的目标值 $\bar{f}$ 应该是目标函数 $f(\boldsymbol{x},\boldsymbol{\xi})$ 在保证置信水平至少是 β 时所取的最大值，即

$$\bar{f} = \max\{f \mid \Pr\{f(\boldsymbol{x},\boldsymbol{\xi}) \geqslant f\} \geqslant \beta\} \tag{2.30}$$

作为单目标机会约束规划的推广，多目标随机机会约束规划可以表示成如下形式，为

$$\begin{cases}\max[\bar{f}_1,\bar{f}_2,\cdots,\bar{f}_m] \\ \text{s.t.} \\ \Pr\{f_i(\boldsymbol{x},\boldsymbol{\xi}) \geqslant \bar{f}_i\} \geqslant \beta_i \quad i=1,2,\cdots,m \\ \Pr\{g_j(\boldsymbol{x},\boldsymbol{\xi}) \leqslant 0,\} \geqslant \alpha_j \quad j=1,2,\cdots,p\end{cases} \tag{2.31}$$

式中：α_j,β_i 分别为第 j 个约束和第 i 个目标的置信水平。

根据决策者给定的优先结构和目标值，我们也可以为随机决策系统构造如下的随机机会约束规划模型，为

$$\begin{cases}\min \sum_{j=1}^{l} P_j \sum_{i=1}^{m} (u_{ij}d_i^+ + v_{ij}d_i^-) \\ \text{s.t.} \\ \Pr\{f_i(\boldsymbol{x},\boldsymbol{\xi})] + d_i^- - d_i^+ = b_i\} \geqslant \beta_i \quad i=1,2,\cdots,m \\ \Pr\{g_j(\boldsymbol{x},\boldsymbol{\xi}) \leqslant 0\} \geqslant \alpha_j \quad j=1,2,\cdots,p \\ d_i^-,d_i^+ \geqslant 0 \quad i=1,2,\cdots,m\end{cases} \tag{2.32}$$

2）模糊机会约束规划模型

单目标的模糊机会约束规划模型可以表示成以下形式，以极大化目标值为

例为

$$\begin{cases}\max \bar{f} \\ \text{s. t.} \\ \text{Cr}\{f(\boldsymbol{x},\boldsymbol{\xi}) \geqslant \bar{f}\} \geqslant \beta \\ \text{Cr}\{g_j(\boldsymbol{x},\boldsymbol{\xi}) \leqslant 0 \quad j=1,2,\cdots,p\} \geqslant \alpha\end{cases} \tag{2.33}$$

式中: $\text{Cr}\{\cdot\}$ 为事件的可信性; α,β 分别为事先给定的约束条件和目标函数的置信水平。从极大化目标值 $\bar{f}$ 的观点来看,我们所要求的目标值 $\bar{f}$ 应该是目标函数 $f(\boldsymbol{x},\boldsymbol{\xi})$ 在保证置信水平至少是 β 时所取的最大值,即

$$\bar{f} = \max\{f \mid \text{Cr}\{f(\boldsymbol{x},\boldsymbol{\xi}) \geqslant f\} \geqslant \beta\} \tag{2.34}$$

作为单目标机会约束规划的推广,多目标模糊机会约束规划可以表示成如下形式,为

$$\begin{cases}\max[\bar{f}_1,\bar{f}_2,\cdots,\bar{f}_m] \\ \text{s. t.} \\ \text{Cr}\{f_i(\boldsymbol{x},\boldsymbol{\xi}) \geqslant \bar{f}_i\} \geqslant \beta_i \quad i=1,2,\cdots,m \\ \text{Cr}\{g_j(\boldsymbol{x},\boldsymbol{\xi}) \leqslant 0,\} \geqslant \alpha_j \quad j=1,2,\cdots,p\end{cases} \tag{2.35}$$

式中: α_j,β_i 分别为第 j 个约束和第 i 个目标的置信水平。

根据决策者给定的优先结构和目标值,我们也可以为模糊决策系统构造如下的模糊机会约束规划模型,为

$$\begin{cases}\min \sum_{j=1}^{l} P_j \sum_{i=1}^{m} (u_{ij}d_i^+ + v_{ij}d_i^-) \\ \text{s. t.} \\ \text{Cr}\{f_i(\boldsymbol{x},\boldsymbol{\xi})] + d_i^- - d_i^+ = b_i\} \geqslant \beta_i \quad i=1,2,\cdots,m \\ \text{Cr}\{g_j(\boldsymbol{x},\boldsymbol{\xi}) \leqslant 0\} \geqslant \alpha_j \quad j=1,2,\cdots,p \\ d_i^-,d_i^+ \geqslant 0 \quad i=1,2,\cdots,m\end{cases} \tag{2.36}$$

3)模糊随机/随机模糊机会约束规划模型

在模糊性和随机性并存的不确定环境下,为了极大化在一些机会约束下的模糊随机或随机模糊目标函数的 (γ,δ) 乐观值,Liu 构造了一系列的模糊随机/

随机模糊机会约束规划模型,可以表示为

$$\begin{cases}\max \bar{f} \\ \text{s. t.} \quad 设 \\ \mathrm{Ch}\{f(\boldsymbol{x},\boldsymbol{\xi}) \geqslant \bar{f}\}(\gamma) \geqslant \delta \\ \mathrm{Ch}\{g_j(\boldsymbol{x},\boldsymbol{\xi}) \leqslant 0\}(\alpha_j) \geqslant \beta_j \quad j=1,2,\cdots,q\end{cases} \tag{2.37}$$

式中:$f(\boldsymbol{x},\boldsymbol{\xi})$ 为目标函数;$g_j(\boldsymbol{x},\boldsymbol{\xi})$ 为系统约束函数;$\gamma,\delta,\alpha_j,\beta_j$ 为预先给定的置信水平;$\boldsymbol{x}$ 为一个 n 维决策向量;$\boldsymbol{\xi}$ 为一个 t 维模糊随机向量或者随机模糊向量,具体依据情况而定。

作为单目标机会约束规划的推广,多目标模糊随机/随机模糊机会约束规划可以表示为

$$\begin{cases}\max[\bar{f}_1,\bar{f}_2,\cdots,\bar{f}_m] \\ \text{s. t.} \quad 设 \\ \mathrm{Ch}\{f_i(\boldsymbol{x},\boldsymbol{\xi}) \geqslant \bar{f}_i\}(\gamma_i) \geqslant \delta_i \quad i=1,2,\cdots,m \\ \mathrm{Ch}\{g_j(\boldsymbol{x},\boldsymbol{\xi}) \leqslant 0\}(\alpha_j) \geqslant \beta_j \quad j=1,2,\cdots,p\end{cases} \tag{2.38}$$

根据决策者给定的优先结构和目标值,我们也可以为模糊随机/随机模糊决策系统构造如下的机会约束规划模型,为

$$\begin{cases}\min \sum_{j=1}^{l} P_j \sum_{i=1}^{m} (u_{ij}d_i^+ + v_{ij}d_i^-) \\ \text{s. t.} \quad 设 \\ \mathrm{Ch}\{f_i(\boldsymbol{x},\boldsymbol{\xi})] + d_i^- - d_i^+ = b_i\}(\gamma_i) \geqslant \delta_i \quad i=1,2,\cdots,m \\ \mathrm{Ch}\{g_j(\boldsymbol{x},\boldsymbol{\xi}) \leqslant 0\}(\alpha_j) \geqslant \beta_j \quad j=1,2,\cdots,p \\ d_i^-,d_i^+ \geqslant 0 \quad i=1,2,\cdots,m\end{cases} \tag{2.39}$$

2.4.3.3　相关机会规划模型

在不确定环境下,以极大化机会函数为例,单目标相关机会规划模型可以表示为

$$\begin{cases}\max f(\boldsymbol{x}) \\ \text{s. t.} \\ g_j(\boldsymbol{x},\boldsymbol{\xi}) \leqslant 0 \quad j=1,2,\cdots,p\end{cases} \tag{2.40}$$

式中:$f(x)$ 为目标函数;$g_j(\boldsymbol{x},\boldsymbol{\xi})$ 为系统约束函数;$\boldsymbol{x}$ 为一个 n 维决策向量。当

不确定环境只有随机性时，$\boldsymbol{\xi}$ 为一个 t 维随机向量；当不确定环境只有模糊性时，$\boldsymbol{\xi}$ 为一个 t 维模糊向量；当不确定环境模糊性与随机性并存时，$\boldsymbol{\xi}$ 为一个 t 维模糊随机向量或者随机模糊向量，具体依据情况而定。将其推广到相关多目标规划，则多目标相关机会规划模型表示为

$$\begin{cases}\max[f_1(\boldsymbol{x}) \quad f_2(\boldsymbol{x}),\cdots,f_m(\boldsymbol{x})] \\ \text{s. t.} \\ g_j(\boldsymbol{x},\boldsymbol{\xi}) \leqslant 0 \qquad j=1,2,\cdots,p\end{cases} \tag{2.41}$$

根据决策者给定的优先结构，目标是极小化偏差，则可以改为

$$\begin{cases}\min \sum\limits_{j=1}^{l} P_j \sum\limits_{i=1}^{m} (u_{ij}d_i^+ + v_{ij}d_i^-) \\ \text{s. t.} \\ f_i(\boldsymbol{x},\boldsymbol{\xi}) + d_i^- - d_i^+ = b_i \qquad i=1,2,\cdots,m \\ d_i^-,d_i^+ \geqslant 0 \qquad i=1,2,\cdots,m\end{cases} \tag{2.42}$$

2.4.4 机会发现理论

2.4.4.1 机会发现概述

1）机会发现与人工智能

机会发现与人工智能（AI）有着密切的关系。人工智能随着应用需求的不断增多，原来静态的条件不能满足需要，取而代之的是对于动态环境的描述以及相应的研究，应运而生的是多智体系统。多智体系统具有自主性、分布性、协调性，并具有自组织能力、学习能力和推理能力。采用多智体系统解决实际应用问题，具有很强的鲁棒性和可靠性，并具有较高的问题求解效率。多智体系统在表达实际系统时通过各智体间的通信、合作、互解、协调、调度、管理及控制来表达系统的结构、功能及行为特性。在实际应用中常用的是多智体系统，将各种具有不同能力的主体结合起来，通过它们之间的相互作用，既分工又协作，共同解决问题。

这里的每一个主体都有自己独立的信念和工作意图。这种情况下，在机会发现理论中，发现对主体有促进和抑制作用的事件可能给人工智能的研究带来一种新的思路和方法。与此同时，人工智能中的一些成熟的理论和技术对于机会的发现等问题也具有可借鉴的作用。

2）机会发现与知识发现

机会发现与知识发现的本质区别一直是机会发现提出来以后存在争议的问题。有的研究学者认为机会发现所有解决的问题，知识发现也能够进行处理，并

且知识发现经过多年的实践,发展出了一系列相对比较成熟的理论和技术。

Ohsawa 认为机会发现是一个不同于传统知识发现的一个新的课题。这是因为,传统的知识发现技术使用过程中,存在一个前提,就是建立在已经存在的庞大数据库基础上。然而,机会发现则强调的是在少量数据样本中,在没有历史数据可以利用的前提下,如何去发现对未来的决策具有重要作用的事件或情形。尤其是对于出现频度低,未被注意的事件的发现。机会发现与知识发现有着以下方面的不同:

(1) 知识发现是在数据集当中识别出有效的最终可理解的模式,是对数据及数据之间关系的一种静态描述。而机会发现是对事件及其结果的动态刻画,是对未来行为的选择和导向,也就是说,机会发现的本质就是建立在主体的目标基础上的关系描述。

(2) 知识发现本质上得到的是对于历史知识的解释性结论,即使存在预测的描述,那也是建立在有这种模式的历史资料的基础上总结出来的。而机会发现要处理的很多数据是没有任何或者很好的历史资料,是属于一个全新的事件。当然,不能否认的是知识发现和机会发现在作用上有着很多的相似性,而且知识发现的成熟技术对机会发现有着很好的借鉴作用。

2.4.4.2　机会发现研究内容

经过从概念提出至今的近十年时间,机会发现和机会管理(CD&CM)已成为具有潜力的研究技术,其研究内容主要包括以下几个方面。

1) 机会发现系统模型

随着机会发现的影响力在学术界的日益扩大,如何去构建一个机会发现系统,如何能够正确表述机会发现过程,开始得到专家的关注。在现有的知识发现过程基础上,针对机会发现的需要,Ohsawa 提出了双螺旋模型、层次模型等。虽然架构的形式不同,但是各种架构模型都对机会发现过程中的人机交互特性有描述。对目前模型存在缺乏可实践性的缺陷,需要对问题进行思考并深入研究。研究内容为如何构建更好的可以描述机会发现过程的架构,并且结合当前其他学科成熟技术为系统的实现提出可行性方案。

2) 机会的形式化描述

形式化描述提供了强有力的分析和抽象能力,具有与实现的细节无关性等特点。现有的形式化描述未能达成共识,因此,如何将机会概念以及特征进行抽象是机会发现的研究内容之一。虽然机会形式化描述工作有了很大进展[21],如何定义机会的本质特征,如何对机会发现各阶段进行形式化描述,如何实现从形式化描述的抽象层到带有应用领域特性的具体层转换,这些都仍然是值得深入研究的问题。

3）机会发现的算法设计

机会发现算法是机会发现研究的重要内容之一，算法考虑的是如何将出现在数据样本中和未出现在数据样本中的机会找到，并尽可能多地找到符合机会特征的事件或情形。现有的机会发现算法的研究主要针对确认发现的是机会，而没有过多地关注如何更有效、更便捷地发现机会[52]。性能上的提高为机会发现提出了新的挑战。如何在算法中更完整地表述机会特性，在发现过程中对此特性进行关注，是机会发现算法需要完善的地方，也是值得深入研究的问题。

2.4.4.3 机会的形式化描述

机会是对主体具有重要影响的事件或情形。因此说，机会的存在必然要和主体之间存在着某些必要的内在联系，而这种联系称为机会发现的相关性，即机会发现相关性是确定某个事件或情形能够成为机会的必要条件。为了使得形式化描述方便和准确，也可以认定机会发现相关性就是某个事件或情形成为机会的充分条件[53]。

1）基于溯因推理的机会形式化描述

溯因（Abduction）的概念最初是由哲学家 Peirce 提出来的[23]，他是这样来刻画溯因的：C 是一个意外的现象；如果 A 成立，则 C 的成立便可以得到解释；那么假设 A 成立是合理的。溯因推理[54]（Abductive Reasoning）是一种不同于演绎推理和归纳推理的推理形式，是研究如何从已知结论生成可能假设的推理形式。一般来说，溯因推理可以写成如下形式，为

$$\frac{\varphi \rightarrow \psi,\psi}{\varphi} \tag{2.43}$$

式（2.43）表示：如果已知 φ 能蕴涵 ψ，且当前有事实 ψ，则假设 φ 在当前成立是合理的。

Pople 在 1973 年首次将溯因推理引入到人工智能领域中[55]，并且随后由 Harniak 和 McDermott 对其进行相应的修改[56]，并把溯因推理的地位提高到与演绎推理和归纳推理并列的第三种推理形式。日本学者 Abe[21] 首次把溯因推理引入机会发现，并且从信念变化的角度来刻画机会和机会发现，给出了“如何定义一个机会”和“如何发现这些机会”两个问题的解答。对于前者，他把机会定义成能够用来解释未知事件的假设。对于后者，他通过综合溯因推理和类比推理创建了溯因类比推理（AAR）来进行解释。Abe 首次从溯因推理的角度来研究机会发现，他认为一个事件或状态被认为是机会，则该事件或状态属于下面两种情形之一：

（1）如果机会本身是一些已知的事件或情形，但是对于怎样利用它们去解释一个现象是未知的，即存在一组规则缺失的情况。在这种情况下规则可以通

过溯因推理的方法而生成。而这种溯因推理生成的规则将被认为是机会。显然，此定义比较符合机会的直观定义，但是此定义无法在计算机内有效地表示。

（2）如果机会不是已知的事件或情形，那么将会是一些未知假设集合。因为一个原本可以被解释的现象现在不能被解释，所以有必要生成这些缺失的假设。这些缺失的假设就可以被认为是机会。

机会发现过程可以进行如下表示：

（1）$\sum \mid \neq O$：现象 O 在经典逻辑语义下不能被 $\sum$ 解释。

（2）$\sum \mid \neq S \vee O$ 且 $\sum \mid \neq S$，S 是极小子句集，且不能被 $\sum$ 所蕴含，但其能够和 $\sum$ 共同解释 O。

（3）如果 S 满足上面两个条件，那么 $\neg$（模态逻辑非）S 是一个假设，也就是对一个未解释现象来说是个机会。

文献[57]提出，如果仅仅从命题之间的逻辑关系不足以说明命题内涵上的本质区别，因此，借助类比推理来弥补这个不足，给出了溯因类比推理，以便能够更好地刻画机会。但是溯因类比推理要求提供类比的对象和类比的属性，类比的标准也需要明确表示出来，而这些标准很多情况下不是逻辑的，而是领域相关的，需要人工给出来，这从机器自动推理的角度来看仍不够完善。

2）基于 L_{m4c} 的机会形式化描述

L_{m4c} 系统是一个多值逻辑系统，具有意图推理能力。这是一个由意图生成派生的意图后承系统。令 Atom$\{x_1, x_2, \cdots\}$ 表示原子命题的一个集合，其中每一个原子命题都代表一项“原子意图内容”。用 φ 和 ψ 等来表示 Atom 集合中的原子命题和初始逻辑符号$\neg$、$\vee$、$\wedge$ 按照一般的形成规则而形成的命题，并引入二元算子$\rightarrow$，公式 $\varphi \rightarrow \psi$ 表示 ψ 是 φ 的意图后承。

利用逻辑语言 L_{m4c} 给出了候选机会的定义：

定义 2.1（候选机会）一个事件/状态 Ψ 是关于 Agent 目标 φ 的候选机会，当且仅当 $\Psi \in \{\varphi\}$ 或 $\neg \Psi \in \{\varphi\}$。

定义 2.2（候选机遇）一个事件/状态 Ψ 是关于 Agent 目标 φ 的候选机遇，当且仅当 $\Psi \in \{\varphi\}$。

定义 2.3（候选危机）一个事件/状态 Ψ 是关于 Agent 目标 φ 的候选危机，当且仅当 $\neg \Psi \in \{\varphi\}$。

这里关注了机会之间的相关性，给出了候选机会的判断定义。但是该定义没有明确什么可以称为“事件”，即没有给出“事件”的形式化定义，从而使得此机会定义仍然无法广泛应用，使得与具体应用领域的关联缺少实践性。

2.4.4.4　机会发现算法

随着机会发现的重要性日益被人们意识到，对于如何能从数据样本中提取符合机会特性的那些事件或情形，是研究者所关心的事情，也牵动着如何进行决策的方面。本节以文本数据为例对目前存在的几种典型的机会发现算法进行简单介绍，如 KeyGraph 算法[58,59]、Keyword 算法[60]、DataCrystallization 算法[61]，以及征兆发现算法[62]等。

1）KeyGraph 算法

机会发现需要用户的参与才可以进行，同时由于信息可视化的重要作用，基于此需求 Ohsawa 于 1998 年提出机会发现的可视化算法 KeyGraph 算法。

KeyGraph 算法是一种提取文档中表示主要论点的关键词的算法。该算法将词语及词语之间相互关系映射成为图，构成文本数据网络模型，即在图中结点代表词语，而结点之间连线则代表词语与词语之间存在着关联关系，而这种关联关系的紧密程度可以具体描述为，用两词语在同一句子共同出现的频度或次数来进行量化。基于这种词语关联图，可以由节点间的边将图分割为多个连通子图，如图 2.12 所示，用实连线标注的 1 ~9 结点就被分割成为两个连通子图。在 KeyGraph 算法中，将这样的用实连线连接的连通子图称为“岛屿”，那么每个岛屿实际上就是作者想要在文章中表述的一个中心思想，因此这种岛屿的分割结果与作者意图是保持一致的，即有多少个岛屿，就会有多少个作者想要表达的意思。作者在文章中的意图可以利用关键词来表达，关键词是根据词与岛屿间的关系的统计计算并进行选择的。在 KeyGraph 算法中，除了代表作者观点的那些出现在岛屿中的词语有重要的作用外，连接多个岛屿间的结点也具有至关重要的作用，如图 2.12 中的结点 10 和结点 11，这两个结点连接着两个岛屿，也就是说，连接着代表作者所要表达的两个意思。

在图 2.12 所示 KeyGraph 算法图中，实心结点表示数据集中频繁出现的词。

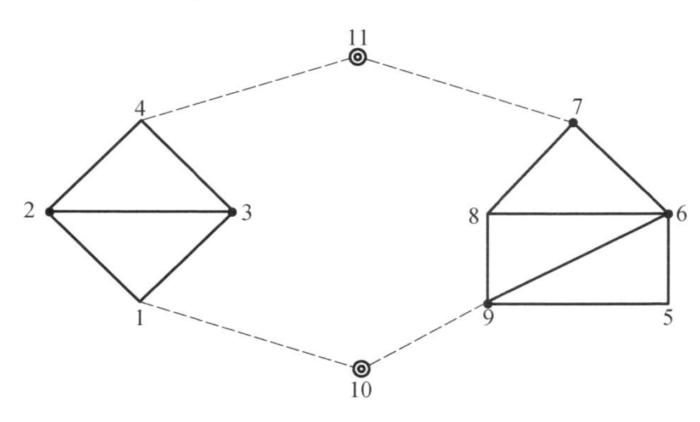

图 2.12　KeyGraph 算法的模型示意图

空心结点表示该数据在数据集中不频繁出现，但具有重要的影响作用；同心圆结点表示该数据可以被看做关键词；结点之间的边是表示连接在一起的一对词语,是数据集中频繁同时出现的。实线用于形成岛屿,而虚线用于连接岛屿,形成“桥”。岛屿可以被看做是基本的公共内容,因为这些内容是由数据集中频繁同时出现的词形成的。桥在 KeyGraph 图中是非常重要的,桥是表示用新的内容连接了两个或多个公共内容,这个新内容是由那些不频繁出现的数据产生,表示该内容此时并不是大家都知道的,这就有可能形成一个机会。出现在桥上的词语是出现在文章中频度较少但重要性突出的词语,符合所描述的机会事件的特性,所以,KeyGraph 算法可以通过找到这样的类似于机会事件的词语,对传统文本数据挖掘形成一个很大的冲击,也体现了该领域的知识值得深入研究。整个 KeyGraph 算法的执行过程包括数据预处理、构建词语关联图、提取高 Key 词语、提取关键词等 4 个阶段。

2) Data Crystallization 算法

KeyGraph 算法是基于给定数据集的,用于找出数据集当中潜在的或隐含的因果关系,即在数据集中寻找出现频度低但具有重要意义的那些数据信息。也就是说,KeyGraph 算法发现的候选机会是存在给定数据集中的、未被发现的那些数据,而不是未出现在数据集中的数据。但是,如果该数据集中不能包含全部数据,即在数据集出现缺损的情况下,按照这种 KeyGraph 算法进行关键信息提取,就会使得计算的结果出现偏差,导致最终提取的关键信息不够准确。Key Graph算法也用于发现数据中隐含的结构、事件或情形,即使该事件或情形可能未被观察或未包含在数据集中,也应该能够将这样的数据提取出来。

Data Crystallization 算法是用来解决数据集数据不完整的情况下,准确获取机会的一种方法。也就是在数据缺损情况下,通过分析已知数据之间的关系,尝试着去发现未知数据的一种方法。该方法首先通过 KeyGraph 算法对现有数据进行计算,形成比较粗糙的 KeyGraph 算法图,然后将与未知数据相关的“虚拟项”作为结点加入到 KeyGraph 图中,再经 KeyGraph 进行可视化处理,建立“虚拟项”与图中现有结点之间的联系,也就是说,在已知数据中插入未知数据。即经过多次重复插入“虚拟项”,使初始图中分离在外与其他结点联系不紧密的结点与图中岛屿中结点之间建立紧密的联系,从而成为岛屿的一部分。而所添加到图中的那些“虚拟项”就是隐藏在给定数据集中的隐藏事件或情形,也就是未出现在给定数据集中的未知数据。用户对于所添加的“虚拟项”要给出合理的解释。这种隐藏事件的存在能更好地去解释现有现象。

Data Crystallization 算法详细流程如图 2.13 所示,下面将给出每个步骤所对应的具体操作描述。

第 1 阶段:构建情形图。

该阶段根据给定的文本数据集利用 KeyGraph 算法进行数据可视化显示。首先,由用户给定相应阈值,确定图中要显示的结点个数及边数,操作步骤按照

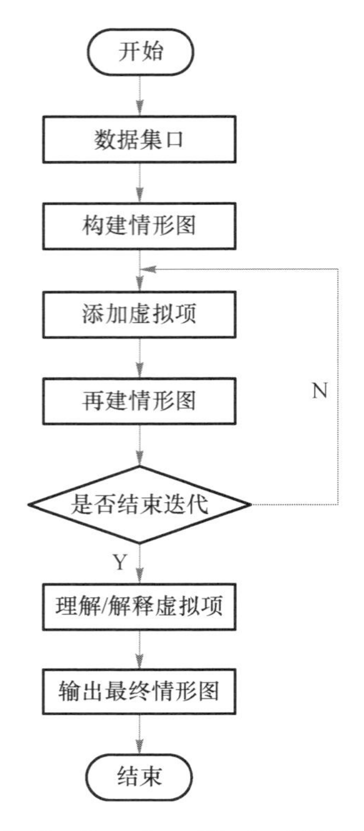

图 2.13　Data Crystallization 算法流程

KeyGraph 算法进行,结点采用实心圆表示,结点间的连线采用实连线表示。每个由实连线构成的连通图构成一个岛屿,包含着代表一定含义的数据簇。如果两个结点间仅存在一个连线的话,那么这种连线将被删除,因为这是一种弱连接连线。按照 KeyGraph 算法中求解词语的高 key 值,由用户给定阈值设定高 key 词语集,将未出现在图中的高 key 词进行添加。这类词语所对应的结点用白色结点标注,并且将其与实心结点之间的连线用虚连线表示。该结点代表连接多个岛屿的中间结点,具有重要意义。所得情形图如图 2.14 所示,在岛屿中的结点出现频度高;反之,岛屿外的结点出现频度低。

第 2 阶段:添加虚拟项。

在初始给定的数据集合中添加虚拟项,这种虚拟项是人为添加进去的,其添加规则为,在每条记录(经过数据预处理分词后,仍保持句子特性的词语集合)后面加上虚拟项"k_i",其中 k 表示该过程迭代的次数,i 表示记录的行号。同时在添加虚拟项信息的时候,应注意,如果存在多行行中数据相同的情况,则添加的虚拟项标号也应相同,且保持小标号后缀。

第 3 阶段:再建情形图。

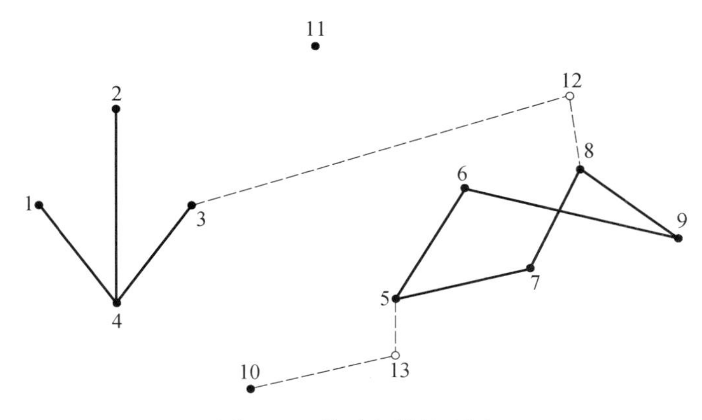

图 2.14 构建初始情形图

带有虚拟项的数据集,再次利用 KeyGraph 可视化方法,将数据进行可视化显示,此时,构成的情形图中会出现前一阶段添加的虚拟项数据。同时,对于再建的情形图中所添加的虚拟项进行判定,从图中移除没有出现连接多个岛屿之间的连线上的虚拟项。如图 2.15 所示,结点名称如 k_i 是所添加的虚拟项,结点 1_3、1_4 以及 1_11 等就要被移除,而结点 1_2、1_6 由于出现在岛屿之间的连线上,因此保留在数据集中。

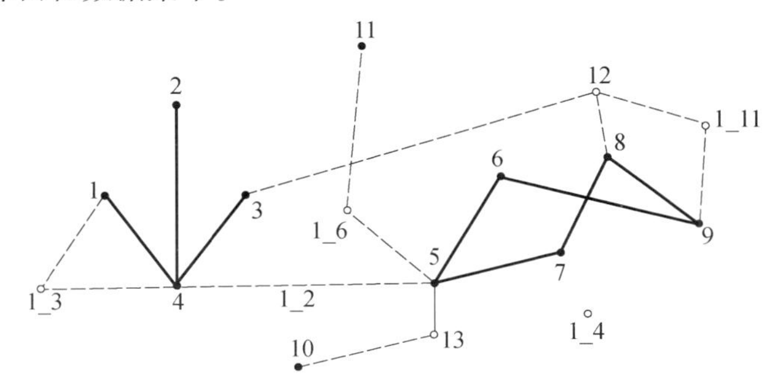

图 2.15 带有虚拟项的情形图

第 4 阶段:理解/解释虚拟项。

对于完成迭代操作的情形图来说,逐一分析各次迭代过程中在数据集中添加的虚拟项,由用户来分析表现出来的这种假设情形,如果可以利用实际应用中的情况来解释这种假设情形,那么就意味着所添加进入图中的这种虚拟项是可解释的合理情形。不是全部所添加的假设情形,即虚拟项都可以进行合理解释,若不能理解/解释的话,则将这种虚拟项信息从数据集中进行移除。

第 5 阶段:输出最终情形图。

将带有合理解释的假设情形一并进行可视化,并输出最佳的假设情形。完成 Data Crystallization 算法流程。Data Crystallization 算法是为了使用户更好地理解隐藏在文本数据集后面的深层次的结构，如果图中添加的没有具体含义的虚拟项过多的话，就会干扰用户对于情形图中实际情形的正确理解。如何控制添加的可解释的合理假设情形，是 Data Crystallization 算法需要进一步考虑的问题。另外，该算法对于大数据量集合来说，所得结果不可控，就是说将添加的无意义的虚拟项数目将很庞大。因此，这种提取操作在实际应用中的应用前景及可操作性需进一步研究。

3）Keyworld 算法

Keyworld 提取算法对学术论文形式的文本信息进行了以小世界模型为基础的可视化组织，即将文档中的词语按给定规则构造为一个网络，通过验证网络的小世界特征，提取出对网络平均路径长度有剧烈影响的结点即关键词。

该算法的具体操作流程主要包括构建情形图和选择关键词两个过程。Keyworld 算法采用小世界模型理论中的特征路径长度来发现词语关联图中有意义的结点，该思想在一定程度上是合理的。文本数据可以转化为小世界模型，则必然可以利用该网络模型中的相关理论进行指导。特征路径长度的改变量能体现所对应的结点在图中的地位。但这种单一考虑问题的方法，并未能从如何解释关键词与平均路径长度变化量之间的关系来进行论述，并且所构成的词语关联图的结点个数和边的个数都是由用户设定阈值来进行控制，这样导致网络连通性常难以确保，而网络中的特征路径长度的前提是连通图，为了解决连通问题，该算法中将不连通情况下的特征路径长度按照统一设定的常量来表示，这种常量的设定是否合理、是否足以说明问题还有待进一步解释，算法中并未给出。因此，Keyworld 算法将小世界模型理论引入到机会发现的这一思想可以借鉴，但对于其具体求解方法还需进一步论证。

4）征兆发现算法

征兆发现算法在 KeyGraph 算法基础上对各步骤进行优化，沿袭采用可视化的一贯做法，对图中顶点与边的选定进行优化，同时操作过程中继续需要用户的参与，保持了机会发现中的核心需求——人机交互。但是该算法步骤过于复杂，需要设定的参数仍旧较多，同时关键信息的选定依赖于用户在图中进行选定，这将会扩大人为因素，则带来用户的专业知识与个人喜好会影响到算法提取的最终关键信息的问题。

2.4.4.5 机会发现系统模型

1）发现过程描述

在对 Fayyad 提出的知识发现过程[63]进行修改的基础上，文献[64]提出了机会发现的过程模型，着重考虑知识发现过程中如何发现新的、未被发现的事件或情形。由于对这种小概率事件的发现方法不熟悉,使得人们不能很顺畅地意识到哪种事件是机会,并将其发现而加以利用。因此,这种机会发现模型要求包含上下文转换循环,用来体现人们对于机会的不知道到开始意识、解释机会、进行决策以及对另一个机会的不知道的迭代过程,具体如图 2. 16 所示。

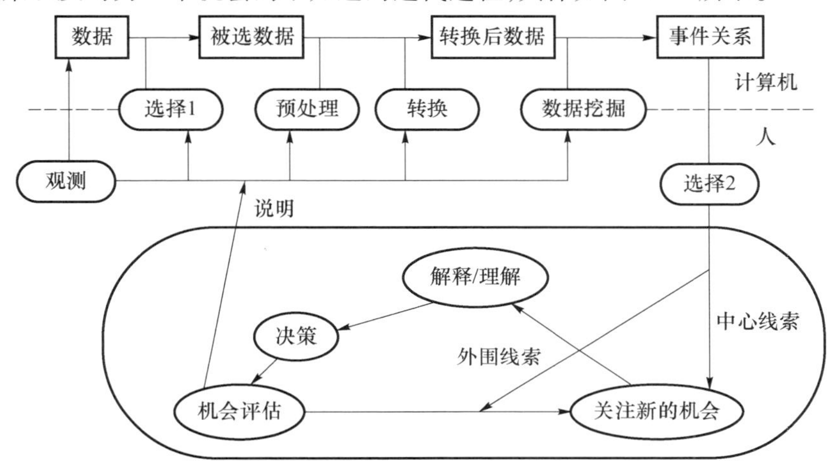

图 2. 16　机会发现过程模型

对于未知因素的察觉可以形成相应的假设,而观测可以确认和加深这种假设。因为考虑到加深因素可以帮助解释机会的重要特性,所以可以在循环中开始选择重要事件(选择 2)。另一个方面,由于事件可能有未被察觉的重要性,所以,选择 1 在最后一次循环中,才对人们认定为噪声的那些数据进行清洗。从图 2. 16 可以看出,这是一个体现人机交互的系统,在图 2. 16 中的上半部分,体现数据挖掘的一般过程,数据预处理—数据转换—数据挖掘等一系列过程,实际上机会发现的方法是要利用现有的数据挖掘算法来进一步实现的。在图中的下半部分,是机会发现不同于数据挖掘的方面,这个部分中包含人对于机会事件的解释和评估,将人的主观意识加入进去,充分体现机会发现中的沟通要素。

2）双螺旋模型

文献[64]给出了机会发现的双螺旋模型,可以较好地将机会发现过程中计算机与用户交互的所有部分进行描述,其中包括:①计算机系统接收、挖掘和可视化数据的过程;②人们主观识别机会事件的过程;③人和计算机交互以产生决策的过程。该双螺旋模型如图 2. 17 所示。在这个双螺旋模型中,一个螺旋过程由计算机完成,该过程中由计算机接收数据并且挖掘数据(DMs),这里的数据首先来自于要进行处理的相关信息,同时体现周围环境的客观数据也被收集起来,用以反映对最终目标的关注,而每一次处理就是按照某些要求来发现数据中有用的内容,即带有重要意义的相关信息;另一个螺旋过程是由人来完成,该过程不断将人的理解和决策融入到模型中,完成对机会更深层次的认识,在这个过程中,人们要不断去关注和理解由计算机反映给其的信息,同时对这些信息加以理解,为下个阶段的计算机处理提供数据来源。

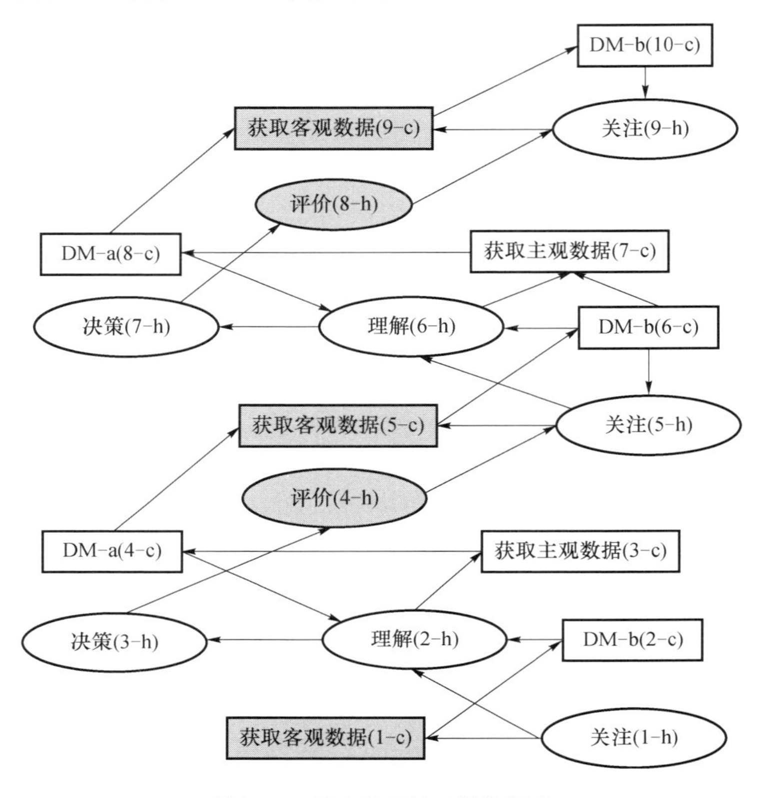

图 2.17　机会发现的双螺旋模型

在图 2.17 中,每一步都用“ -h”(“ -c”)来标号,记作“k - h”(“k - c”),表示人(计算机)的信息处理以 k 次序增长。图中的路径(虚线)描述人(计算机)完成的过程,细箭头表示人与计算机的交互。在图 2.17 中可以看出双螺旋模型的人机交互过程是一个“发现机会—理解/解释机会—决策支持—评价决策—发现机会……”循环迭代的过程。在这个过程里,计算机的输出被评估和解释。这些解释服务作为一种线索或者作为候选机会。这些线索和候选机会可以促进人类进一步思考,并且帮助他们更加关注这些线索和候选机会。这些线索的子集作为输入再一次进行处理,同时其余的内容将被摒弃。两个循环就这样形成了。一个循环代表计算机分析的过程,另一个循环代表人类思考的过程。信息流从一个循环进入另一个循环。从图 2.17 中可以看出,机会发现的双螺旋过程模型的优点是可以充分发挥机会发现过程中人机交互的特点,在模型中,人们对可能的机会事件从无知到关注、到理解、然后是决策。该模型是个循环迭代的过程。但这种双螺旋模型又有些过分依赖用户参与整个过程，例如，对于大量数据的处理阶段也需要用户参与，这带来了很大的难度，而且必将使整个系统效率降低。这就出现了如何提高系统整体效率的相应问题，在机会发现过程中人机交互是一个重要的环节特征，如何在满足该特征的前提下提高效率，是值得重视、进一步思考并解决的问题。

3）层次模型

机会发现中不仅处理相应数据，而且还要涉及外围数据和人的认知及经验等。分布式认知具有能够连接计算机支持的协同工作和人机交互的特性，文献[65]在借鉴了双螺旋模型思想和分布式认知理论的基础上，提出一种机会发现的层次模型，如图 2.18 所示。在图 2.18 中，可以看出层次模型将机会发现过程大体分为 4 个区域（这里，征兆即机会）：信息源环境、机会发现区域、机会空间、辅助决策。这个过程可以简单描述为，利用源数据，在机会发现区域中采用相应算法得到有效信息，作为机会空间中的候选征兆，然后这些候选机会在人员参与的情况下进行辅助决策，使其真正发挥作用。这是一个循环，征兆发现是多次这样循环的迭代。

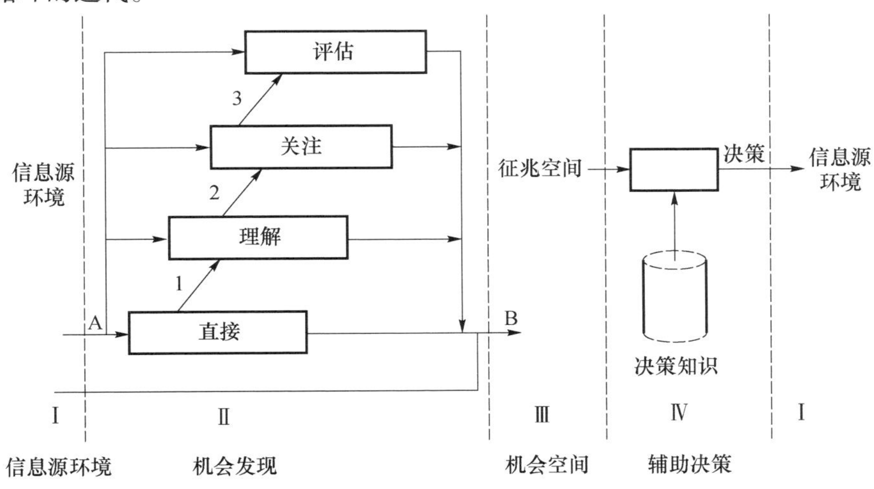

图 2.18　机会发现的层次模型

在机会发现区域中包含 4 个层次，直觉、理解、关注、评估。其中，直觉层任务是让用户输入已发现的机会或基于这些机会的新的建议，对这里提出的建议进行相应的文本数据挖掘的结果可以被返回到理解和评估层；关注层任务是将真实世界通过图像、文本等形式进行显示，并在其基础上进行挖掘，并将挖掘结果返回到上一层；评估层任务是通过使用合适的可视化的方式来显示数据挖掘的结果。

层次结构是一种机会发现系统的新的设计方法，这种方法保留了机会发现过程的基本步骤，同时比双螺旋模型更贴切于系统实现，并且在系统层次结构中引入分布式认知来描述人机交互的特性。本章内容还可参考文献[66－68]。

参考文献

[1] Jon A B. Genetic Algorithms as a tool for opportunistic phased array radar design [D]. California: Naval Postgraduate School, Jun. 2002.

[2] Lance C E. Genetic algorithm design and testing of a random element 3－D 2.4 GHz phased array transmit antenna constructed of commercial RF microchips [D]. California: Naval Postgraduate School, Jun. 2003.

[3] Chin H M T. System study and design of broad－band U－slotmicrostrip patch antennas for aperstructures and opportunistic arrays [D]. California: Naval Postgraduate School, Dec. 2005.

[4] Yong L. Sensor synchronization geolocation and wireless communication in a shipboard opportunistic array [D]. California: Naval Postgraduate School, Mar. 2006.

[5] Eng C Y. Wirelessly networked opportunistic digital phased array: System analysis and development of a 2.4GHz demonstrator [D]. California: Naval Postgraduate School, Dec. 2006: 1－70.

[6] Ibrahim K. Distributed beam forming in a swarm UAV network [D]. California: Naval Postgraduate School, Mar. 2008.

[7] Skolnik M. Attributes of the ubiquitous phased array radar [C]. Boston: IEEE International Symposium on Phased Array Systems and Technology, IEEE, 2003:101－106.

[8] Daniel J R, Peter P. Ubiquitous MIMO multifunction digital array radar [C]. Pacific Grove: Conference Record of the 37th Asilomar Conference on Signals, Systems and Computers, IEEE, 2003: 1057－1064.

[9] Alter J J, White R M. 泛探雷达:一个实施构想 [J]. 任万霞,译. 空载雷达,2006,(1): 1－9.

[10] Alter J J, White R M, Kretschmer F F. Ubiquitous radar: an implementation concept [C]. Philadelphia: Proceedings of the 2004 IEEE International Radar Conference, IEEE, 2004: 65－7.

[11] 龙伟军,贲德,潘明海. 机会阵雷达概念与应用技术分析[J]. 南京航空航天大学学报,2009,41 (6) :727－733.

[12] 龙伟军. 机会阵雷达概念及其关键技术研究[D]. 南京:南京航空航天大学,2011.

[13] 张伯彦,蔡庆宇. 相控阵雷达的自适应调度和多目标数据处理技术[J]. 电子学报,1997,25(9):1－5.

[14] Fishler E, Haimovich A, et al. MIMO radar: An idea whose time has come [C]. Philadelphia: Proceedings of the 2004 IEEE International Radar Conference, IEEE, 2004: 71－88.

[15] 何子述,韩春林,刘波. MIMO 雷达概念及其技术特性分析[J]. 电子学报,2005,33 (12):2443.

[16] Skolnik M. Systems Aspects of Digital Beam Forming Radar[C]. NRL Report: NRL/MR/5007 - 02 - 8625, June. 2002:1 - 35.

[17] Gao J, Liu B. New primitive chance measures of fuzzy random event [J]. International Journal of Fuzzy Systems, 2001, 3(4):527 - 531.

[18] Liu B. Uncertainty Theory [M]. Berlin: Springer - Verlag, 2007.

[19] Ohsawa Y. Workshop on Chance Discovery and Management: in conjunction with the Fourth International Conference on Knowledge - based intelligent Engineering Systems and Allied Technologies (KES2000)[C]. Brighton, UK:IEEE, Inc,2000.

[20] Ohsawa Y. The Scope of Chance Discovery: post - Proc of JASI International Workshop on Chance Discovery (LNAI2253)[C]. 2001:413.

[21] Abe A. The role of abduction in Chance Discovery[C]. In:Proc of SCI2001, VIII,2001:400 - 405.

[22] Prendinger H. Ishizuka M A. Comparative study of approaches to Chance Discovery. (Preliminary Report). In: post - Proc of JSAI International Work shop on Chance Discovery (LNAI2253)[C]. 2001: 425 - 434.

[23] Peirce C S. Abduction and Induction. Chap 11:Philosophical Writings of Peirce[M]. Dover:1955.

[24] Carla Bacchus, IanBarford, et al. Digital Array Radar for Ballistic Missile Defense and Counter - Stealth Systems Analysis and Parameter Tradeoff Study[R]. California:Naval Postgraduate School,Sep. 2006.

[25] Yoke C Y. Receive channel architecture and transmission system for digital array radar [D]. California:Naval Postgraduate School,Dec. 2005.

[26] Zadeh L A. Fuzzy sets[J]. Information and Control,1965, 8:338 - 353.

[27] Zadeh L A. Fuzzy sets as a basis for a theory of possibility [J]. Fuzzy Sets and Systems, 1978, 1:3 - 28.

[28] Kaufmann A. Introduction to the Theory of Fuzzy Subsets [M]. New York: Academic Press, 1975.

[29] Nahmias S. Fuzzy variables [J]. Fuzzy Sets and Systems, 1978, 1:97 - 110.

[30] Atanassov K. Intuitionistic fuzzy sets [J]. Fuzzy Sets and Systems, 1986, 20:87 - 96.

[31] Atanassov K. New operations defined over the intuitionistic fuzzy sets [J]. Fuzzy Sets and Systems, 1994, 61(2):137 - 142.

[32] Atanassov K. Intuitionistic Fuzzy Sets: Theory and Applications [M]. Heidelberg: Physica Verlag, 1999.

[33] Dubois D, Prade H. Twofold fuzzy sets: an approach to the representation of sets with fuzzy boundaries based on possibility and necessity measures [J]. Fuzzy Mathematics, 1983, 3(4):53 - 76.

[34] Dubois D, Prade H. Twofold fuzzy sets and rough sets - some issues in knowledge representation [J]. Fuzzy Sets and Systems, 1987, 23:3 - 18.

[35] Liu Y, Liu B. Fuzzy random variables: A scalar expected value operator[J]. Fuzzy Optimization and Decision Making, 2003, 2(2):143 - 160.

[36] Li X, Liu B. A sufficient and necessary condition for credibility measures[J]. International Journal of Uncertainty, Fuzziness&Knowledge - Based Systems, 2006, 14(5):527 - 535.

[37] Liu B, Liu Y. Expected value of fuzzy variable and fuzzy expected value models[J]. IEEE Trans - actions on Fuzzy Systems, 2002, 10(4):445 - 450.

[38] Liu B. Theory and Practice of Uncertain Programming[M]. Heidelberg: Physica - Verlag, 2002.

[39] Li X, Liu B. Moment estimation theorems for various types of uncertain variable[R]. Technical Report, 2008.

[40] Li P, LiuB. Entropy of credibility distributions for fuzzy variables[J]. IEEE Transactions on Fuzzy Systems, 2008, 16(1):123 - 129.

[41] Liu B. Theory and Practice of Uncertain Programming. Heidelberg: Physica - Verlag, 2002.

[42] Liu B. Uncertainty Theory[M]. 2nd. ed. Berlin: Springer - Verlag, 2007.

[43] Kwakernaak H. Fuzzy random variables I[J]. Information Sciences, 1978, 15:1 - 29.

[44] Kwakernaak H. Fuzzy random variables II[J]. Information Sciences, 1979, 17:253 - 278.

[45] Puri M L, Ralescu D A. Fuzzy random variables[J]. Journal of Mathematical Analysis and Ap - plications, 1986, 114:409 - 422.

[46] Kruse R, Meyer K D. Statistics with Vague Data[M]. Dordrecht: D. Reidel Publishing Company, 1987.

[47] Zhu Y, Liu B. Continuity theorems and chance distribution of random fuzzy variable: Proceedings of the Royal Society of London Series A[C]. 2004, 460:2505 - 2519.

[48] Zhou J, Liu B. Analysis and algorithms of bifuzzy systems[J]. International Journal of Uncertainty, Fuzziness & Knowledge - Based Systems, 2004, 12(3):357 - 376.

[49] Liu B. A survey of credibility theory[J]. Fuzzy Optimization and Decision Making, 2006, 5(4), 387 - 408.

[50] 李想. 机会测度及其应用[D]. 北京:清华大学,2008.

[51] Li X, Liu B. A note on chance measure for hybrid events: Proceedings of International Conference on Information and Management Sciences[C]. Lhasa, China: July 1 - 6, 2007: 563 - 565.

[52] 徐悦竹,刘大昕,张健沛,等. 基于小世界网络理论的机会发现算法[J]. 计算机工程及应用,2009,45(12):1 - 4.

[53] 诸世卓,陈小平. Agent 机会发现的一种相关性描述[J]. 计算机工程及应用,2004,40(5):45 - 49.

[54] Thagard P, Cameron S. Abductive reasoning: Logic, visual thinking, and coherence[C]. Waterloo, Ontario: Philosophy Department, Univerisity of Waterloo, 1997.

[55] Pople H E. On the mechanization of abductive logic: Proc. of the 3rd International Joint Conference on Artificial Intelligence[C]. 1973: 147 - 151.

[56] Charniak E, McDermott P. Introduction to Artificial Intelligence[M]. Menlo Par. California: Addison Wesley,1985.
[57] Abe A. The Relation between Abductive Hypotheses and Inductive Hypotheses:Proc. of IJ-CAI97 Workshop on Aduction and Inductive[C]. 1997:1 –6.
[58] 徐悦竹. 机会发现算法及其应用研究[D]. 哈尔滨:哈尔滨工程大学,2010.
[59] Ohsawa Y,Benson N E, Yachida M. Key Graph: AutomaticIn Indexing by Co – occurrence Graph Based on Building Construction Metaphor:Proceedings of Advances in Digital Libraries Conference[C]. IEEEA DL š98, 1998: 12 –18.
[60] Matsuo Y,Ohsawa Y, Ishizuka M. KeyWord: extracting keywords from a document as a small world[C]. Discovery Science, 4th International Conference, 2001: 271 –281.
[61] Ohsawa Y. Data Crystallization: A Project beyond Chance Discovery for Discovering Unobservable Events [J]. New mathematics and natural science, 2005(1): 373 –392.
[62] 高俊波,张敏,王煦法. 一种新的征兆发现算法研究[J]. 小型微型计算机系统, 2006(4),687 –690.
[63] Fayyad U, Shapiro G P, Smyth P. From Data Mining to Knowledge Discovery in Databases [J]. AI magazine. 1996, 17(3): 37 –54.
[64] Ohsawa Y, Nara Y. Understanding Internet Users on Double Helical Model of Chance Discovery Process: Proc. of IEEE, International Symposium on Intelligent Control [C]. 2002: 44 –84.
[65] 黄晶晶. 机会发现的形式描述与形式建模的研究[D]. 哈尔滨:哈尔滨工程大学,2007.
[66] Micael G. Wirelessly networked opportunistic digital phase array: Analysis and development of a phase synchronization concept [D]. California: Naval Postgraduate School, Sep. 2007: 1 –73.
[67] 吴曼青. 收发全数字波束形成相控阵雷达关键技术研究[J]. 系统工程与电子技术, 2001,23(4):45 –47.
[68] 刘宝碇, 赵瑞清. 随机规划与模糊规划[M]. 北京: 清华大学出版社, 1998:164 –183.

第3章 机会阵阵列综合理论

3.1 引　　言

机会阵雷达方向图综合优化是机会阵雷达的关键理论问题。为了保持载体平台良好的电磁隐身性能,机会阵天线单元随遇分布于载体平台。不仅如此,机会阵单元还可以放置于平台内部或是任意可获得的开放空间,单元间距可以是非规则的。单元的分布、工作状态的选择、波束形式是“机会性”的。机会阵雷达为适应各种战场环境,需要不同赋形的波束,因此方向图综合成为需要研究的基础问题。本章从阵列天线基本理论出发,阐述方向图综合的基本原理和均匀阵方向图的综合方法。以此为基础分析非规则阵方向图综合需要解决的问题,归纳对比各种优化算法的优缺点,采用遗传算法作为机会阵雷达方向图综合优化工具,算法综合考虑了单元空间位置分布、激励状态和幅相权值等约束参数。将进化过程划分成若干“纪元”,在每个“纪元”中采用最小二乘法拟合若干代适应度变化曲线。该方法根据曲线斜率变化预测种群进化趋势,并据此自适应地改变遗传算子参数,改进的遗传算法在提高优化效率的同时能有效避免传统算法容易出现的局部最优或过早收敛问题。

第3.6节针对机会阵辐射特性,引入时间参量和维度,发掘其对方向图综合和波束控制的潜在应用。开展基于时间参量的方向图综合方法研究,寻求综合低副瓣、消除栅瓣、互耦补偿和极化控制的有效方案。

第3.7节基于机会理论的方向图综合,机会阵单元数目众多且空间上随遇布置、阵列单元的选取具有不确定性的特点,针对机会理论中的模糊规划模型,采用模糊机会约束规划和模糊相关机会规划方法进行机会阵雷达的方向图综合。

3.2 阵列天线理论及方向图综合

阵列天线是一类由不少于两个天线单元规则或随机排列,并通过适当激励获得预定辐射特性的特殊天线。组成阵列的可以是载流线元，也可以是口径面元，可以是尺寸仅几毫米的甚至更小的微带贴片，也可以是孔径达数十米之巨的单双反射面，阵列单元可以是两个甚至几十万个。阵列天线的性能由辐射元的位置及其激励幅度和相位来确定。人们能够通过任意选择和优化阵列单元的结构形态、排列方式和馈电幅相，得到单个天线难以提供的优异辐射特性，阵列天线的这种设计灵活性使它得以广泛应用和迅速发展。

天线辐射特性及阻抗特性的分析和综合是天线基本理论的主要内容，阵列天线综合是指在一定条件下寻求单元的形式、排列、幅相分布和馈电方式的优化组合，使得辐射方向图最佳地逼近预期方向图。它实际上是天线分析的反设计，即在给定方向图要求的条件下设计辐射源分布，要求的方向图随应用的不同而多种变化。阵列方向图的综合方式有许多，综合归纳起来主要解决以下问题：①方向图形状控制；②辐射特性参数的优化控制（辐射能量的空间分布和控制）。阵列天线综合包括五个参数的设计：阵列单元数目、阵元分布形式、阵元间距、各阵元激励幅度和相位。

阵列天线的分析和综合是个复杂问题，本节仅讨论阵列天线的基本方向图综合问题，即假设阵列单元上的电流和电场与所加的激励成正比，阵列扫描时单元的激励保持不变，不考虑单元在阵列中的互耦。

3.2.1　辐射方向图和方向图乘积原理

天线的辐射场具有方向性，不同方向的辐射场强度不同。不同天线的方向性不同，这是天线的最重要特征。天线的方向性可以用函数表示，也可用一个角度变量的曲线或两个角度变量的曲面表示，用曲线表示的天线方向性称方向图，用函数表示的天线方向性称方向图函数。方向图分为功率方向图和场强方向图，分别用来描述天线辐射功率空间分布和辐射场强的空间分布关系。有时还会用相位方向图来描述辐射场相位的空间分布。

辐射强度是指某个方向单位立体角内的辐射功率流密度，可表示为一个常数与一个仅与方向角(θ,ϕ)有关函数的乘积，即

$$R(\theta,\phi)=Af^2(\theta,\phi)\sin^2(\theta) \tag{3.1}$$

通常用归一化形式表示的功率方向图函数为

$$P(\theta,\phi)=\frac{R(\theta,\phi)}{\max[R(\theta,\phi)]}=f^2(\theta,\phi)\sin^2(\theta) \tag{3.2}$$

若已知天线口径电流分布，则可以通过积分公式计算天线方向图，理想电偶极子功率方向图函数为

$$P(\theta,\phi)=\sin^2(\theta) \tag{3.3}$$

为方便起见，方向图单位通常用 dB 表示，对于功率方向图，有

$$P(\theta,\phi)_{\mathrm{dB}} = 10\lg P(\theta,\phi) \tag{3.4}$$

有些场合也用辐射电场或磁场强度与方向角的关系来描述天线方向性，称为场强方向图，归一化的场强方向图函数为

$$F(\theta,\phi) = \frac{E(\theta,\phi)}{\max[E(\theta,\phi)]} \tag{3.5}$$

功率方向图和场强方向图满足以下关系

$$P(\theta,\phi) = |E(\theta,\phi)|^2 \tag{3.6}$$

用 dB 表示的场强方向图函数为

$$|E(\theta,\phi)|_{\mathrm{dB}} = 20\lg|E(\theta,\phi)| \tag{3.7}$$

可见，用 dB 表示的场强方向图与功率方向图式(3.4)完全相同。

通常，雷达天线两维角度变量的曲面方向图称为立体方向图，从立体方向图中可以直观地了解天线整个空域的辐射分布情况，但不宜定量地标注副瓣电平值和位置。用包含主瓣最大值切面的一维方向图可以清楚表示这些信息，切面方向图是平面方向图，在雷达测试中经常使用。天线方向图通常由一些称为波瓣的包络组成，其包含最大辐射方向的波瓣称为主瓣，其他电平较小的瓣称为副瓣（旁瓣）。方向图主瓣两侧第一零点之间的角度范围为主瓣区，零点以外的区域称为副瓣区。天线主瓣宽度通常用半功率点波束宽度表示，简称为波束宽度，指主瓣上功率为最大值一半的两点间的夹角，记为$\mathrm{BW}_{3\mathrm{dB}}$。

对于口径尺寸大于 λ 的天线，切面方向图的半功率点波束宽度与工作波长成正比，与天线在这个切面上的口径尺寸成反比，即

$$\mathrm{BW}_{3\mathrm{dB}} = K_{\mathrm{b}}\frac{\lambda}{L} \tag{3.8}$$

式中：系数 K_{b} 与口径上电流分布有关。

副瓣的高低通常用副瓣电平来表示，副瓣电平指副瓣峰值与主瓣峰值的比值，用 dB 表示。副瓣中电平最高的副瓣称为最大副瓣，靠近主瓣的副瓣称为第一副瓣，通常第一副瓣的电平最大。天线方向图性能完全由天线口径形状和口径上的电流分布确定。天线方向图函数为天线口径电流分布的傅里叶变换。

描述副瓣的另外一个参数是平均副瓣电平，它指副瓣在某个指定的角度范围内平均的辐射电平，即

$$\overline{SL} = \frac{1}{\theta_2 - \theta_1}\int_{\theta_1}^{\theta_2} P(\theta)\sin\theta\mathrm{d}\theta \tag{3.9}$$

下面介绍方向图乘积原理，前面介绍天线辐射方向图时已经应用到这一

原理。

假设一个天线阵列中，总共有 N 个阵元，且第 n 个阵元在阵中的方向图为 $f_n(\theta,\phi)$，则整个阵列的方向图函数形式可表示为

$$F(\theta,\phi) = \sum_{n=1}^{N} f_n(\theta,\phi)F_n \tag{3.10}$$

式中：$f_n(\theta,\phi)$ 为阵元方向图，或称为阵元因子；F 为阵列因子，它和天线阵元在阵列中所处的空间位置有关。式(3.10)表示方向图乘积原理形式，即阵列方向图等于阵元因子与阵列因子的乘积。

描述辐射场能量集中程度的参数是方向性系数和增益。在辐射总功率相同的条件下，在指定方向上阵列天线的辐射密度 p_{t} 与全空间的平均功率密度 p_{av} 之比定义为方向性增益。

辐射密度表示为

$$\begin{aligned} p_{\mathrm{t}} &= \frac{1}{2\eta r^2}\left[E(\theta,\phi)\mathrm{e}^{-\mathrm{j}(\omega t - kr)}\right]\left[E(\theta,\phi)\mathrm{e}^{-\mathrm{j}(\omega t - kr)}\right]^* \\ &= \frac{1}{2\eta r^2}\left|E(\theta,\phi)\mathrm{e}^{-\mathrm{j}(\omega t - kr)}\right|^2 \end{aligned} \tag{3.11}$$

式中：$\eta = \sqrt{\dfrac{\mu}{\varepsilon}} = 120\pi$，为自由空间波阻抗；$r$ 为远区观察点的距离；(θ,ϕ) 为指定的方向。

阵列辐射总功率表示为

$$\begin{aligned} P_{\mathrm{t}} &= \oiint P_{\mathrm{r}}\mathrm{d}s = \frac{1}{2nr^2}\int_0^{2\pi}\int_0^{\pi} |E(\theta,\phi)|^2 r^2 \sin\theta \mathrm{d}\theta \mathrm{d}\phi \\ &= \oiint P_{\mathrm{r}}\mathrm{d}s = \frac{1}{2n}\int_0^{2\pi}\int_0^{\pi} |E(\theta,\phi)|^2 \sin\theta \mathrm{d}\theta \mathrm{d}\phi \end{aligned} \tag{3.12}$$

设阵列辐射全空间的平均功率密度为 p_{av}，则以平均功率密度表示的辐射总功率为

$$P_{\mathrm{t}} = \oiint P_{\mathrm{av}}\mathrm{d}s = 4\pi r^2 P_{\mathrm{av}} \tag{3.13}$$

所以

$$p_{\mathrm{av}} = \frac{P_t}{4\pi r^2} \tag{3.14}$$

根据定义和式(3.12)、式(3.14)，方向性增益为

$$G(\theta,\phi) = \frac{p_{\mathrm{t}}}{p_{\mathrm{av}}} = \frac{4\pi|E(\theta,\phi)|^2}{2\eta P_{\mathrm{t}}} = \frac{4\pi|E(\theta,\phi)|^2}{\int_0^{2\pi}\int_0^{\pi}|E(\theta,\phi)|^2\sin\theta\mathrm{d}\theta\mathrm{d}\phi} \tag{3.15}$$

方向性系数被定义为最大方向上的方向性增益，用字母 D 表示，即

$$D = G(\theta,\phi)_{\max} = \frac{4\pi\,|E(\theta,\phi)|_{\max}^{2}}{\int_0^{2\pi}\int_0^{\pi}|E(\theta,\phi)|^2\sin\theta^2\mathrm{d}^2\theta^2\mathrm{d}^2\phi} \tag{3.16}$$

事实上，除了一些简单的规则的均匀阵的方向图对应有解析表达式，大多数天线的辐射方向图都比较复杂，不能用显示的数学表达式表示，而在计算方向性系数进行积分式时也难以计算，无法求出结果。

机会阵是一种孔径结构的非规则阵列，方向图无法通过数学表达式求解。本节简单介绍阵列方向图的基本理论，为后面通过非线性优化算法进行方向图综合提供基本的理论依据。

3.2.2 机会阵方向图函数

目前的相控阵雷达天线阵列基本上以均匀线阵和平面阵为主。它们都有自身的缺点，线阵实际上只能覆盖 120°左右的方位角，其提供的增益和方向图等特性随扫描角的不同而改变，这些缺点很大程度上限制其使用范围。传统的平面阵同样也存在着一些类似的缺点，比如波束扫描范围比较窄；波束宽度随着扫描角的增加而变大，阵列阵元之间的互耦效应是扫描角的函数等。三维空间任意分布的机会阵方向图综合具有解决以上问题的潜力，因此构建任意阵列方向图模型具有重要意义。

图 3.1 表示空间上任意分布的阵列天线，理论上只要知道阵元方向图函数和各个天线单元的空间位置，就可以根据阵列天线方向图指向，计算出各个天线阵元的幅度和相位补偿值，并由此计算出波束控制码以及任意阵列的方向图函数。通过改变天线波束指向即可实现波束扫描。天线的主要特性参数包括波束宽度、副瓣电平以及波束形状等。

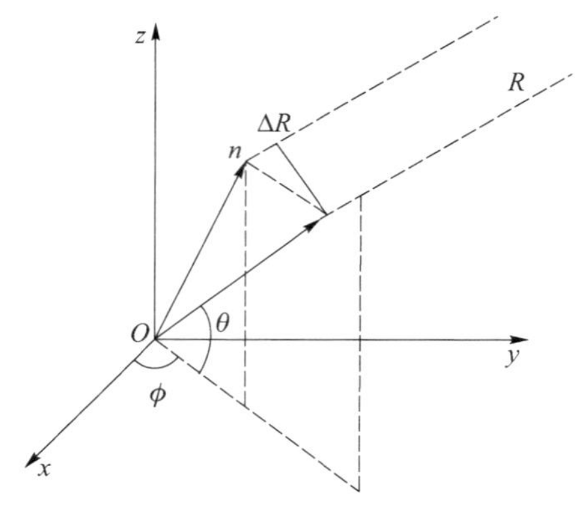

图 3.1　阵列单元位置图

设天线单元数为 N,假定相位参考点选择坐标原点 O,第 n 个阵元在阵列中的位置为$\boldsymbol{d}_n = x_n\boldsymbol{i} + y_n\boldsymbol{j} + z_n\boldsymbol{k}$,阵元场强方向图为$f_n(\theta,\phi)$,对应的幅度和相位加权系数为$A_n$、$\Delta\varphi_n$,即单元 n 的复加权系数 w_n 可表示为

$$w_n = A_n \mathrm{e}^{-\mathrm{j}\Delta\varphi_n} \tag{3.17}$$

则整个天线阵列方向图可表示为

$$F(\theta,\phi) = \sum_{n=1}^{N} w_n f_n(\theta,\phi) \frac{1}{R_n} \mathrm{e}^{-\mathrm{j}kR_n} \tag{3.18}$$

式中:k 为波数;$R_n = R - \Delta R_n$,ΔR_n 为第 n 个天线单元到目标的距离与参考点到目标的距离之差,R 为阵列相位参考点到远区目标的距离。去除公共相位因子和幅度的常数项,阵列方向图可表示为

$$F(\theta,\phi) = \sum_{n=1}^{N} A_n f_n(\theta,\phi) \mathrm{e}^{-\mathrm{j}(k\Delta R_n - \Delta\varphi_n)} \tag{3.19}$$

ΔR_n 的值取决于

$$\Delta R_n = \boldsymbol{r}_n \boldsymbol{r} \tag{3.20}$$

即 ΔR_n 为第 n 个天线单元的位置向量$\boldsymbol{r}_n$ 与参考点到目标点单位向量 $\boldsymbol{r}$ 的标量积。$\boldsymbol{r}$ 可以用其方向余弦表示

$$\boldsymbol{r} = \boldsymbol{i}\cos\alpha_x + \boldsymbol{j}\cos\alpha_y + \boldsymbol{k}\cos\alpha_z \tag{3.21}$$

由图 3.1 所示的坐标系不难看出,存在如下几何关系

$$\begin{cases} \cos\alpha_x = \cos\theta\cos\phi \\ \cos\alpha_y = \cos\theta\sin\phi \\ \cos\alpha_z = \sin\theta \end{cases} \tag{3.22}$$

第 n 个天线单元的位置$\boldsymbol{r}_n$ 可用其位置空间位置坐标(x_n, y_n, z_n)表示

$$\boldsymbol{r}_n = x_n\boldsymbol{i} + y_n\boldsymbol{j} + z_n\boldsymbol{k} \tag{3.23}$$

则根据式(3.20),ΔR_n 可表示为

$$\Delta R_n = y_n\cos\alpha_y + z_n\cos\alpha_z \tag{3.24}$$

ΔR_n 对应的相位,即第 n 个天线单元相对于参考原点的信号相位 $\Delta\varphi_n$ 为

$$\Delta\varphi_n = \frac{2\pi}{\lambda}\Delta R_n = \frac{2\pi}{\lambda}(x_n\cos\alpha_x + y_n\cos\alpha_y + z_n\cos\alpha_z) \tag{3.25}$$

改变天线阵元复加权系数中的相位项,就能使天线波束指向方向发生变化,实现波束扫描。为实现阵列天线波束所需的副瓣电平,还需要对复加权系数的幅度项进行调节。

3.3 均匀阵方向图

3.3.1 线阵方向图

根据前面的阵列基本理论可知阵列方向图可近似看作阵元方向图与阵列因子的乘积，本节采用这一近似，同时假设阵元方向图各向同性。当单元数 N 足够大时，阵列天线的主瓣宽度、副瓣电平等辐射特性主要取决于阵列因子 $F(\theta)$。设单元均匀等间距分布于一条直线上，单元数为 N，单元间距为 d，激励电流相位 $\varphi_n = -knd\sin(\theta_0)$，阵列波束最大值指向与法线夹角为 θ_0（扫描角），θ 为观察角，则阵列因子可表示为

$$F(\theta) = \sum_{n=1}^{N} A_n e^{jkndu} \tag{3.26}$$

式中：k 为波数；$u = \sin\theta - \sin\theta_0$。

由式(3.26)可见，控制单元激励电流的相位，就可以改变阵列天线辐射最大值方向，从而进行波束扫描。当 $\theta_0 = 90°$时，阵列波束最大值指向 Ox 方向，这时称为端射阵，广泛采用的引向天线是端射阵的实例；当 $\theta_0 = 0°$时，阵列波束最大值指向法向，这时称为边射阵，边射阵经常使用，是后续讨论的对象。

若阵列单元等幅激励，即 $A_n = 1, n = 1, 2, \cdots, N$，则阵列因子

$$|F(\theta)| = \left|\frac{\sin\left(\frac{1}{2}Nu\right)}{\sin\left(\frac{1}{2}u\right)}\right| \tag{3.27}$$

对于波束指向法线的边射阵 $\theta_0 = 0°$，则由电场强度表示的方向图函数

$$|E(\theta)| = \left|\frac{\sin\left(\frac{1}{2}kNd\sin\theta\right)}{\sin\left(\frac{1}{2}kd\sin\theta\right)}\right| \tag{3.28}$$

均匀直线阵如图 3.2 所示，图 3.2(a)为线阵分布图，图 3.2(b)为归一化功率表示的方向图。单元数为 21，单元间距为 0.5λ，归一化第一副瓣电平约 -13.5dB左右。

3.3.2 面阵方向图

位于 xOy 平面上的 $M \times N$ 个单元组成的矩形阵，单元位置向量为$\boldsymbol{d}_{mn} = x_m\boldsymbol{i} + y_n\boldsymbol{j}$，第 mn 号单元的方向图函数为 $f_{mn}(\theta,\phi)$，激励电流为 $A_{mn}\exp j\varphi_{mn}$，单元位置

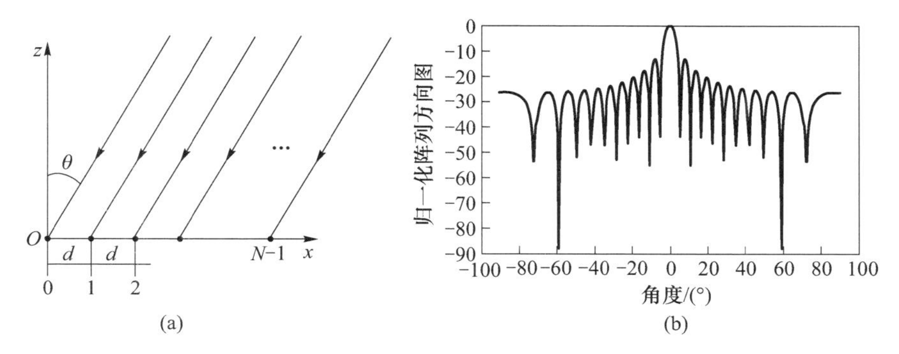

图 3.2　均匀直线阵位置分布及方向图

向量为$\boldsymbol{d}_{mn}=x_m\boldsymbol{i}+y_n\boldsymbol{j}$，则阵列方向图函数为

$$E(\theta,\phi)=\sum_{m=1}^{M}\sum_{n}^{N}I_{mn}f_{mn}(\theta,\phi)\exp\mathrm{j}\varphi_{mn}\exp[\mathrm{j}k(x_m\cos\phi+y_n\sin\phi)\sin\theta] \tag{3.29}$$

若不考虑单元间的互耦，设单元因子为 $T(\theta,\phi)=f_{mn}(\theta,\phi)$，阵列因子为 $F(\theta,\phi)$，则方向图函数可表示为

$$E(\theta,\phi)=T(\theta,\phi)F(\theta,\phi) \tag{3.30}$$

若设阵列波束指向为法向，即 $\varphi_{mn}=0$，则阵列因子为

$$F(\theta,\phi)=\sum_{m=1}^{M}\sum_{n=1}^{N}A_{mn}\exp[\mathrm{j}k(x_m\cos\phi\sin\theta+y_n\sin\phi\sin\theta)] \tag{3.31}$$

通常令 $u=\cos\phi\sin\theta, v=\sin\phi\sin\theta$; $-1\leqslant u\leqslant 1$, $-1\leqslant v\leqslant 1$，在 $U-V$ 平面内绘制方向图，称为 UV 方向图。

均匀分布的平面阵如图 3.3(a)所示，图 3.3(b)为归一化功率表示的方向图。单元数为 9×9，单元间距为 0.5λ。$U-V$ 面上第一副瓣电平约 -13.5dB。

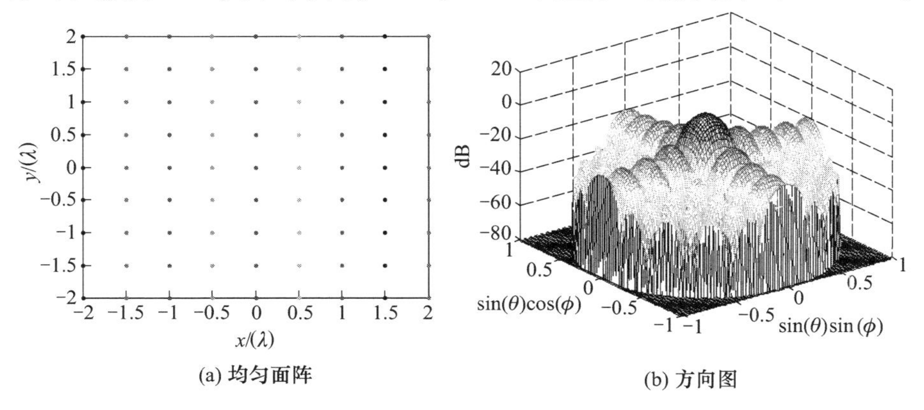

(a) 均匀面阵　　(b) 方向图

图 3.3　均匀平面阵分布及方向图

3.4 方向图综合方法

3.4.1 规则阵综合方法

在雷达、通信等众多领域中,往往需要特殊形状的天线波束(如余割波束、扇形波束、低副瓣等),根据波束形状求解阵列天线激励幅值、相位、单元间距等参数是方向图综合的目的。方向图综合包括对方向图形状的控制,方向图形状控制的实质是函数逼近问题,即对于一个可能比较复杂的目标函数,选用具有正交性的简单函数的线性组合,以最小偏差准则或最小均方差准则进行逼近,以满足预定的设计要求。下面以傅里叶综合法和 WoodWard 综合法为例介绍规则阵的综合方法。

3.4.1.1 傅里叶综合法

傅里叶综合法应用了傅里叶级数的正交完备性,如果要求线阵有预定的目标函数 $F(u)$,则傅里叶综合法给出与 $F(u)$ 逼近的方向图 $F_1(u)$ 及阵列单元需要的激励电流 I_n:

$$I_n = \int_{-\frac{\lambda}{2d}}^{\frac{\lambda}{2d}} F(u)\mathrm{e}^{-\mathrm{j}knud}\mathrm{d}u \tag{3.32}$$

$$F_1(u) = \sum_{n=1}^{n} I_n \mathrm{e}^{\mathrm{j}knud} \tag{3.33}$$

傅里叶综合法对所需的方向图 $F(u)$ 能提供最小的均方差逼近,通常傅里叶综合法适用于波瓣宽度较宽的赋形方向图综合。利用傅里叶综合法可以方便地综合具有较低副瓣电平的方向图。

3.4.1.2 WoodWard 综合法

WoodWard 综合法常用于电子对抗和反干扰的方向图综合,通过 WoodWard 综合法可以在干扰方向形成宽而深的零陷区用于对抗方向性干扰。该方法利用 Lambda 函数的正交完备性来实现阵列天线方向图综合。

设线天线长度为 L,线阵预定目标函数为 $F(u)$,则口径电流分布为

$$I(x) = \sum_{n=-N}^{N} F(n)\mathrm{e}^{\left(-\mathrm{j}\frac{2n\pi x}{L}\right)} \quad -\frac{L}{2} \leqslant x \leqslant \frac{L}{2} \tag{3.34}$$

式(3.34)中,$N = \left[\frac{\pi L}{\lambda}\right]$,其中[·]表示取整。则由口径电流分布得到逼近 $F(u)$

的辐射方向图函数 $F_1(u)$ 为

$$F_1(u) = \sum_{n=-N}^{N} F(n)\Lambda_{\frac{1}{2}}(u\pi - n\pi) \tag{3.35}$$

式(3.35)中 Lambda 函数的表达式为

$$\Lambda_{\frac{1}{2}}(u\pi - n\pi) = \frac{\sin(u\pi - n\pi)}{u\pi - n\pi} \tag{3.36}$$

WoodWard 综合法与傅里叶综合法相比,前者不能控制方向图中赋形区的副瓣电平,这是其不足,但其优点表现在工程上可用无损耗正交波束网络实现。

无论傅里叶综合法还是 WoodWard 综合法,多适用于均匀分布的规则阵列,这里介绍它们旨在说明方向图综合的算法解析过程。

3.4.2 非规则阵综合方法

非规则阵列天线方向图综合是一个复杂的非线性多约束条件多目标解优化问题,经典优化方法如 Dolph - Chebyshev 综合法,Taylor 综合法、傅里叶综合法,都是针对某一类特定的问题而提出的。对于天线单元 3 - D 空间机会性分布的机会阵雷达,经典方法很难实现。机会阵是一种非规则阵,单元非均匀随机分布,方向图综合更加复杂。如给定阵列天线形状与位置,如何适当选取阵元间距、机会性工作的单元数、单元幅相等参数来最大限度地降低副瓣电平是一个多目标解的非线性优化问题。针对这类问题,目前可以分为优化求解方法和自适应阵列优化两方面,前者包括动态规划法、穷举综合法、统计最优、模拟退火法、粒子群优化法、遗传算法等,后者如基于自适应阵列信号处理的数字优化方法,本节将介绍这些经典的非规则阵综合方法和现代智能优化方法,并在此基础上通过归纳比较,选择出适用于机会阵方向图综合的最优化方法。

3.4.2.1 动态规划法

1964 年,Skolnik[1] 采用阵列孔径量化方式,把优化布阵问题转化为阵元在有限个位置上进行优化组合的问题并利用计算机来搜寻最优解。为了减小计算量,他把最优化理论中的动态规划思想应用其中,提出了动态规划阵列。该方法可以充分利用计算机和动态规划理论来解决优化布阵问题,寻优思路清晰,且寻优效果比较好,是一种有效的寻优方法。但它的缺点是优化布阵问题并不满足动态规划理论应用的前提,即优化布阵并非是一个满足无后效性的策略类优化问题。动态规划法作为一种多阶段决策优化方法,需要待解决的优化问题满足无后效性作为其应用的前提,具体到优化布阵问题中,就是假设第一阵元的最佳位置只取决于第二阵元的位置,前 $N-1$ 个阵元的最佳位置分布只取决于第 N 个阵元位置。而这个假设在优化布阵问题中并不成立,所以动态规划阵列并非寻优准则下真正的最优阵列,所以只是得到了峰值副瓣电平最小性能次优或较优的非规则阵列[2]。

3.4.2.2 穷举综合法

对于非规则阵列的方向图综合,唯有穷举综合方法可以找到优化布阵的最优解,但随着阵列规模的增大,穷举综合法的计算量呈指数规律增加,对目前的普通个人计算机的计算能力而言,优化综合一个阵元数为 50 ~ 100 的中小型稀疏阵列已欠缺时效性。机会阵的天线单元在阵列孔径上是随机稀布的,阵元具有无穷多的布阵自由度。对稀布阵列的优化布阵,通常需要对天线阵列方向图函数进行数学分析和理论推导,直接给出最优阵元位置分布公式,或者用数值方法计算出一组阵元位置的坐标。给出最优阵元位置分布理论公式的典型方法是指数间隔阵列。然而优化布阵问题是一个非线性问题,从理论上推导出在天线可视区具有最小峰值副瓣电平的最优阵元位置分布公式十分困难。为了简化分析,得到简便清晰的最佳阵元位置分布公式,这种类型的优化布阵方法在理论推导过程中,往往加入人为的近似和假设,因此得到的结果只能是局部最优或次优[2]。

除了基于理论分析的最优阵布阵研究有进一步发展以外,随着计算机技术的飞速发展,诞生于 20 世纪中叶的人工智能算法得到进一步推动。目前比较常见且在电磁学领域得到研究和应用的算法有神经网络(NN)、模糊逻辑(FL)、禁忌搜索(TABU)、遗传算法(GA)、模拟退火(SA)、蚁群算法(ACA)、粒子群优化(PSO)算法等,下面就其中几项做一简单介绍。

3.4.2.3 模拟退火算法

SA 算法首先由 Kirkpatrick 在 1983 年提出[3],Gelat 和 Vecchi 在其基础上对算法加以改进,构成传统意义上的模拟退火算法。SA 算法的有效性和鲁棒性表现在它并不依赖于初始值的选取,而且可以在一定条件下给出明确的上限时间,因此 SA 方法是一种全局的、只需要利用评价函数信息的随机优化方法。其核心思想在于模仿热力学中液体的冻结与结晶或高温熔化的液体金属的冷却与退火过程,已经验证它在实际优化应用中的有效性。文献[4,5]把模拟退火法应用到非规则阵方向图综合的多自由度优化,取得初步效果。

3.4.2.4 粒子群优化算法

PSO 算法是基于一群粒子的智能运动而产生的一类随机进化算法,其优点是算法收敛速度快、运算简单、利于理解和应用。PSO 算法最早是由 Kenndey 和 Eberhart 等人于 1995 年提出[6]。PSO 的基本概念源于对蜂群、鸟群、鱼群和人类社会行为状态的模拟。通过个体之间的写作,分享社会知识来达到进化优化的效果。PSO 算法在函数优化等领域蕴含着广阔的应用前景，在 Kenndey 和 Eberhart 之后很多学者都进行了这方面的研究。目前 PSO 已应用于函数优化、神经网络训练、模式分类、模糊系统控制以及其他领域，在电磁学领域也有了一些成功的应用[7-10]。文献[8]将 PSO 应用到共形阵的方向图综合中并取得了优化的结果。

3.4.2.5 遗传算法

遗传算法(GA)是模拟达尔文生物进化论的人工智能优化算法，最初由美国 Holland 教授在 1975 年文献[11]中提出，至今 GA 已在电磁场和微波领域得到越来越广泛的应用[12-22]。遗传算 GA 是模拟生物的自然选择过程和遗传进化机制，抽象出的全局优化算法。具有简单通用、鲁棒性强、适于并行处理、尤其适用于解决传统搜索方法难以解决的复杂和非线性问题。GA 一般是从一个初始种群开始，根据适应度函数评价每个个体的优劣，经过挑选优势个体进化过程，如基因选择、基因重组、基因突变等遗传操作，产生新一代优势种群，种群一代代地进化，直到达到预先给定的精度或遗传代数。GA 的设计过程中，包含参数编码方式的选择、初始种群的建立、适应度函数的构造、遗传操作的设计、控制参数的设定。算法的收敛性取决于这几个方面的设计以及数值精度和收敛速度的一些折中。下面是遗传算法的几个基本术语。

基因(gene)：最基本的遗传单位。

染色体(chromosome)：多个基因排列在一起，就组成了染色体。

个体(individual)：染色体以个体为载体，每个个体中都包含一套染色体。

种群(population)：种群是有限个个体的集合。

遗传操作(operator)：算法中又称遗传算子。遗传操作是优胜劣汰的过程，包括选择、复制、个体间交换基因产生新个体的交叉、个体基因信息突变等。

适应度函数(fitness)：适应度函数是以优化变量为参量的实值函数，用以评价个体对环境适应的程度。某个体的适应度高，则它的基因遗传到子代个体中的可能性就大。

遗传编码(coding)：遗传编码将优化变量转化为基因的组合表示形式，优化变量的编码机制有二进制编码、格雷码和十进制编码(又叫实值编码或真值编码)等。经典遗传算法是将优化变量进行二进制编码，多个优化变量的二进制码连接起来，组成一个染色体。

3.5 基于遗传算法的方向图综合

传统的非规则阵列设计方法，如 Skolnik 提出的密度锥削法[23]虽可满足部分大型稀疏阵波束综合要求，但不能保证副瓣峰值电平被有效抑制。动态编程法虽然可以控制副瓣电平却容易陷入局部最优[1,24]。共轭梯度算法不适合优化大量离散参数[25]。GA 是一种全局性的优化方法，不仅可以避免计算搜索过程陷入局部最优，而且通过适应度函数的构造，即使阵元处于不规则的分布状态也能以极大的概率找到全局最优解。近年来不少学者在原有 GA 原理基础之上，提出了各种改进遗传算法和在方向图综合方面的应用方法。但是在 3－D 空间随机分布天线单元的方向图综合方面的研究相对较少。

本章采用 GA 作为机会阵方向图综合优化工具。在球面坐标系下建立 3－D 空间随机分布天线单元方向图综合数学模型，以该模型设计 GA 目标函数（适应度），并通过多参数约束设计，计算机仿真环境通过快速收敛算法和基于最小二乘适应度评估与预测方法实现方向图的优化。

GA 通常从一个随机生成的初始种群出发，根据适应度函数评估种群中每个个体的优劣，然后模拟自然界中"优胜劣汰"进化法则，使种群中具有较高适应度值的个体有更大的概率得以生存下去，然后得以保留下来的个体形成新的种群，通过复制、交叉和变异等遗传操作，使种群得以一代代进化，直到预期的优化目标出现为止。仿真采用的遗传算法工作流程如图 3.4 所示。

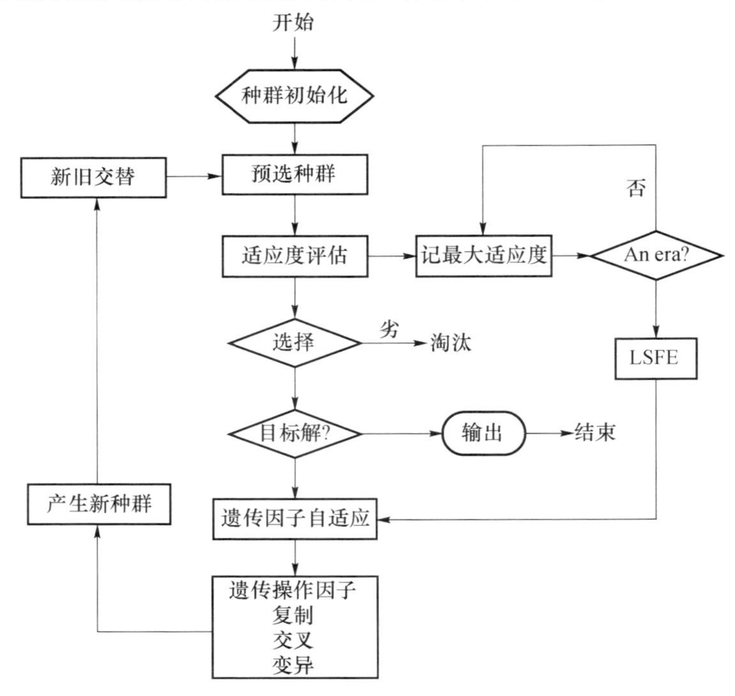

图 3.4　LSFE－GA 程序工作流程

遗传算法程序设计采用如下几个过程:①遗传编码;②种群产生;③适应度函数构造和评估;④遗传操作。其中遗传操作包括选择、复制、交叉和变异等。

遗传编码有二进制编码,格雷编码和十进制编码等。GA 算法设计对机会阵单元激励采用二进制编码,相位加权采用实值编码,种群构造及编码格式如图 3.5所示。

种群编码:

11100…010110　randm((0,1),N).×π—— 染色体 1

N 二进制 激励　N 十进制 相位

……

11100…010110　randm((0,1),N).×π—— 染色体M

N 二进制 激励　N 十进制 相位

图 3.5　遗传算法种群编码

3.5.1　机会阵适应度函数构造

适应度函数是 GA 算法目标函数,用于评价个体适应环境的优劣程度。在机会阵中,目标适应度函数的构造往往根据具体的使用条件限定,使阵列方向图符合某种给定的曲线形状或者使某个点或区域落在规定的数值范围内(如形成预定的零深,达到给定的电平阈值等)。

计算仿真程序选取主瓣电平与副瓣电平平均值之比作为 GA 适应度函数。适应度最大的个体作为那一代种群进化的优化解,函数表达式为

$$\text{fitness} = \max\left(\frac{L_{\text{mb}}}{\frac{1}{N}\sum_{i=1}^{N} L_{\text{sb}_i}}\right) \tag{3.37}$$

式中:fitness 为适应度;L_{mb}为主瓣电平;L_{sb}为副瓣电平;N 为副瓣个数。

为求得三维空间机会阵适应度所要求的主瓣与平均副瓣电平,需要建立机会阵方向图综合的数学模型。文献[26]给出球坐标系下,天线单元在 3 - D 空间分布阵列因子表达式为

$$AF = (3/2N)^{1/2} R \left| \sum_{k=1}^{N} A_k I_k \mathrm{e}^{[2\pi j(R-\rho_k+\Phi_k)]} / \rho_k \right|^2 \tag{3.38}$$

式中:N 为阵列单元数量;$\boldsymbol{X}_k$ 为第 k 个单元的空间位置坐标向量(隐含在式中);$\boldsymbol{R}$ 为观察点空间坐标向量,$R = |\boldsymbol{R}|$;$\rho_k = |\boldsymbol{R} - \boldsymbol{X}|$且 $\rho_k = |\boldsymbol{\rho}_k|$;$A_k$ 为第 k 个单元的激励状态,0 表示关闭,1 表示打开;I_k 为第 k 个单元的电流,若考虑单元方向图影响,则用单元因子代替;$\boldsymbol{\Phi}_k$ 为以波数表示的单元相位加权。

机会阵单元数众多,假定单元因子各向同性,不考虑互偶等影响因素,则天线方向图可由阵列因子近似。算法仿真暂不考虑单元因子方向图的影响,假定

$I_k = 1$。

3.5.2 基于最小二乘的适应度评估算法[27]

遗传算法是一种逐渐逼近最优解的近似算法，并不能保证每一次运算总能找到最优解，也不能保证下一代的个体一定比上一代强，根本原因在于算法中的基因交叉和突变因子的存在，有时候会出现类似自然界进化过程中的“返祖”现象。但总的进化趋势应当是使适应度曲线趋向增长的方向。但如果算法采用固定的复制、交叉和变异概率，则种群进化到一定程度以后很容易陷入“近亲繁殖”状态，出现局部最优解。为避免这种现象出现，算法设计采用基于最小二乘法的适应度评估方法。其原理是将种群进化的若干代看作一个时间“纪元”，在每个“纪元”周期内的每一代取出适应度最大值，通过最小二乘法计算适应度变化斜率。种群适应度变化斜率表征了种群进化速度。在算法程序运行早期，通常斜率较高，进化迅速，随着代数增多，斜率降低并逐渐趋缓，进化减慢。此时需要改变遗传操作中的各因子概率。算法程序通过比较两个“纪元”的适应度斜率关系，自动选取遗传操作各因子的概率。如总进化为 N 代，每 n 代为一个“纪元”，用 E 表示。第 1 代的种群个体最大适应度值为(x_1, y_1)，第 n 代为(x_n, y_n)，通过最小二乘法拟合第 j 个“纪元”E_j 的种群进化斜率为

$$k_j = \sum_{i=1}^{n}(x_i - \bar{x})(y_i - \bar{y}) / \sum_{i=1}^{n}(x_i - \bar{x})^2 \qquad j = 1,2\cdots,N \tag{3.39}$$

其中：$\bar{x} = \sum x_i / n, \bar{y} = \sum y_i / n, x_i = 1,2,3,\cdots,n$。

对于个体数量庞大的情况，为了提高算法运行速度，可根据计算能力，抽取部分遗传代数作为一个“纪元”周期里的稀疏采样。由式(3.39)结合后面的遗传算法仿真程序，这里给出基于最小二乘法的适应度评估仿真结果，如图 3.6 所示。图中的遗传代数为 200 代，每 50 代被划分成一个“纪元”；图中直线表示该“纪元”适应度的进化线性趋势，根据进化趋势预测下一个“纪元”遗传算子采用的进化参数。从图中可以看出，进化初期的第一个“纪元”E_1，遗传操作因子矩阵为[0.3,0.5,0.2]，算法快速向目标优化解逼近，算法寻优效率很高，斜率较大。在 E_2 阶段，进化过程放缓，斜率下降，为了避免可能的近亲繁殖，在 E_3 阶段程序改变了遗传操作因子中的变异概率，遗传操作因子矩阵为[0.2,0.5,0.3]，但因此出现了剧烈的“震荡似”的进化曲线。其中在第 125 代偶尔出现了适应度很高的个体，类似于自然界中的“天才”现象，这种突变造成的最优个体往往是算法无法预期的，但可以作为优化结果加以保留。为了避免 E_3 阶段持续出现不稳定的进化过程，在 E_4 阶段增加了复制概率，遗传操作因子矩阵为[0.3,0.4,

0.5]，使种群中优秀的基因能够更多地被遗传，因此图中 E_4 的直线出现下降态势。通过最小二乘法拟合若干代种群适应度变化斜率，可以根据一定时期的进化趋势动态地改变遗传因子，使算法得以稳健进行。

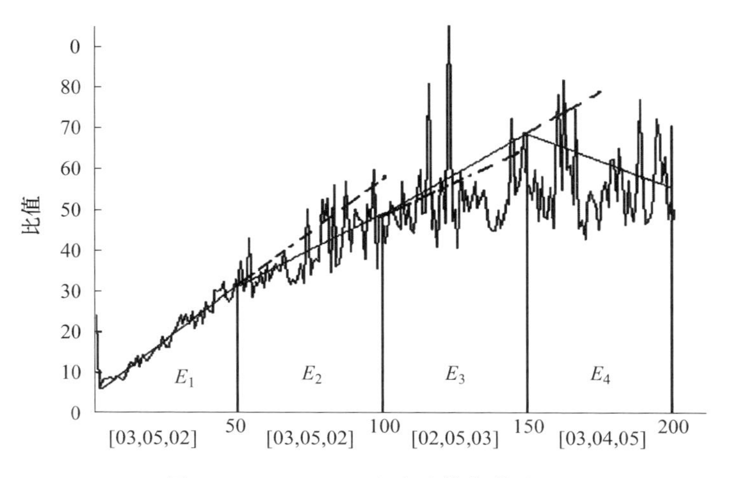

图 3.6　LSFE - GA 程序迭代收敛过程

3.5.3　机会阵遗传算法仿真实现

3.5.3.1　仿真条件

根据图 3.4 所示的遗传算法操作流程、式(3.37)构造的适应度函数、式(3.38)给出的 3 - D 空间分布单元机会阵方向图函数和式(3.39)描述的基于最小二乘法的适应度收敛趋势评估方法，通过编写 Matlab 计算机仿真程序实现了 3 - D 空间随机分布天线单元的方向图综合优化。下面直接给出具体的实现方法和仿真结果，具体的仿真参数如表 3.1 所列。

表 3.1　遗传算法仿真参数

参数项	值
3 - D 空间长 × 宽 × 高	$5\lambda \times 5\lambda \times 2\lambda$
天线总数	50
染色体数	600
预置遗传代数	200
单位球坐标采样点数	256
仿真工具	Matlab 7.0 R14

仿真采用 3 - D 空间(长 × 宽 × 高 $=5\lambda \times 5\lambda \times 2\lambda$)随机分布的 50 个天线单

元,种群个体(染色体)数为600个,遗传代数为200代,球面空间波瓣采样点为256点。初始种群的基因序列随机产生,“优胜劣汰”法则通过“赌轮盘”选择算法。第一个“纪元”遗传操作因子矩阵为[0.3,0.5,0.2],分别表示基因复制、交叉和突变的概率。之后“纪元”的遗传因子根据最小二乘方法拟合的适应度变化斜率动态选择。

3.5.3.2 仿真结果

整个仿真过程的适应度变化如前面图3.6所示。图中给出了整个进化过程每一个“纪元”的适应度变化曲线。可以看出在第125代获得了适应度最高的个体。

图3.7为3-D分布单元优化选择情况,星花为激励工作单元,小圆为关闭单元,单元幅度均为1。由图可见,50个单元激励共有43个单元被“机会性”选取工作。

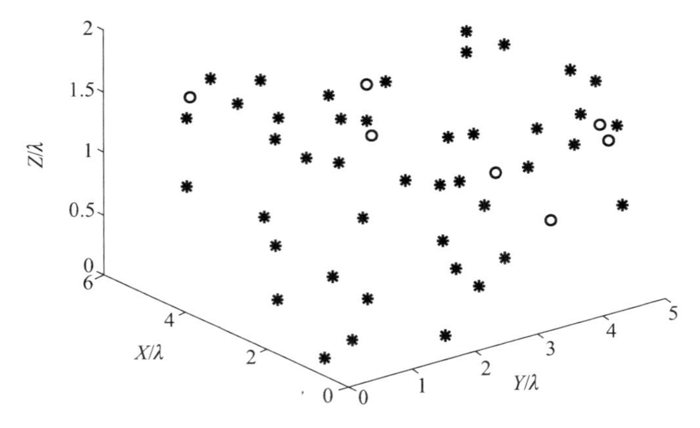

图3.7 3-D机会阵单元优化选择

仿真程序同时优化每个被选取工作单元的相位权值,限于篇幅相位优化结果列表不在此列举。图3.8是GA运算后第125代个体的方向图综合结果,图3.8(a)以3-D形式显示,优化后的第一副瓣电平可以达到-22.33dB。为更清楚地显示结果,图3.8(b)是该三维方向图的二维剖面,可以看出方向图并非对称形状,这是由于激励单元在三维空间的非对称分布造成的;方向图较远处甚至出现了较高的副瓣,这与前面构造的适应度函数有关,算法构造的适应图函数目标是获得主瓣与副瓣平均值之比最大的个体。因此综合的方向图并不能保证远角度处的副瓣电平一定比近角度处的低。方向图为归一化的功率方向图,z坐标单位为dB,x,y坐标为空间角度,范围均为$-90° \sim 90°$。

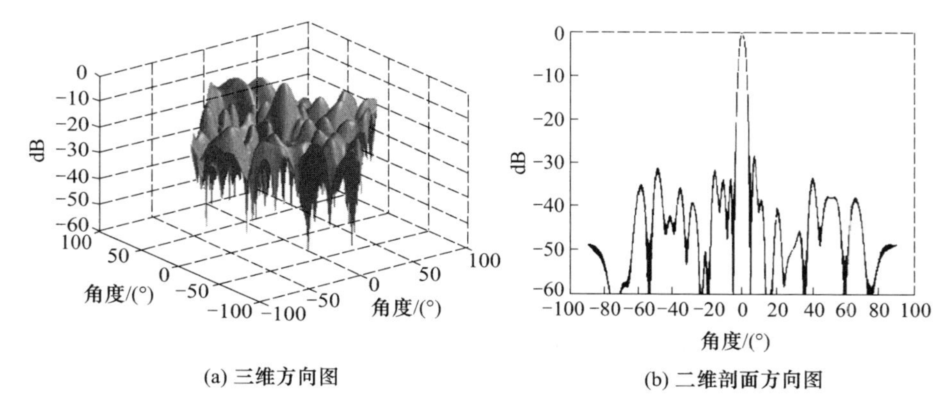

图 3.8　机会阵 LSFE - GA 方向图综合结果

3.6　基于时间参量的方向图综合

通常单个天线单元由于自身的局限性,很难满足现代无线电子系统所追寻的波束可赋形、可扫描、低副瓣/超低副瓣等特性要求。而阵列天线由于具有较大的设计自由度,自然成为应对上述需求的最佳选择。时至今日,阵列天线的理论体系近乎完整,人们广泛认为阵列天线的研究已经极为成熟。遗憾的是,现有的阵列天线设计思路大多还停留在阵列天线这一概念诞生的那一历史阶段,这类阵列天线技术可称为常规阵列天线技术。

机会阵雷达阵列天线设计中引入了时间参量,使得传统意义上的阵元幅相加权能够通过时间加权方式实现,从而使阵列综合具有更多的自由度。

阵列天线可以实现低/超低副瓣、快速波束扫描、波束赋形、多波束形成等功能,但是传统天线阵需要精确的幅度和相位控制才能实现上述功能。在实际工程中传统天线阵面临着馈电网络复杂、对幅相控制精度要求高等问题,这些问题极大地增加了传统天线阵设计和加工的难度,导致了较高的天线成本。

传统天线阵可以被看作是分布于三维空间的辐射源。基于时间参量的天线阵是将时间变量作为第四维参数引入到传统天线阵中。它可以将传统天线阵中的阵元幅度和相位加权通过时间加权的方式实现,从而大大简化了馈电网络的设计。相对于传统天线阵,基于时间参量的天线赋形具有很多的设计优点,例如在阵列单元等幅同相激励下可以实现低副瓣方向图、无移相器波束扫描、多波束形成、宽角范围测向、发射信号的方向调制等。在硬件结构上,时间调制天线阵是在传统天线阵中增加一组高速射频开关而构成的,通过开关的控制可以快速准确地调节天线阵的辐射特性,具有极大的设计灵活性。

天线阵是由多个辐射器按照一定的方式排列起来所构成的。相比单个天线,时间调制阵列天线具有较强的方向性和较高的增益,而且能够方便地实现波束电扫描或其他一些用途。常规天线阵中有四个参数是可变的,即单元总数、单元的空间分布、各单元的激励幅度和激励相位。常规天线阵的综合问题则是要确定这些参数,使阵列的辐射特性满足给定的要求,或使阵列的辐射方向图尽可能地逼近预定的方向图。时间调制天线阵比常规天线阵多了一个可控的时间维参数,这使得时间调制天线阵比常规天线具有更多的设计自由度。与常规天线阵相比,时间调制天线阵的馈电网络中多了高速射频开关,而高速射频开关的周期性通断则是时间调制天线阵实现时间调制的关键所在。

3.6.1 时间调制天线阵原理[28-32]

时间调制天线阵在结构上最大的特点在于每个天线单元后端均连接一个高速射频开关,其结构如图 3.9 所示。通过预先编辑好的时间序列程序输入至复杂可编程逻辑器件(CPLD)控制射频开关周期性地打开或者闭合,当开关打开时从天线接收下来的信号正常通过,当开关闭合时从天线接收下来的信号被截断,接收信号为 0。

每个开关的工作状态通过时间函数 $U_k(t)$ 这一数学表达式描述为

$$U_k(t)=\begin{cases}1 & 0<t_{0k}\leqslant t\leqslant t_{0k}+\tau_k\leqslant T_{\mathrm{p}}\\0 & \text{其他}\end{cases}\tag{3.40}$$

式中:t_{0k} 为第 k 个单元开关开启时刻;τ_k 为第 k 个单元开关工作持续时间;T_{p} 为开关的工作周期。

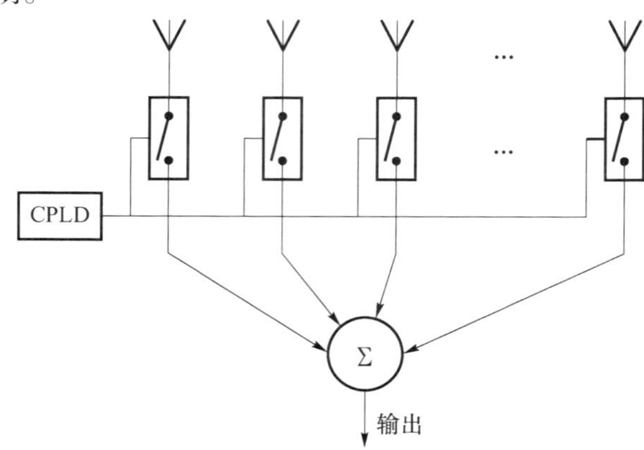

图 3.9　时间调制天线阵的基本结构

考虑一个阵元数目为 N 的阵列,阵列法线平行于 z 轴上,阵元为各向同性点源。相同参数下的时间调制天线阵因子为

$$F_{\mathrm{T}}(\theta,t) = \mathrm{e}^{\mathrm{j}2\pi f_0 t}\sum_{k=1}^{N} A_k U_k(t)\mathrm{e}^{\mathrm{j}\alpha_k}\cdot \mathrm{e}^{\mathrm{j}\beta d_k \sin\theta} \tag{3.41}$$

式中：α_k 是给每个单元馈电的相位；$\beta = \dfrac{2}{\lambda}$为自由空间的波数。

经比较可知：开关控制天线工作状态体现在阵元激励幅度与时间函数$U_k(t)$的乘积。

由于开关函数是周期函数，因此可以表示成傅里叶级数的形式，为

$$U_k(t) = \sum_{m=-\infty}^{\infty} a_{m,k}\mathrm{e}^{\mathrm{j}2\pi m f_{\mathrm{p}} t} \tag{3.42}$$

式中：$a_{m,k}$为复振幅，表达式为

$$\begin{aligned} a_{m,k} &= \frac{1}{T_{\mathrm{p}}}\int_{t_{0k}}^{t_{0k}+\tau_k} U_k(t)\cdot \mathrm{e}^{-\mathrm{j}2\pi m f_{\mathrm{p}} t}\cdot \mathrm{d}t \\ &= \frac{1}{T_{\mathrm{p}}}\cdot \mathrm{sinc}(\pi m f_{\mathrm{p}}\tau_k)\cdot \mathrm{e}^{-\mathrm{j}m\pi f_{\mathrm{p}}(2t_{0k}+\tau_k)} \\ &= \xi_k \mathrm{sinc}(\pi m \xi_k)\mathrm{e}^{-\mathrm{j}m\pi(2v_k+\xi_k)} \end{aligned} \tag{3.43}$$

式中：$v_k = t_{0k}/T_{\mathrm{p}}$；$\xi_k = \tau_k/T_{\mathrm{p}}$；$f_{\mathrm{p}} = 1/T_{\mathrm{p}}$。

将式(3.43)和式(3.42)带入式(3.41)，有

$$F_{\mathrm{T}}(\theta,t) = \sum_{k=1}^{N} A_k\xi_k \mathrm{e}^{\mathrm{j}\alpha_k}\mathrm{e}^{\mathrm{j}\beta d_k\sin\theta}\sum_{m=-\infty}^{\infty}\mathrm{sinc}(\pi m\xi_k)\mathrm{e}^{-\mathrm{j}m\pi(2v_k+\xi_k)}\mathrm{e}^{\mathrm{j}2\pi(f_0+mf_{\mathrm{p}})t} \tag{3.44}$$

上式则为时间调制天线阵因子傅里叶级数的表达式。

由于接收下来的信号经过开关的调制，因此会在除中心频率以外的频率$f_0 + mf_{\mathrm{p}}(m = \pm1, \pm2,\cdots)$上产生多个边带信号。而对于处于发射状态的天线阵而言，除了在中心频率产生能量以外，还在$f_0 + mf$的频率上辐射能量，因此又称为边带辐射。这种现象会导致中心频率f_0处天线阵增益的下降，在综合方向图时需要对此另加关注。

在中心频率f_0处($m=0$)时，式(3.44)可以简化为

$$F_{\mathrm{T}}(\theta,t) = \mathrm{e}^{\mathrm{j}2\pi f_0 t}\sum_{k=1}^{N} A_k\xi_k \mathrm{e}^{\mathrm{j}\alpha_k}\mathrm{e}^{\mathrm{j}\beta d_k\sin\theta} \tag{3.45}$$

式(3.45)在幅度激励多了一项控制因子ξ_k，这是由时间函数决定的。为了便于区分，又称幅度激励A_k相位激励α_k为静态激励。由上式可知，通过合理设计每个天线单元的导通时间τ_k，便可实现对天线阵列的等效幅度加权。

再考虑一种情况：静态激励为等幅同相($A_k = 1, \alpha_k = 0$)，则式(3.44)又可简化为

$$F_{\mathrm{T}}(\theta,t) = \sum_{k=1}^{N} \mathrm{e}^{\mathrm{j}\beta d_k \sin\theta} \sum_{m=-\infty}^{\infty} \xi_k \operatorname{sinc}(\pi m \xi_k)\, \mathrm{e}^{-\mathrm{j}m\pi(2v_k+\xi_k)}\, \mathrm{e}^{\mathrm{j}2\pi(f_0+mf_{\mathrm{p}})t} \tag{3.46}$$

由上式结合相控阵的知识可知：$\xi_k \operatorname{sinc}(\pi m \xi_k)$可等效为各个阵元的激励幅度，$-m\pi(2v_k+\xi_k)$可等效为各个阵元的相位加权。因此，可以省略相控阵中移相器和衰减器的使用，而只需通过适当地调整 v_k、ξ_k，使得 $m\pi(2v_k+\xi_k)=\beta d_k \sin\theta$，则可以改变第 m 个边带波束的最大辐射方向。但是需要注意的是，ξ_k 同时也控制着激励幅度。因此与相控阵激励不同，时间调制天线阵的幅度加权和相位加权不再相互独立。

时间调制天线的基本结构示意图如图 3.10 所示。在时间调制天线阵中，每个天线单元除了接有可变衰减器和移相器之外，各自还与一个高速射频开关相连接。而每个高速射频开关的工作状态（导通和断开）则由 CPLD 控制。对于一个已经设计好的工作时序，可以向 CPLD 写入相应的程序，使其输出控制高速射频开关工作状态的逻辑信号，从而实现对每个天线单元接收信号的时间调制。最后，将 N 个通道的信号进行叠加并输出。

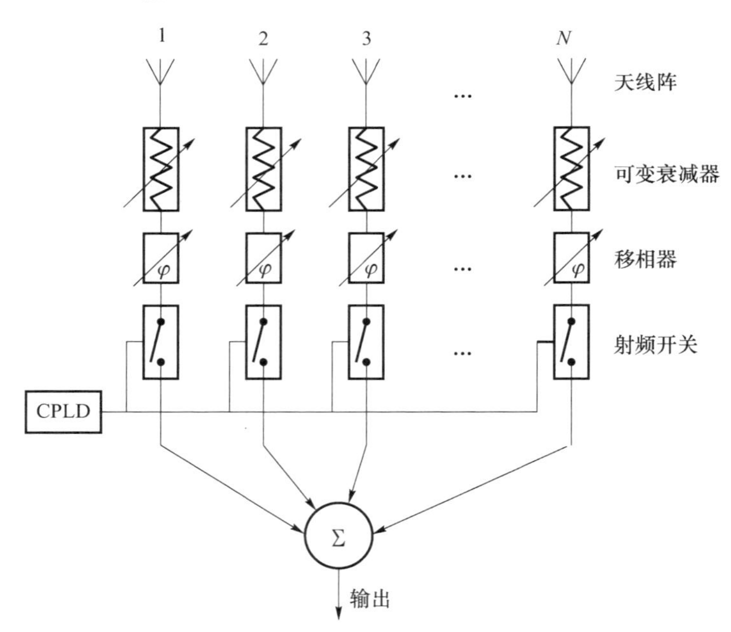

图 3.10　时间调制天线阵结构示意图

3.6.2　天线阵的时间调制方式

目前，时间调制天线阵中的常见时间调制方式主要有三种，即可变口径尺寸（VAS）、单向相位中心运动（UPCM）和双向相位中心运动（BPCM）

3.6.2.1　可变口径尺寸时间调制方式

考虑如图3.11所示的一个N单元等间距直线阵，该阵列辐射远场的表达式为

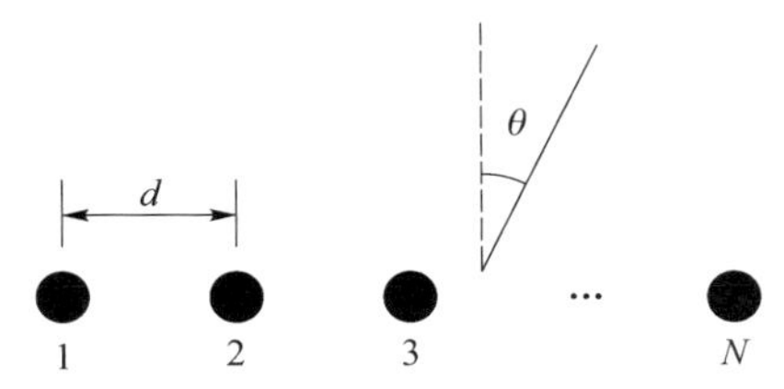

图3.11　N单元等间距直线阵示意图

$$E(\theta,\phi,t) = e_0(\theta,\phi)\cdot \mathrm{e}^{\mathrm{j}2\pi f_0 t}\sum_{k=1}^{N}A_k\mathrm{e}^{\mathrm{j}\alpha_k}\cdot \mathrm{e}^{\mathrm{j}(k-1)\beta d\sin\theta} \tag{3.47}$$

式中：$e_0(\theta,\phi)$为天线单元的辐射因子；f_0为天线阵的中心频率；A_k和α_k分别为第k个单元的激励幅度和激励相位；$\beta=2\pi f_0/c$为波数，c为真空中的光速；d为天线单元之间的间距。式(3.46)表示的是常规直线阵的远场表达式，而在时间调制天线阵中，由于每个天线单元辐射和接收的信号要受到高速射频开关的周期性调制，因此，时间调制天线阵的远场表达式变为

$$E(\theta,\phi,t) = e_0(\theta,\phi)\cdot \mathrm{e}^{\mathrm{j}2\pi f_0 t}\sum_{k=1}^{N}A_kU_k(t)\mathrm{e}^{\mathrm{j}\alpha_k}\cdot \mathrm{e}^{\mathrm{j}(k-1)\beta d\sin\theta} \tag{3.48}$$

式中：$U_k(t)$为高速射频开关周期性的开关函数。如果天线单元在一个时间调制周期T_p内的导通时间为τ_k，则具有可变口径尺寸时间调制方式的开关函数$U_k(t)$表示为

$$U_k(t)=\begin{cases}1, & 0\leqslant t\leqslant\tau_k\\ 0, & 其他\end{cases} \tag{3.49}$$

由于$U_k(t)$是以T_p为周期的时间函数，因此式(3.47)可进行傅里叶级数展开得到每个周期频率分量$f_\mathrm{p}=1/T_\mathrm{p}$的表达式

$$E_m(\theta,\phi,t) = e_0(\theta,\phi)\cdot \mathrm{e}^{\mathrm{j}2\pi(f_0+n\cdot f_\mathrm{p})t}\sum_{k=1}^{N}a_{n,k}\cdot \mathrm{e}^{\mathrm{j}\alpha_k}\cdot \mathrm{e}^{\mathrm{j}(k-1)\beta d\sin\theta} \tag{3.50}$$

式中：$a_{n,k}$为复幅度：

$$\begin{aligned} a_{n,k} &= \frac{A_k}{T_p}\int_0^{\tau_k}U_k(t)\cdot \mathrm{e}^{-\mathrm{j}2\pi n f_\mathrm{p}t}\cdot \mathrm{d}t \\ &= \frac{A_k\tau_k}{T_p}\cdot \mathrm{sinc}(\pi n f_\mathrm{p}\tau_k)\cdot \mathrm{e}^{-\mathrm{j}\pi n f_\mathrm{p}\tau_k} \end{aligned} \tag{3.51}$$

$$\mathrm{sinc}(x)=\frac{\sin(x)}{x} \tag{3.52}$$

在中心频率 f_0 处($n=0$),$\alpha_{0,k}$具有如下的简单形式

$$a_{0,k}=A_k\cdot\frac{\tau_k}{T_\mathrm{p}} \tag{3.53}$$

由此,可以得到中心频率 f_0 处时间调制天线阵采用 VAS 时序时的远场表达式为

$$E_0(\theta,\phi,t)=e_0(\theta,\phi)\cdot \mathrm{e}^{\mathrm{j}2\pi f_0 t}\sum_{k=1}^{N}A_k\frac{\tau_k}{T_p}\cdot \mathrm{e}^{\mathrm{j}\alpha_k}\cdot \mathrm{e}^{\mathrm{j}(k-1)\beta d\sin\theta} \tag{3.54}$$

对比式(3.54)与式(3.47),可以发现,阵列天线的接收信号经过时间调制之后,在中心频率 f_0 处多出了一项控制因子 τ_k/T_p。因此,通过合理设计每个天线单元在一个时间调制周期 T_p 内的导通时间 τ_k 可以实现对天线阵列等效的幅度加权。由此可知,利用式(3.53)和式(3.54)就可以实现时间调制天线阵方向图的综合。此外,由式(3.50)可知,时间调制天线阵除了在中心频率 f_0 处辐射能量外,还在一系列的调谐频率(边带)f_0+nf_p($n=0\pm1,\pm2,\cdots$)处辐射能量,这会导致中心频率 f_0 处时间调制天线阵增益的下降。所以,在设计时间调制天线阵每个天线单元的工作时序时,还需要对各个边带的辐射加以考虑并进行抑制。

3.6.2.2 单向相位中心运动时间调制方式

单向相位中心运动时间调制方式最早是由 B. L. Lewis 提出来的,其主要思想是利用多普勒频移效应将阵列天线的副瓣移出雷达系统的通带范围之外,实现雷达通带内的低副瓣。所谓单向相位中心运动,即天线阵列的相位中心在天线口径面上随时间做单方向的移动。天线相位中心的移动可以通过连接在每个单元的高速射频开关来实现。图 3.12 所示为 N 单元等间距直线阵的单向相位中心运动时间调制方式的示意图。

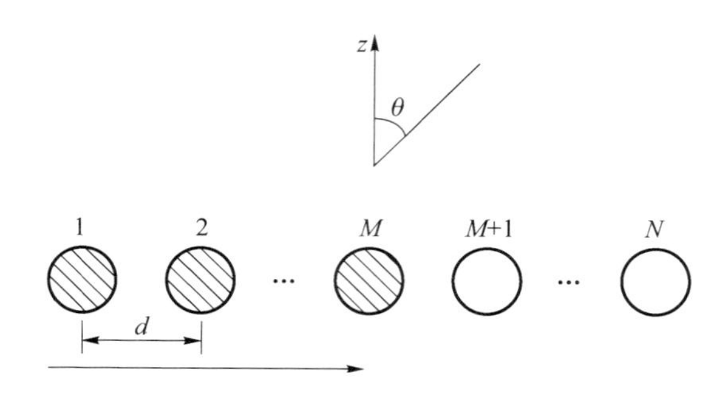

图 3.12　N 单元等间距直线阵 M 个单元单向移动示意图

首先,N 单元直线阵的最左边的 M($M<N$)个单元处于工作状态并且工作

的持续时间为 τ，其中 τ 与雷达系统工作带宽 B 有关，即

$$\tau = \frac{\frac{1}{B}}{N - M + 1} = \frac{T}{N - M + 1} \tag{3.55}$$

式中：$T = 1/B$ 为雷达所传输的时域脉冲宽度。在下一个时间 τ 开始时，第 1 号单元断开同时第 $M+1$ 号单元开始接通，并且第 2 号至第 $M+1$ 号单元持续工作一个时间 τ，然后依此类推。假设天线单元间距为半波长，即 $d = \lambda/2$，而且在脉冲宽度 T 的时间内，连续的 M 个导通单元移动了 $N-M$ 个位置，则等效的相位中心移动的速度为

$$v = \frac{N - M}{T} \cdot \frac{\lambda}{2} \tag{3.56}$$

这个等效的速度将使得天线阵列辐射和接收的信号在 θ 角度上产生多普勒频移（$\theta = 0^\circ$ 除外），此多普勒频移可以表示为

$$f_{\mathrm{d}} = \frac{v\sin\theta}{\lambda} = \frac{(N - M) \cdot \sin\theta}{2T} \tag{3.57}$$

为了能够详细直观地描述采用单向相位中心运动时间调制方式的开关函数 $Uk(t)$，这里以一个 $N=8$ 单元的直线阵为例。该直线阵中同时工作的单元个数为 $M=4$，雷达的脉冲重复频率为 prf，脉冲重复周期 $T_{\mathrm{p}} = 1/\mathrm{prf}$，则各个单元的工作时序如图 3.13 所示。

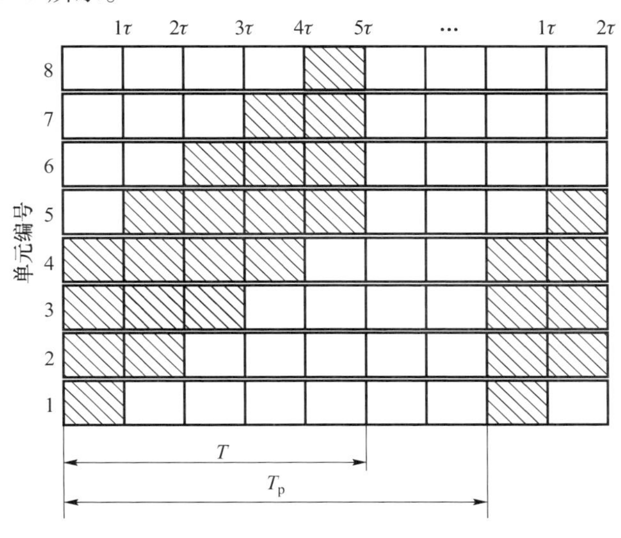

图 3.13　8 单元直线阵 4 个单元单向移动时序图

由此可得开关函数 $U_k(t)$ 的一般表达式为

$$U_k(t)=\begin{cases}1 & \mu_1\tau\leqslant t\leqslant\mu_2\tau\\0 & \text{其他}\end{cases} \tag{3.58}$$

式中

$$\mu_1=\begin{cases}0 & k\leqslant M\\k-M & \text{其他}\end{cases} \tag{3.59}$$

$$\mu_2=\begin{cases}k & k\leqslant N-M+1\\N-M+1 & \text{其他}\end{cases} \tag{3.60}$$

将式(3.58),式(3.59)和式(3.60)代入式(3.47)并进行傅里叶级数展开,可以得到采用单向相位中心运动时间调制方式的复幅度 $\alpha_{n,k}$ 为

$$\begin{aligned}a_{n,k}&=\frac{1}{T_p}\int_{\mu_1\tau}^{\mu_2\tau}U_k(t)\cdot \mathrm{e}^{-\mathrm{j}2\pi nf_\mathrm{p}t}\mathrm{d}t\\&=\frac{A_k(\mu_2-\mu_1)\tau}{T_p}\cdot \mathrm{sinc}\left[\frac{\pi n(\mu_2-\mu_1)\tau}{T_\mathrm{p}}\right]\cdot \mathrm{e}^{-\mathrm{j}\frac{\pi n(\mu_2+\mu_1)\tau}{T_\mathrm{p}}}\end{aligned} \tag{3.61}$$

则通过合理设计式(3.59)和式(3.61)中的静态激励幅度 A_k 和同时移动的单元个数 M,就可以利用式(3.47)和式(3.61)实现对期望方向图的综合。

3.6.2.3 双向相位中心运动时间调制方式

在单向相位中心运动时间调制方式中,当天线阵列的相位中心按照如图3.12所示的方向移动到天线阵列的最右端时,下一个时间 τ 开始时最左边的 M 个单元开始工作。而双向相位中心运动时间调制方式中,当天线阵列的相位中心移动到天线阵列的最右端时,天线阵列的相位中心开始向反方向移动,如图3.14所示。

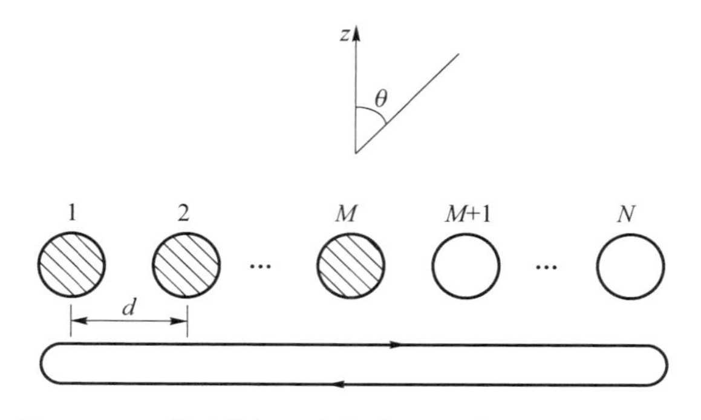

图3.14　N 单元等间距直线阵 M 个单元双向移动示意图

与单向相位中心运动时间调制方式相比,双向相位中心运动时间调制方式

能够在远场同时产生正和负的多普勒频移。此外,双向相位中心运动时间调制方式细分成两种工作方式,即连续型(Continuous scheme, C - scheme)和非连续型(Discontinuous scheme, D - scheme)。

1) C - scheme 双向相位中心运动

图 3.15 所示为 $N=8$ 单元的直线阵($M=4$)的 C - scheme 双向相位中心运动示意图,可以看出一个时间调制周期 T 结束之时正是下一个时间调制周期的开始,两个相邻时间调制周期之间没有时间间隔。

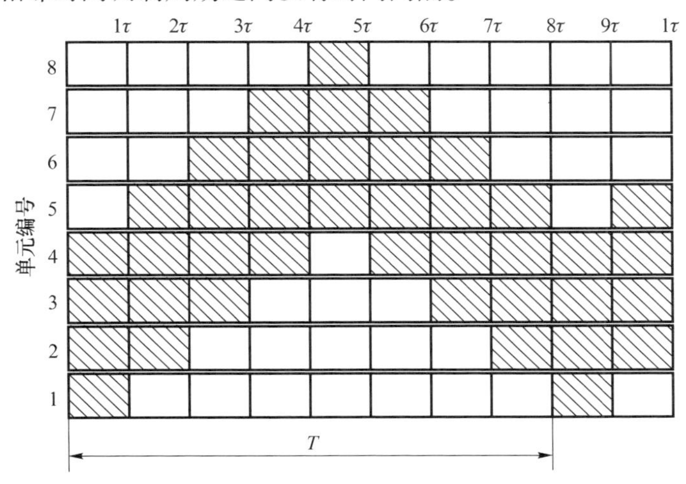

图 3.15 8 单元直线阵 4 个单元以 C - scheme 双向移动时序图

采用 C - scheme 双向相位中心运动时间调制方式的各个单元的开关函数 $U_k(t)$ 可表示为

$$U_1(t)=\begin{cases}1 & 0\leqslant t\leqslant\tau\\ 0 & \text{其他}\end{cases} \tag{3.62}$$

$$U_k(t)=\begin{cases}1 & t_{1k}\leqslant t\leqslant t_{2k}\\ 1 & t_{3k}\leqslant t\leqslant t_{4k}\\ 0 & \text{其他}\end{cases}\quad(1<k\leqslant N-M) \tag{3.63}$$

$$U_k(t)=\begin{cases}1 & t'_{1k}\leqslant t\leqslant t'_{2k}\\ 0 & \text{其他}\end{cases}\quad(N-M<k\leqslant N) \tag{3.64}$$

其中时间步 τ 为

$$\tau=\frac{T}{2(N-M)} \tag{3.65}$$

t_{1k},t_{3k} 和 t'_{1k} 分别为开关的导通时刻,t_{2k},t_{4k} 和 t'_{2k} 分别为开关断开时刻,它们分别由

下式给出为

$$t_{1k}=\max\{0,(k-M)\tau\} \tag{3.66}$$

$$t_{2k}=k\cdot\tau \tag{3.67}$$

$$t_{3k}=T-(k-1)\tau \tag{3.68}$$

$$t_{4k}=\min\{T,T-(k-M-1)\tau\} \tag{3.69}$$

$$t'_{1k}=\max\{0,(k-M)\tau\} \tag{3.70}$$

$$t'_{2k}=\min\{T,T-(k-M-1)\tau\} \tag{3.71}$$

将式(3.61)、式(3.60)代入式(3.47)并进行傅里叶级数展开后,可得到复幅度$\alpha_{n,k}$的表达式为

$$a_{n,k}=\begin{cases}\dfrac{A_1}{\pi n}\sin(\pi n\tau/T)\cdot \mathrm{e}^{-\mathrm{j}\pi n\tau/T} & k=1\\[2ex] \dfrac{A_k}{\pi n}\{\sin[\pi n(t_{2k}-t_{1k})/T]\cdot \mathrm{e}^{-\mathrm{j}\pi n(t_{1k}+t_{2k})/T} & \\ \quad+\sin[\pi n(t_{4k}-t_{3k})/T]\cdot \mathrm{e}^{-\mathrm{j}\pi n(t_{3k}+t_{4k})/T}\} & 1<k\leqslant N-M\\[2ex] \dfrac{A_k}{\pi n}\sin[\pi n(t'_{2k}-t'_{1k})/T]\cdot \mathrm{e}^{-\mathrm{j}\pi n\tau/T} & N-M<k\leqslant N\end{cases} \tag{3.72}$$

在中心频率f_0处($n=0$),复幅度$\alpha_{0,k}$具有如下的简单形式为

$$a_{0,k}=\begin{cases}\dfrac{A_1\tau}{T} & k=1\\[2ex] \dfrac{A_k}{T}\cdot[(t_{2k}-t_{1k})+(t_{4k}-t_{3k})] & 1<k\leqslant N-M\\[2ex] \dfrac{A_k(t'_{2k}-t'_{1k})}{T} & N-M<k\leqslant N\end{cases} \tag{3.73}$$

利用式(3.73)可以在中心频率f_0处综合期望方向图。

2)D-scheme 双向相位中心运动

如图3.16所示为$N=8$单元的直线阵($M=4$)的D-scheme双向相位中心运动示意图,可以看出当一个时间调制周期T结束之后要经过一个时间间隔之后下一个时间调制周期才开始。由于两个相邻时间调制周期之间存在一个时间间隔,因此该时间调制时序是非连续性的。

同样,t_{1k}、t_{3k}和t'_{1k}表示开关闭合时刻,t_{2k}、t_{4k}和t'_{2k}表示开关断开时刻,它们分别由下式给出为

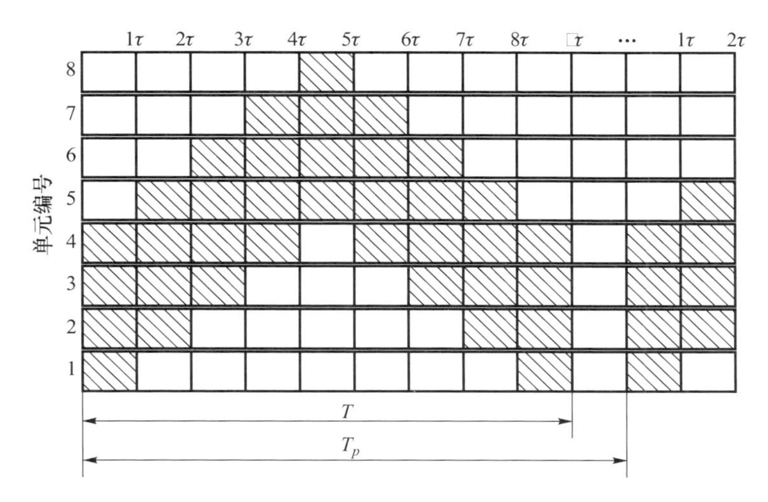

图 3.16　8 单元直线阵 4 个单元以 D - scheme 双向移动时序图

$$t_{1k} = \max\{0, (k - M)\tau\} \tag{3.74}$$

$$t_{2k} = k \cdot \tau \tag{3.75}$$

$$t_{3k} = T - k \cdot \tau \tag{3.76}$$

$$t_{4k} = \min\{T, T - (k - M)\tau\} \tag{3.77}$$

$$t'_{1k} = \max\{0, (k - M)\tau\} \tag{3.78}$$

$$t'_{2k} = \min\{T, T - (k - M)\tau\} \tag{3.79}$$

将式(3.71)~式(3.79)代入式(3.47)并进行傅里叶级数展开后，可得到复幅度 $a_{n,k}$ 的表达式为

$$a_{n,k} = \begin{cases} \dfrac{2A_k \Delta t}{T_p} \cdot \mathrm{sinc}\left(\dfrac{\pi n \Delta t}{T_\mathrm{p}}\right) \cos\left[\dfrac{\pi n(t_{3k} - t_{1k})}{T_p}\right] \mathrm{e}^{-\mathrm{j}\frac{\pi n T}{T_\mathrm{p}}} & 1 \leqslant k \leqslant N - M \\ \dfrac{A_k \Delta t'}{T_\mathrm{p}} \cdot \mathrm{sinc}\left(\dfrac{\pi n \Delta t'}{T_\mathrm{p}}\right) \mathrm{e}^{-\mathrm{j}\frac{\pi n T}{T_\mathrm{p}}} & N - M < k \leqslant N \end{cases} \tag{3.80}$$

式中

$$\Delta t = t_{2k} - t_{1k} = t_{4k} - t_{3k} \tag{3.81}$$

$$\Delta t' = t'_{2k} - t'_{1k} \tag{3.82}$$

在中心频率 f_0 处($n = 0$)，复幅度 $a_{0,k}$ 可以简化为

$$
a_{0,k}=\begin{cases}\dfrac{2A_k\Delta t}{T_{\mathrm{p}}} & 1\leqslant k\leqslant N-M\\[2ex]\dfrac{A_k\Delta t'}{T_{\mathrm{p}}} & N-M<k\leqslant N\end{cases}\tag{3.83}
$$

则利用式(3.82)也可以实现对期望方向图的综合。

3.6.3 基于时间调制和差波束综合

基于时间调制阵列天线进行各种波束合成时,利用高速射频开关实现对阵元工作状态的精确控制,从而可以使用具有很低动态范围比(DRR$\approx$1)的静态激励幅度分布甚至是均匀幅度分布(DRR=1)实现常规阵列天线中的低副瓣、超低副瓣等特性,进而克服实际工程中难以精确控制激励幅度的难题,并同时降低阵列天线系统的实现成本。

基于时间调制阵列波束综合问题的本质在于寻求一组合理的阵元空间位置分布方式、一组合理的静态激励幅度和相位($\boldsymbol{A}_{mn}$)、一套合理的阵元工作时序($\boldsymbol{\tau}_{mn}$),使得天线阵面在基频($f_0,k=0$)上的辐射方向图满足工程应用需求,而边带频率上($k\neq0$)的辐射方向图根据实际应用需求进行赋形波束合成或者抑制。可以看出,时间调制天线阵综合问题无论是在目标域上还是在设计变量域上,都比常规平面阵列天线复杂得多,因此有必要开发高效的波束综合方法。

3.6.3.1 和差波束综合原理

通过改变各个阵元的时间函数可以控制单元的激励幅度和相位,从而在空间中得到期望的波束形状。在介绍时间调制天线阵的和差波束生成方法之前,需要先介绍一种时间序列。

H. E. Shanks 提出一种时间序列,利用时间调制天线阵的多个边带在自由空间中同时形成多波束,不同的边带最大指向不同的方向。

一个阵元数目为 N 的阵列,放置于 z 轴上,阵元为各向同性点源。其时间序列如图 3.17 所示。

如图所示,整个阵列在同一时间内只有一个阵元工作,且各个阵元工作时间长度相同。其时间函数为

$$
U_k(t)=\begin{cases}1 & (k-1)\tau\leqslant t\leqslant k\tau\\ 0 & \text{其他}\end{cases}\tag{3.84}
$$

式中:$\tau=T_{\mathrm{p}}/N$,则有 $v_k=(k-1)/N,\xi_k=1/N$,有

$$
F_m(\theta)=\sum_{k=1}^{N}\frac{\operatorname{sinc}(\pi m/N)}{N}\mathrm{e}^{-\mathrm{j}m\pi(2k-1)/N}\mathrm{e}^{\mathrm{j}\beta d_k\sin\theta}\tag{3.85}
$$

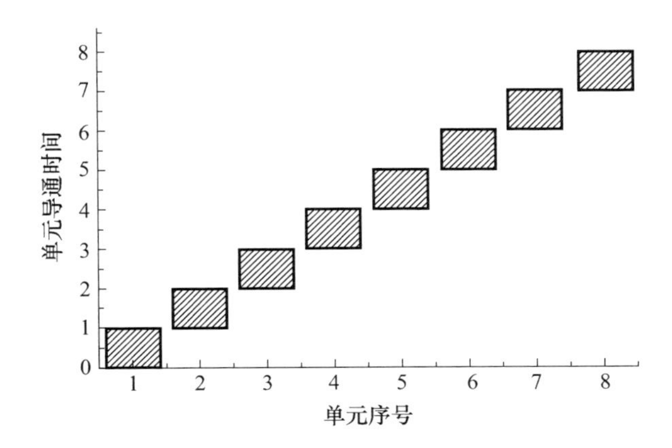

图 3.17　时间调制天线各单元逐次等长工作的时间序列

由上式可知：只需适当调整各个阵元的空间位置，使得

$$m\pi(2k-1)/N=\beta d_k\sin\theta_m \tag{3.86}$$

便可实现第 m 个边带的波束最大辐射方向指向为 θ_m。

相控阵在自由空间中的多波束形成方法，是利用多个移相器控制各个阵元的相位加权，从而使其在自由空间中产生最大指向不同的多个波束。若阵列单元为 N，需要产生 p 个波束，则需要 $p\cdot N$ 个移相器。相比之下，时间调制天线阵只需要选择适当的时间序列便可实现相同功能，而节省了移相器和衰减器的使用，大大简化了阵列的馈电系统。

时间调制天线阵产生和差波束的基本原理，可以借鉴阵列产生和差波束的方法"半阵法"。将整个阵列等分为两个子阵，子阵之间各个参量对应相同。考虑阵元数目为 $2N$ 各向同性阵元的天线阵，不等间距分布，则有如下关系

$$\begin{cases} d_{N+k}=d_k+D \\ U_k(t)=U_{N+k}(t) \end{cases} \tag{3.87}$$

式中：$k=1,\cdots,N$；D 为子阵口径；d_k 为各个单元相对于原点的距离。将两个子阵得到的信号分别进行加减，便得到和、差信号。其对应的方向图便为和、差波束方向图。

将式(3.83)、式(3.86)代入式(3.14)，得到第 m 个边带的和、差波束分别为

$$F_{\Sigma\ m}(\theta)=(1+\mathrm{e}^{\mathrm{j}\beta D\sin\theta})\sum_{k=1}^{N}\frac{\mathrm{sinc}\left(\dfrac{\pi m}{2N}\right)}{2N}\mathrm{e}^{-\mathrm{j}m\pi(2k-1)/2N}\mathrm{e}^{\mathrm{j}\beta d_k\sin\theta} \tag{3.88}$$

$$F_{\Delta\ m}(\theta)=(1-\mathrm{e}^{\mathrm{j}\beta D\sin\theta})\sum_{k=1}^{N}\frac{\mathrm{sinc}\left(\dfrac{\pi m}{2N}\right)}{2N}\mathrm{e}^{-\mathrm{j}m\pi(2k-1)/2N}\mathrm{e}^{\mathrm{j}\beta d_k\sin\theta} \tag{3.89}$$

考虑一个具体的算例：阵元数目 $2N=16$，以原点为阵列中心放置在 z 轴上，各个阵元间距半波长，则 $d_k=\lambda/4+(k-1)\lambda/2$，阵列以等幅同相静态激励，仅考虑正负 3 个边带。经 Matlab 编程仿真，得到和波束方向图如图 3.18 所示，其相应的差波束如图 3.19 所示。图中 f_0 指中心频率，f_p 指时间调制频率；f_0-3f_p 指负三阶边带处；f_0-2f_p 指负二阶边带处；f_0-f_p 指负一阶边带处；f_0 指中心频率；f_0+f_p 指一阶边带处；f_0+2f_p 指二阶边带处；f_0+3f_p 指三阶边带处。

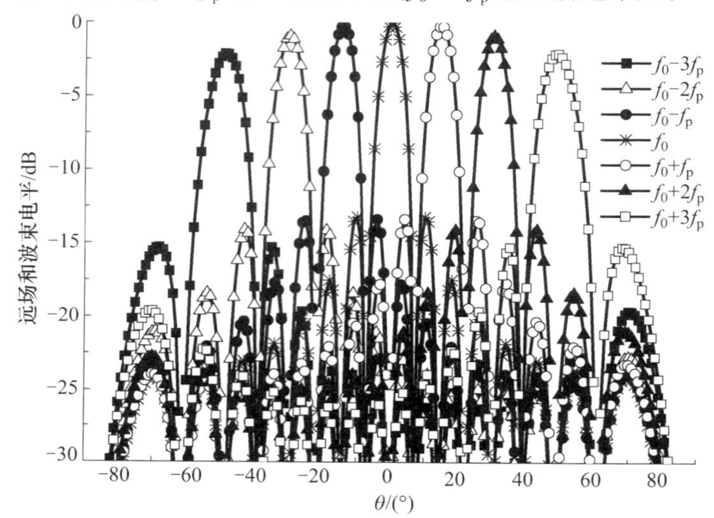

图 3.18　逐次等长时间序列下的各个边带和波束方向图

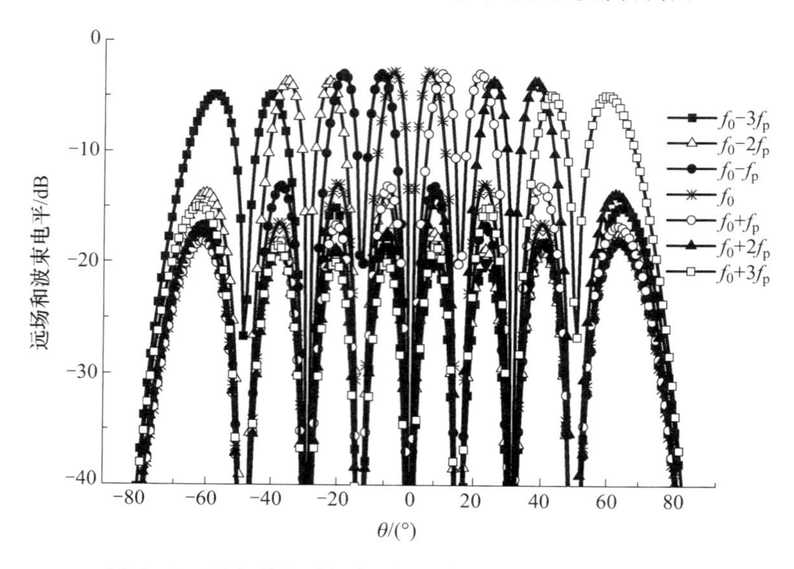

图 3.19　逐次等长时间序列下的各个边带差波束方向图

由图中可以观察到：不同边带的空间和波束的最大辐射方向指向不同，且相对应的正负边带关于阵轴法向对称，这是由时间调制天线阵的方向图函数决定的。差波束在这些和波束的最大的辐射方向上相应地产生零点。

但值得一提的是各个边带所产生的和波束间是不交叠的。倘若用该时间序列下的和差波束进行测角，则会导致在这些不交叠的区域，接收信号被噪声吞没或者无响应信号，导致无法准确测角。因此，自然希望可以找到一个这样的时间序列，它可以利用各个边带产生最大辐射方向不同的和波束同时相邻边带的和波束之间有部分交叠。

3.6.3.2　时间调制序列优化

通过时间调制序列优化，调整各个波束的最大辐射方向。借助差分进化算法对时间调制天线阵的 3 个自由度：开关开启时刻 v_k，开关工作时间 ξ_k，阵元空间位置 d_k 进行优化。

由于时间函数控制着阵列的幅度和相位加权，且这两部分加权不再像相控阵的激励一样是相互独立的，因此在改变波束的最大辐射方向的同时会改变其最大辐射方向的响应强度、主瓣宽度、副瓣电平、方向性等各个参量。这也是时间调制天线阵方向图综合面临的难题。

对用于测角的和差波束，其波束宽度和方向性是一对矛盾。窄波束虽然会在相同辐射功率下探测距离更远，但探测范围将减小。而牺牲方向性会造成接收信号强度减弱，在低信噪比情况下容易淹没在噪声中。因此需对其性能进行折中优化。其和波束如图 3.20 所示，差波束如图 3.21 所示，其和波束的各个参数如表 3.3 所列。

优化后的阵列参量如表 3.2 所列。

表 3.2　时间调制天线阵优化后的阵列参量

K	d_k/λ_0	v_k	ξ_k
1	-0.544	0.337	0.160
2	-0.371	0.489	0.112
3	-0.228	0.608	0.135
4	-0.072	0.725	0.134
5	0.072	0.337	0.160
6	0.246	0.489	0.111
7	0.388	0.608	0.135
8	0.544	0.725	0.134

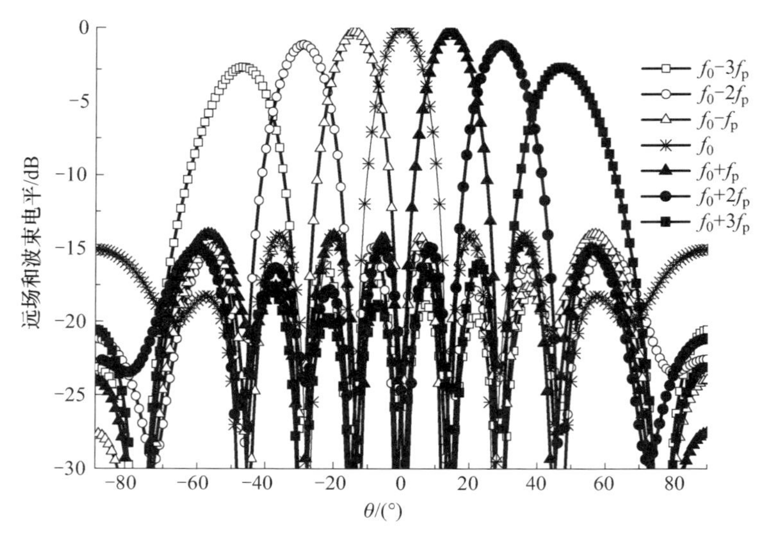

图 3.20　时间调制天线阵优化后的和波束

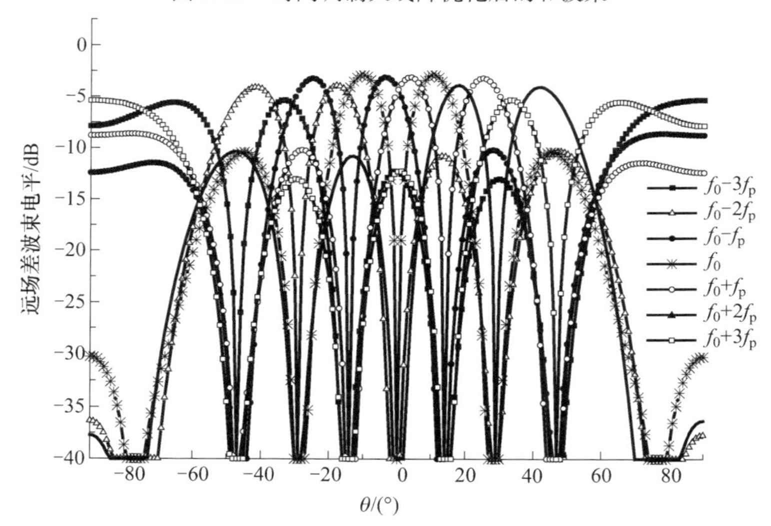

图 3.21　四维天线阵优化后的差波束

表 3.3　四维天线阵优化后的和波束参数

	f_0+f_p	f_0+f_p	f_0+f_p	f_0	f_0+f_p	f_0+f_p	f_0+f_p
θ_m/(°)	-47	-29	-14	0	14	29	47
$BW_{0.5}$/(°)	6	13	12	12	12	13	16
BW_0/(°)	47	33	29	28	29	33	47
SLL/(dB)	-16.07	-15.07	-14.39	-14.1	-14.39	-15.07	-16.07
注"BW0.5 指半功率波束宽度。BW_0 指第一零点波束宽度。SLL 副瓣电平(这里指最大副瓣电平)							

由表3.3可见,经过差分进化算法优化后的时间参量和阵列空间分布后的和波束不仅利用各个边带在不同方向上同时产生多个波束,且各个相邻的波束之间有部分交叠。这样使得空间中连续的角度测量成为可能。各个和波束的副瓣电平均在-14dB以下,第一零点波束宽度最小为28°,主瓣宽度最小为12°。随着边带数目的增加,其最大辐射方向逐渐偏离法向,如相控阵一样,其波瓣会逐渐展宽。差波束的零点在相应的和波束的最大辐射方向上,副瓣电平在-10dB左右。

3.7 基于机会理论的方向图综合

3.7.1 基于模糊机会约束规划的方向图综合[33]

3.7.1.1 问题描述和建模

机会阵单元数目众多且空间上任意随遇布置,阵列单元工作的选择性、工作方式及战术功能等需求,可对机会阵单元的激励状态、幅度及相位等进行优化以形成满足条件的波束。由于阵元工作状态的机会性,最终参与方向图合成的单元数目是不确定的。有时受雷达资源的限制,需要尽量用较少的天线数目综合出符合要求的方向图,此时,第3.5节所介绍的遗传算法将不能完全满足需求,无法对工作阵元的数目进行限制。考虑到机会阵方向图综合的不确定性,结合机会理论中的模糊规划模型,采用基于模糊机会约束规划的方向图综合模型,来解决方向图综合时的不确定性。

如果对激励状态进行优化,默认参与波束综合的天线单元激励幅度为1,相位为0。假设在阵元分布及总数目N已经确定的条件下进行方向图综合,优化的目标分别是极小化与已知主瓣宽度的相对误差和极小化副瓣电平。由于阵元工作状态的随机性,最终参与方向图合成的单元数目是不确定的,在此用x_i表示阵元i的工作状态,值为1表示激励打开,即阵元参与波束综合;值为0表示激励关闭,阵元不参与波束综合,因此有决策向量$\boldsymbol{X}=[x_1,x_2,\cdots,x_N]$,$x_i=0$或1。机会阵雷达方向图综合,由于阵元工作状态的不确定性,综合的结果有些时候不能完全达到优化目标的目的,在这种情况下,在约束条件成立的可信性不小于决策者预先给定的置信水平时,达到优化目标即可。

假设由N个各向同性辐射单元组成的随机分布阵列,阵元的空间位置为(xx_i,yy_i,zz_i),$i=1,2,\cdots,N$,信号波长为λ,θ,ϕ分别表示俯仰角和方位角,则阵列的方向图为

$$p(\theta,\phi)=\sum_{i=1}^{N}x_iI_i\exp(\mathrm{j}2\pi c\tau_i(\theta,\phi)/\lambda)\exp(\mathrm{j}\psi_i)\qquad(3.90)$$

式中：x_i 表示阵元 i 的激励状态，1 表示打开，0 表示关闭；I_i 表示阵元 i 激励电流的幅度，默认为 1；ψ_i 表示阵元 i 激励电流的相位，默认为 0；$\tau_i(\theta,\phi)=(xx_i\sin\theta\cos\phi+yy_i\sin\theta\sin\phi+zz_i\cos\theta)/c$ 表示阵元 i 相对于参考点的时延；c 为光速。

方向图综合的一个约束条件是第一零点主瓣宽度 B_w 固定，用函数 $B(X)$ 表示所综合出的方向图第一零点主瓣宽度。

$$B(\boldsymbol{X})=\max\{B_{\mathrm{R}m}-B_{\mathrm{L}m}\}\qquad m=1,2,\cdots,M \tag{3.91}$$

式中：$B_{\mathrm{R}m}$，$B_{\mathrm{L}m}$分别表示方位角 ϕ_m 面内的方向图第一右零点和左零点所在的角度，可通过对曲线求极小值点获得。已知第一零点主瓣宽度为 B_{w}，则主瓣宽度的相对误差可以表示为 $\Delta B_{\mathrm{E}}=|B(\boldsymbol{X})-B_{\mathrm{w}}|/B_{\mathrm{w}}$。用 $f(\boldsymbol{X})$ 表示方向图归一化后的最大副瓣电平为

$$f(\boldsymbol{X})=\max(L_{\mathrm{sb}_j})\qquad j=1,2,\cdots,J \tag{3.92}$$

式中：L_{sb_j}表示第 j 个副瓣电平；J 为副瓣电平的数目。因此目标函数可以写成

$$\min w_1\cdot|B(X)-B_{\mathrm{w}}|/B_{\mathrm{w}}+w_2\cdot f(X) \tag{3.93}$$

式中：w_1，w_2 表示优化对象的指标权值。

由于阵元工作的随机性，随机抽取的单元数目小于 N 时就有可能综合出满足条件的方向图，所有阵元都工作时反而带来资源的浪费，但方向图综合时参与单元数目过少则会带来远区副瓣电平偏高，因此参与方向图综合的单元数目在一定的区间内比较合适，在此用区间$[\xi_1,\xi_2]$表示参与综合的单元数目，且 ξ_1、ξ_2 均为模糊变量。因每次选取的参与方向图综合的单元数目及位置的随机性，组合形式的多样性，无法大量重复实验来取得其随机分布函数，此时，采用模糊变量来描述参与方向图综合的单元数目。受模糊性的影响，认为在波束综合时，参与的单元数目总和在一定程度上满足约束就可以了。那么，对预先给定的置信水平 α，希望参与方向图综合的单元数目的可信性不小于 α，则有

$$\mathrm{Cr}\left\{\xi_1\leqslant\sum_{n=1}^{N}x_i\leqslant\xi_2\right\}\geqslant\alpha\qquad n=1,2,\cdots,N$$

因此，可以得到机会阵雷达方向图综合的模糊机会约束规划模型为

$$\begin{cases}\min\quad w_1\cdot|B(X)-B_{\mathrm{w}}|/B_{\mathrm{w}}+w_2\cdot f(X)\\ \text{s.t.}\\ \mathrm{Cr}\left\{\xi_1\leqslant\sum_{n=1}^{N}x_i\leqslant\xi_2\right\}\geqslant\alpha\qquad n=1,2,\cdots,N\\ \boldsymbol{X}=[x_1,x_2,\cdots,x_N]\qquad x_i=0\text{ 或 }1\end{cases} \tag{3.94}$$

式中:Cr{ · }为事件{ · }的可信性;$\boldsymbol{X}$ 为决策变量,$B(\boldsymbol{X})$ 为计算的第一零点主瓣宽度函数;B_w 为已知的第一零点主瓣宽度;α 是预先给定的置信水平,取值依赖于决策者的主观性和偏好。则模型的含义是在约束条件成立的可信性不小于决策者预先给定的置信水平时,目标函数最优化。

3.7.1.2 模型求解算法

考虑到所建模型的简单化形式,可以将其转化为清晰等价形式后,再结合遗传算法和灰关联综合评价法则,设计一种混合智能优化算法用于求解该模型。下面,将详细介绍混合智能优化算法的各个部分。

1)清晰等价形式

本节假设 ξ_1、ξ_2 都是梯形模糊数,基于可信性理论,下面给出模型的清晰等价形式。

设 $\xi(r_1,r_2,r_3,r_4)(r_1<r_2\leqslant r_3<r_4)$ 是梯形模糊变量,则由可信性理论,有

$$\mathrm{Cr}\{\xi\geqslant r\}=\begin{cases}1 & r\leqslant r_1\\ \dfrac{r-2r_2+r_1}{2(r_1-r_2)} & r_1\leqslant r\leqslant r_2\\ \dfrac{1}{2} & r_2\leqslant r\leqslant r_3\\ \dfrac{r-r_4}{2(r_3-r_4)} & r_3\leqslant r\leqslant r_4\\ 0 & 其他\end{cases} \tag{3.95}$$

$$\mathrm{Cr}\{\xi\leqslant r\}=\begin{cases}0 & r\leqslant r_1\\ \dfrac{r-r_1}{2(r_2-r_1)} & r_1\leqslant r\leqslant r_2\\ \dfrac{1}{2} & r_2\leqslant r\leqslant r_3\\ \dfrac{r-2r_3+r_4}{2(r_4-r_3)} & r_3\leqslant r\leqslant r_4\\ 1 & 其他\end{cases} \tag{3.96}$$

对于给定的置信水平 $\alpha,\beta(0.5<\alpha,\beta\leqslant 1)$时,有

$$\begin{aligned}&\mathrm{Cr}\{\xi\geqslant r\}\geqslant\alpha\Leftrightarrow r\leqslant K_\alpha\\ &\mathrm{Cr}\{\xi\leqslant r\}\geqslant\beta\Leftrightarrow r\geqslant K_\beta\end{aligned} \tag{3.97}$$

式中:$K_\alpha=(2\alpha-1)r_1+2(1-\alpha)r_2, K_\beta=2(1-\beta)r_3+(2\beta-1)r_4$

设 $\xi_1=(c_{11},c_{12},c_{13},c_{14}),\xi_2=(c_{21},c_{22},c_{23},c_{24})$,根据以上知识,有

$$\mathrm{Cr}\left\{\xi_1\leqslant\sum_{n=1}^{N}x_i\leqslant\xi_2\right\}\geqslant\alpha\Leftrightarrow 2(1-\alpha)c_{13}+(2\alpha-1)c_{14}\leqslant\sum_{n=1}^{N}x_i \leqslant(2\alpha-1)c_{21}+2(1-\alpha)c_{22} \tag{3.98}$$

因此,模型可以转化为下面的形式

$$\begin{cases}\min \quad w_1\cdot|B(X)-B_w|+w_2\cdot f(X)\\ \text{s. t.}\\ 2(1-\alpha)r_{13}+(2\alpha-1)r_{14}\leqslant\sum_{n=1}^{N}x_i\leqslant\\ (2\alpha-1)r_{21}+2(1-\alpha)r_{22} \qquad n=1,2,\cdots,N\\ X=[x_1,x_2,\cdots,x_N] \qquad x_i=0\text{ 或 }1\end{cases} \tag{3.99}$$

2)灰关联综合评价

一个系统常包含许多因素,多种因素共同作用的结果决定系统的性能。希望利用系统的各种因素来分析系统的性能,但在诸因素中有些因素是明确的,有些不明确,有些因素之间又存在某些关联时,系统呈灰色。灰色系统理论中的灰关联分析,是系统态势发展的量化比较分析,其基本思想是研究一族序列曲线之间的相似程度,来判断各序列所代表的系统相互关系是否紧密,曲线越接近,相应序列之间的关联度就越大,反之越小。对一个系统进行灰关联分析,首先要选准反应系统行为特征的数据序列,可由此作出各个序列的曲线。从直观上进行分析,灰色系统中所研究的大部序列是时间序列,而对于阵列天线的波束综合来说,最能反映其特征的是指标序列,它不是时间序列,不易几何作图,只好用灰关联原理定量分析。

方向图综合的适应度函数是个多目标优化的问题,为了能够反映不同指标要素对综合评价的影响,采用灰关联度对适应函数进行优劣比较,个体适应度值的关联顺序反映了个体对最佳个体的接近顺序,其中关联度最大的个体就是最优解。下面对其建立模型,主要分为四个步骤。

步骤1:构建初始决策矩阵。

设 $\boldsymbol{X}$ 为要决策的个体集合,即染色体集合,也可称为目标域集合,$\boldsymbol{Y}$ 为指标要素的集合,指标要素的加权向量为 $\boldsymbol{W}$,可分别表达为

$$\boldsymbol{X}=\{X_1,X_2,\cdots,X_m\},\boldsymbol{Y}=\{Y_1,Y_2,\cdots,Y_n\},$$

$$\boldsymbol{W}=\{W_1,W_2,\cdots,W_n\},W_i>0\text{ 且 }\sum_{i=1}^{n}W_i=1 \tag{3.100}$$

个体 X_i 对指标 Y_i 的属性值记为 $A_{ij}(i=1,2,\cdots,m,j=1,2,\cdots,n)$，由目标域集合及指标要素结合组成初始决策矩阵$\boldsymbol{A}_0$，适应度函数考虑了方向图综合时的主瓣宽度误差最小和最小化副瓣电平两个指标，即 $n=2$，希望 2 个指标都是越小越好，因此为“越小越优型”指标，得到初始决策矩阵为

$$\boldsymbol{A}_0=(A_{ij})_{m\times 2}=\begin{bmatrix} A_{11} & A_{12} \\ A_{21} & A_{22} \\ \vdots & \vdots \\ A_{m1} & A_{m2} \end{bmatrix} \tag{3.101}$$

步骤 2：确定评价指标。

根据属性值组成的初始决策矩阵，按指标要素的相对优化原则，选取各指标要素的相对最佳值组成最优参考序列作为最佳评价个体，按指标要素的相对劣化原则，选取各指标要素的相对最劣值组成最劣参考序列作为最差评价个体。由上面原则可得最优参考序列为

$$X_g=(X_{g1},X_{g2}),X_{gi}=\min(A_{1i},A_{2i},\cdots A_{mi}) \tag{3.102}$$

最劣参考序列为

$$X_b=(X_{b1},X_{b2}),X_{bi}=\max(A_{1i},A_{2i},\cdots A_{mi}) \tag{3.103}$$

步骤 3：灰关联度计算。

与最优参考序列的灰关联度计算

① 无量纲化处理。由$\boldsymbol{A}_0$ 和 X_g 组成最优灰关联决策矩阵 $\boldsymbol{A}$，在计算之前首先对 $\boldsymbol{A}$ 进行无量纲化处理，即用每个指标的属性值除以相应的指标参考序列值。

$$\overline{A}=(\overline{A_{ij}})_{(m+1)\times 2}=\begin{bmatrix} 1 & 1 \\ \overline{A_{11}} & \overline{A_{12}} \\ \overline{A_{21}} & \overline{A_{22}} \\ \vdots & \vdots \\ \overline{A_{m1}} & \overline{A_{m2}} \end{bmatrix},\overline{A_{ij}}=A_{ij}/X_{gj} \tag{3.104}$$

② 求灰色关联系数。分别求出每个指标序列的序列差，最优序列为[1,1]

$$\xi_{gi}(k)=\frac{\Delta_{\min}+\rho\Delta_{\max}}{\Delta_{gi}(k)+\rho\Delta_{\max}} \tag{3.105}$$

式中：$\Delta_{gi}(k)$ 为序列 i 与最优序列的绝对差，即 $\Delta_{gi}(k)=|1-\overline{A_{ik}}|$；$\Delta_{\min}$，$\Delta_{\max}$ 分别

为所有数据的绝对差中的最小值和最大值;ρ 为分辨系数,其作用在于提高灰色关联系数之间的差异显著性,一般取 0.5。

由此可以求得灰色关联系数矩阵

$$\boldsymbol{\xi}_g = (\xi_{gi}(k))_{m\times 4} = \begin{bmatrix} \xi_{g1}(1) & \xi_{g1}(2) \\ \xi_{g1}(1) & \xi_{g1}(2) \\ \vdots & \vdots \\ \xi_{gm}(1) & \xi_{gm}(2) \end{bmatrix} \tag{3.106}$$

③ 求灰色关联度。为反映不同指标要素对综合评价的影响,引进权重向量,则根据权重向量和灰色关联系数可以求得灰色关联度为

$$\gamma_{gi} = \sum_{k=1}^{2} W_k \xi_{gi}(k) \tag{3.107}$$

按照同样的方法求得与最劣参考序列的灰色关联度 γ_{bi}。

步骤 4:灰色关联综合评价

假如第 i 个个体与最优参考向量和最劣参考向量的灰关联度分别为 γ_{gi} 和 γ_{bi},如果和的排列次序完全相逆,则表明第 i 个个体与最优参考序列的关联程度以及与最劣参考序列的非关联程度等同;但如果 γ_{gi} 和 γ_{bi} 的排列次序不完全相逆,则很难进行个体选择,因此有必要引进灰色综合评价模型。

以 v_i 表示第 i 个个体相对最优参考向量的从属值,个体 i 相对最劣参考向量的从属值为$(1-v_i)$,称$(1-v_i)$为个体 i 的优偏离度,v_i 为个体 i 的劣偏离度。则有目标函数

$$\min\left\{F(v) = \sum_{i=1}^{m} [(1-v_i)\gamma_{gi}]^2 + (v_i\gamma_{bi})^2\right\} \tag{3.108}$$

通过求解得到 v_i 的最优值的计算模型为 $v_i = \dfrac{1}{(1+\gamma_{bi}/\gamma_{gi})^2}$,最后根据 v_i 的大小排出待选择个体的优劣次序。

3)智能优化混合算法

模型转化为清晰等价形式,可直接采用遗传算法对其进行优化,寻找最优解。考虑到优化目标函数是多权值因素影响的结果,且因素之间并不是相互独立的,因此引入灰关联综合评价准则对适应度函数进行优劣比较,个体适应度值的顺序反映个体相对最佳个体的接近顺序。

步骤如下:

步骤 1:初始化种群,用约束条件检验产生染色体的可行性,即如果激励单元打开数目不足下限或超出上限值,则对染色体进行随机修正。

步骤 2:按照灰色关联综合评价法则,对各个体的适应度函数值进行综合选择排序,并把优关联度最大的个体作为当前最优解保存;按照灰色关联综合评价的关联度由大到小的排序,选取前面关联度较大的个体作为较优解。

步骤 3:通过交叉和变异操作更新染色体,并用约束条件检查更新后的染色体可行性,如不满足条件,进行随机修正。

步骤 4:重复执行步骤 2 和 3,直至给定次数为止。

步骤 5:最好的染色体作为最优解。

3.7.1.3　仿真与分析

假设阵列口径为$[-10.5\lambda, 10.5\lambda]$内的非均匀线阵,单元总数目 81。根据专家经验和部分实验数据,设置梯形模糊数分别为 $\xi_1(20,26,30,42)$,$\xi_2(42,58,62,68)$,置信水平 $\alpha=0.8$ 时,有

$$\begin{cases}\min \quad w_1 \cdot |B(\boldsymbol{X}) - B_w| + w_2 \cdot f(\boldsymbol{X}) \\ \text{s. t.} \\ 37.2 \leqslant \sum_{n=1}^{N} x_i \leqslant 48.4 \\ \boldsymbol{X} = [x_1, x_2, \cdots, x_N] \qquad x_i = 0 \text{ 或 } 1\end{cases} \tag{3.109}$$

程序中参数设定:种群规模为 200,交叉概率为 0.8,变异概率为 0.1,迭代次数为 500。在不同的主瓣宽度和权值因素下,得到不同的波束综合结果。图 3.22 给出了最初的天线分布情况以及在设置不同的主瓣宽度和权值比例时优化后所选择的天线单元分布情况,纵坐标表示优化次序,0 为优化前结果,-1 ~ 12 表示优化后的次序结果。由图 3.22 中可以看出,最初天线单元分布比较紧密,设置不同的参数,经过算法迭代优化后,参与方向图综合的天线单元分布开始变得稀疏,天线数目有很大减小,从而可以节省很多资源。图 3.23是所有天线单元(即 81 支天线)都参与综合时的方向图,此时最大副瓣电平为 -13.612dB,主瓣宽度为 6°。图 3.24 是在模糊机会约束规划模型下优化后的方向图,图 3.24(a)、图 3.24(b)、图 3.24(c)和图 3.24(d)分别对应设置的主瓣宽度为 6°、7°、8°和 9°时的方向图,且各图中实线对应权值 $w_1=0.5$,$w_2=0.5$,短虚线对应权值为 $w_1=0.7$,$w_2=0.3$,长虚线对应权值为 $w_1=0.3$,$w_2=0.7$。

表 3.4 给出了在设置的主瓣宽度和权值比例下的优化结果。从综合后主瓣宽度与已知主瓣宽度相对误差 ΔB_{E} 中可以看出,虽然最后优化出的结果在主瓣宽度误差上有时会偏大一点,但都在可接受的范围内。同时,优化后的最大副瓣电平比所有天线都工作时的最大副瓣电平 -13.612dB 至少降低了约 3dB,且每次实现的可信性都高于置信水平,表明算法是可行的。

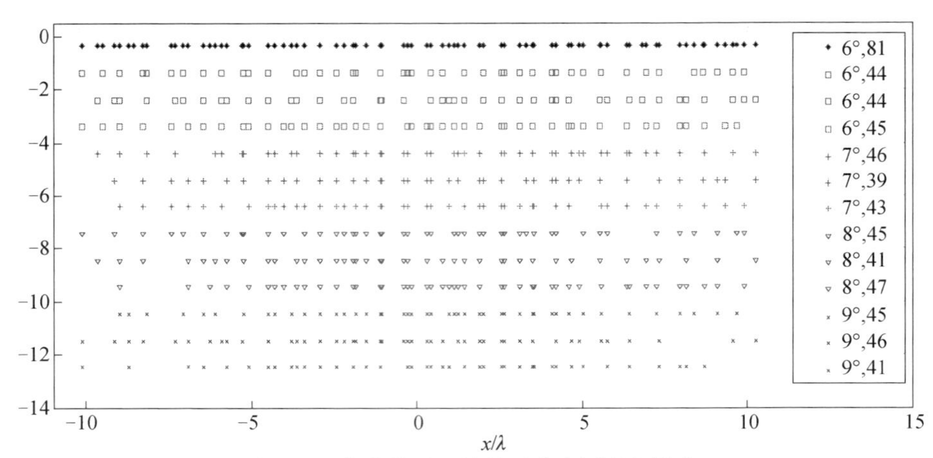

图 3.22 优化前后天线单元分布图(见彩图)

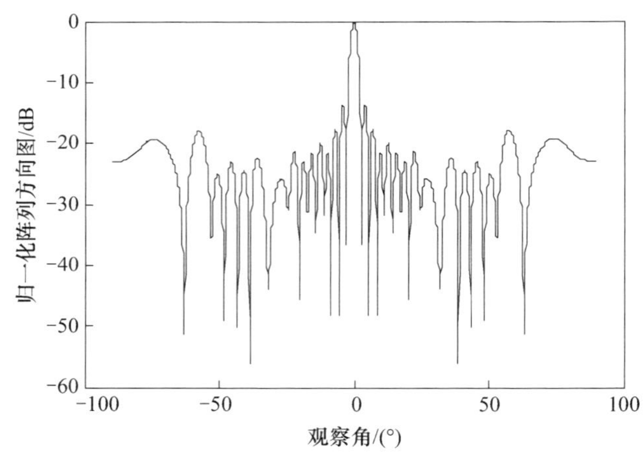

图 3.23 所有天线单元方向图综合

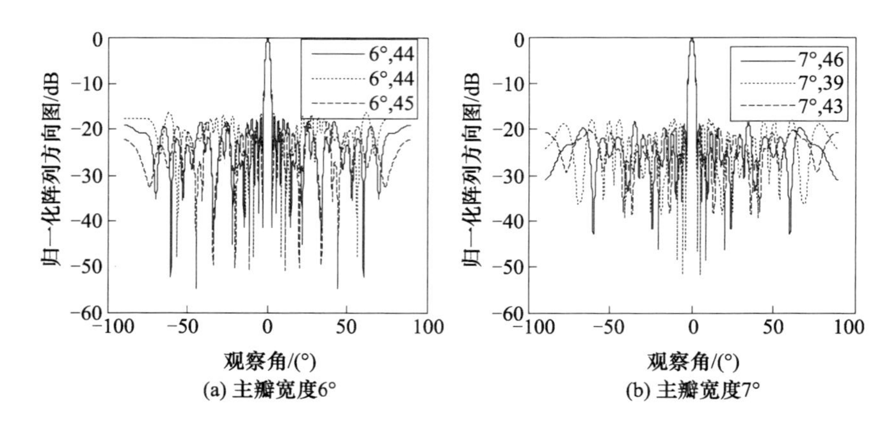

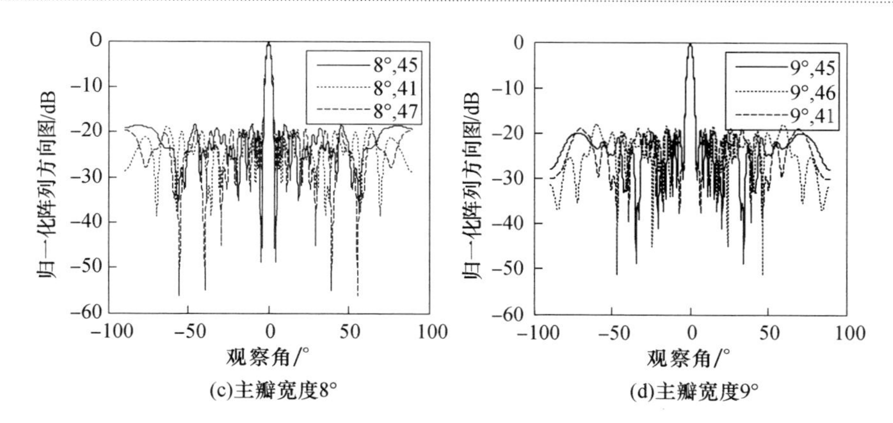

(c)主瓣宽度8°　　(d)主瓣宽度9°

图 3.24　不同天线数目、主瓣宽度和权值时的阵列方向图
（6°,44 表示：主瓣宽度 6°，单元数目 44 个。余类同）

表 3.4　优化后结果

主瓣宽度/(°)	权值	优化后主瓣宽度/(°)	优化后副瓣电平/(°)	优化后天线数目	可信性	主瓣宽度相对误差 ΔB_E
6	[0.5,0.5]	6	-17.553	44	0.9375	0.00
6	[0.7,0.3]	6	-16.518	44	0.9375	0.00
6	[0.3,0.7]	6.4	-18.193	45	0.9063	6.67
7	[0.5,0.5]	7	-18.532	46	0.8750	0.00
7	[0.7,0.3]	7	-17.821	39	0.8750	0.00
7	[0.3,0.7]	7.2	-19.588	43	0.9687	02.86
8	[0.5,0.5]	8	-18.159	45	0.9063	0.00
8	[0.7,0.3]	8	-18.914	41	0.9583	0.00
8	[0.3,0.7]	8	-19.301	47	0.8437	0.00
9	[0.5,0.5]	9.2	-19.288	45	0.9063	2.22
9	[0.7,0.3]	9	-18.025	46	0.8750	0.00
9	[0.3,0.7]	8.6	-18.859	41	0.9583	4.44

结合图 3.24 和表 3.4 可以看出，主瓣宽度变宽，最大副瓣电平会变小，符合阵列天线主瓣宽度与副瓣电平此消彼长的实际情形。对比图 3.24 和图 3.23 可以看出，优化后方向图的最大副瓣电平比优化前至少降低了约 3dB，同时受优化目标函数的影响，优化后方向图的副瓣电平比优化前相比要均匀化。结果表明，在模糊约束的限制下，对于任意分布的阵列，在一定置信水平时，是可以满足用较少单元数目综合出所需要的方向图。

3.7.2 基于模糊相关机会规划的方向图综合

3.7.2.1 问题描述和建模

在机会阵雷达方向图综合中，阵列单元随机任意分布，工作状态的选择具有随机性。假设在阵元分布及总数目 N 已经确定的条件下进行方向图综合，优化的目标是极小化副瓣电平。由于阵元工作状态的随机性，最终参与方向图合成的单元数目是不确定的，在此用 x_i 表示阵元 i 的工作状态，值为 1 表示激励打开，即阵元参与方向图综合；值为 0 表示激励关闭，阵元不参与方向图综合，因此有决策向量 $\boldsymbol{x}=[x_1,x_2,\cdots,x_N]$，$x_i=0$ 或 1。机会阵雷达方向图综合，受阵元工作状态随机性以及阵元组合形式多样化的影响，综合的结果有些时候不能完全达到优化目标，在这种情况下，比较现实的办法是尽可能地达到优化目标，即最大化达成目标的机会。

由于阵元工作状态的随机性，随机抽取的单元数目小于 N 时就有可能综合出满足条件的方向图，所有阵元都工作时反而带来资源的浪费。每次选取参与方向图综合的单元数目及位置的随机性，组合形式的多样性，无法通过大量重复实验来取得其随机分布函数，此时，采用模糊变量来描述参与方向图综合的单元数目，同时将阵元分区进行分区处理。受模糊性的影响，认为在方向图综合时，参与的单元数目总和在一定程度上满足约束就可以了。以非均匀面阵为例，将其分为四个区域，每个区域内天线单元激励打开的数目分别为 ξ_1,ξ_2,ξ_3,ξ_4 且均为模糊变量，假设波束综合时天线单元激励打开的数目最大值为 $\overline{N}$，则有约束条件为

$$
\begin{aligned}
&\xi_1+\xi_2+\xi_3+\xi_4 \leqslant \overline{N}\\
&\sum_{n=1}^{N_1} x_n=\xi_1 \qquad n=1,2,\cdots,N_1\\
&\sum_{n=N_1+1}^{N_2} x_n=\xi_2 \qquad n=N_1+1,N_1+2,\cdots,N_2
\end{aligned}
\tag{3.110}
$$

$$
\begin{aligned}
&\sum_{n=N_2+1}^{N_3} x_n=\xi_3 \qquad n=N_2+1,N_2+2,\cdots,N_3\\
&\sum_{n=N_3+1}^{N} x_n=\xi_4 \qquad n=N_3+1,N_3+2,\cdots,N
\end{aligned}
\tag{3.111}
$$

$f(x)$表示方向图的最大副瓣电平，根据波束综合结果求得。因此，可以得到机会阵雷达方向图综合的模糊相关机会约束规划模型为

$$
\begin{cases}
\max \quad \mathrm{Cr}\{f(x) \leqslant f_0\} \\
\text{s. t.} \\
\xi_1 + \xi_2 + \xi_3 + \xi_4 \leqslant \overline{N} \\
\sum_{n=1}^{N_1} x_n = \xi_1 \qquad n = 1,2,\cdots,N_1 \\
\sum_{n=N_1+1}^{N_2} x_n = \xi_2 \qquad n = N_1+1,N_1+2,\cdots,N_2 \\
\sum_{n=N_2+1}^{N_3} x_n = \xi_3 \qquad n = N_2+1,N_2+2,\cdots,N_3 \\
\sum_{n=N_3+1}^{N} x_n = \xi_4 \qquad n = N_3+1,N_3+2,\cdots,N \\
x = [x_1,x_2,\cdots,x_N] \qquad x_n = 0 \text{ 或 } 1
\end{cases}
\tag{3.112}
$$

式中:$\mathrm{Cr}\{\cdot\}$表示事件$\{\cdot\}$的可信性测度;x 是决策变量;f_0为预先给定的参考电平。则模型的含义是在机会约束条件下,目标函数机会最大化。

3.7.2.2　模型求解算法

1）模糊模拟

首先介绍如何使用模糊模拟技术计算给定事件的机会函数,不失一般性,设 E 是模糊决策系统中的一个事件,又假设在点 x 处事件 E 的诱导约束为

$$
g_j(y,\xi) \leqslant 0 \qquad j=1,2,\cdots,p \tag{3.113}
$$

式中:y 由点 x 导出,则事件 E 的机会函数为

$$
f(x) = \begin{cases}
\mathrm{Cr}\{g_j(y,\xi) \leqslant 0 \qquad j=1,2,\cdots,p\} & x \notin E \\
0 \qquad x \notin E
\end{cases}
\tag{3.114}
$$

若 $x \notin E$,可以立即得到$f(x)=0$。对每一个固定的决策 $x \in E$,首先置$f(x)=0$,然后由模糊向量 $\boldsymbol{\xi}$ 随机生成一个清晰向量$\boldsymbol{\xi}^0$。实际上,对可能性较低的决策向量不感兴趣,所以,可以实现置信水平 α_0,然后从模糊向量 $\boldsymbol{\xi}$ 的 α_0 水平截集中随机产生清晰向量$\boldsymbol{\xi}^0$。如果模糊向量 $\boldsymbol{\xi}$ 的 α_0 水平截集过于复杂难于处理,可以从包含模糊向量 $\boldsymbol{\xi}$ 的 α_0 水平截集的超几何体 Ω 中抽取向量,接受与否依赖于 $\mathrm{Cr}\{\boldsymbol{\xi}^0\} > \alpha_0$ 是否成立。如果 $g_j(y,\boldsymbol{\xi}) \leqslant 0, j=1,2,\cdots,p$ 及$f(x) < \mathrm{Cr}\{\boldsymbol{\xi}^0\}$,则置$f(x) = \mathrm{Cr}\{\boldsymbol{\xi}^0\}$,重复以上过程 N 次,则值$f(x)$可以作为它的估计值。具体步骤如下。

步骤 1:置$f(x)=0$;

步骤2:从模糊向量 $\boldsymbol{\xi}$ 的 α_0 水平截集中随机产生清晰向量 $\boldsymbol{\xi}^0$;

步骤3:若 $g_j(y,\boldsymbol{\xi})\leqslant 0, j=1,2,\cdots,p$ 及 $f(x)\leqslant \mathrm{Cr}\{\boldsymbol{\xi}^0\}$ 成立,则置 $f(x)=\mathrm{Cr}\{\boldsymbol{\xi}^0\}$;

步骤4 重复步骤2和3共 N 次;

步骤5 返回 $f(x)$。

在方向图综合规划模型中,仅有一个事件 $f(x)\leqslant f_0$,它的诱导约束为

$$g(x,\xi)=\begin{cases}\xi_1+\xi_2+\xi_3+\xi_4\leqslant \overline{N}\\ \sum\limits_{n=1}^{N_1}x_n=\xi_1 & n=1,2,\cdots,N_1\\ \sum\limits_{n=N_1+1}^{N_2}x_n=\xi_2 & n=N_1+1,N_1+2,\cdots,N_2\\ \sum\limits_{n=N_2+1}^{N_3}x_n=\xi_3 & n=N_2+1,N_2+2,\cdots,N_3\\ \sum\limits_{n=N_3+1}^{N}x_n=\xi_4 & n=N_3+1,N_3+2,\cdots,N\\ \xi=[\xi_1,\xi_2,\xi_3,\xi_4]\end{cases} \tag{3.115}$$

因此,事件的机会函数可以表示为

$$f(x)=\begin{cases}\mathrm{Cr}\{g(x,\xi)\} & f(x)\leqslant f_0\\ 0 & \text{其他}\end{cases} \tag{3.116}$$

2)智能混合优化算法

为了找到模糊相关机会约束规划模型的最优解,需要设计求解最优解的启发式优化算法。作为应用范围比较广泛的一种算法,遗传算法很适合作为求解工具。将上一节设计的模糊模拟的方法嵌入到遗传算法中得到用来求解机会最大化模型的混合智能优化算法。混合智能优化算法的过程可以概括如下:

步骤1:初始化输入参数 pop_size, p_c, p_m 等,并产生 pop_size 个染色体,根据约束条件检验染色体的可行性;

步骤2:通过交叉和变异操作更新染色体,并检验可行性;

步骤3:使用模糊模拟计算所有染色体的目标值;

步骤4:根据目标值使用基于序的评价函数计算每个染色体的适应度;

步骤5:旋转赌轮盘选择染色体;

步骤6:重复步骤2到步骤5,直到给定的次数完成为止;

步骤7:将最优染色体作为模型的最优解。

3.7.2.3 仿真与分析

假设一非均匀面阵,阵元总数目110。按照天线单元的位置,将面阵划分为

四个区域，如图 3.25 所示，与坐标平面内的象限区域划分一致，四个区域内的天线单元数目分别为 44，15，18，33。假设波束综合时每个区域激励打开的天线单元数目均为梯形模糊变量，用 ξ_1,ξ_2,ξ_3,ξ_4 表示，其中：$\xi_1(26,32,35,39)$，$\xi_2(4,8,11,14)$，$\xi_3(7,10,13,17)$，$\xi_4(15,21,25,28)$。

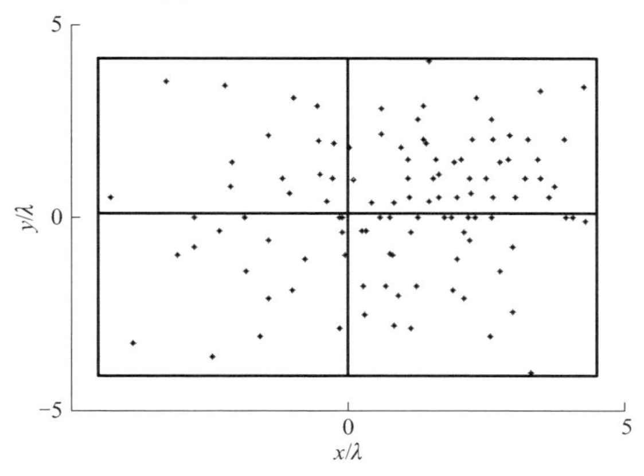

图 3.25　天线单元优化前分布图

由于每次选取的天线单元分布组合与工作状态的不稳定性，以及每个区域内天线单元数目与最终激励打开的总数目是不确定的，因此不能保证最后的波束最大副瓣电平满足要求，而只能尽可能地达到这一目的，也即最大化满足副瓣电平的机会。假设已知最大副瓣参考电平 f_0 取值为 −13.6dB，综合时单元激励允许打开的最大数目 $\overline{N}$ 为 85，基于此，（式 3.112）可以写为

$$
\begin{cases}
\max \quad \mathrm{Cr}\{f(x) \leqslant -13.6\} \\
\text{s. t.} \\
\xi_1 + \xi_2 + \xi_3 + \xi_4 \leqslant 85 \\
\sum_{n=1}^{N_1} x_n = \xi_1 \qquad n = 1,2,\cdots,N_1 \\
\sum_{n=N_1+1}^{N_2} x_n = \xi_2 \qquad n = N_1+1,N_1+2,\cdots,N_2 \\
\sum_{n=N_2+1}^{N_3} x_n = \xi_3 \qquad n = N_2+1,N_2+2,\cdots,N_3 \\
\sum_{n=N_3+1}^{N} x_n = \xi_4 \qquad n = N_3+1,N_3+2,\cdots,N \\
x = [x_1,x_2,\cdots,x_N] \qquad x_n = 0 \text{ 或 } 1
\end{cases}
\tag{3.117}
$$

仿真时,程序中参数种群规模 pop_size,交叉概率 p_c 和变异概率 p_m 等也预先给定。通过赋予这些参数不同的数值,可以得到多组最优解和最优值。

天线单元分布图如图 3.25 所示,共有 110 支天线单元,假设所有天线的激励幅度均为 1,相位为 0,则可以得到优化前的波束综合图,如图 3.26 所示,最大副瓣电平 -13.54dB。方向图的图形表达中用 U、V 空间代替角度 θ、ϕ,其中 θ 表示俯仰角,ϕ 表示方位角,它们之间的关系为

$$\begin{aligned} U &= \sin\theta\cos\phi \\ V &= \sin\theta\sin\phi \end{aligned} \tag{3.118}$$

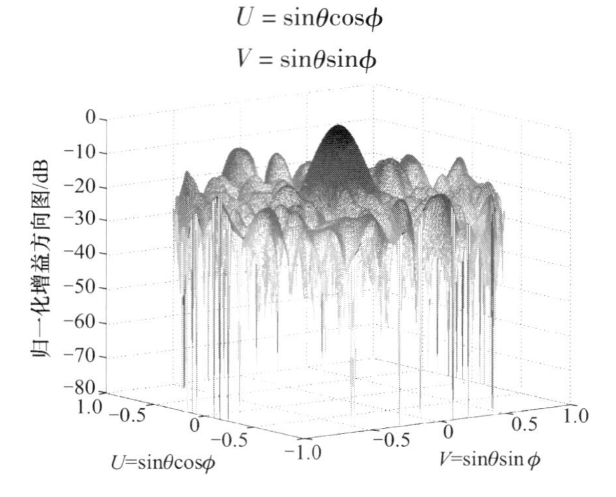

图 3.26　优化前 110 支天线波束综合图(见彩图)

程序中参数设置种群规模 pop_size = 40,交叉概率 $p_c = 0.8$,变异概率 $p_m = 0.1$,迭代 50 次后,最大副瓣电平小于 -13.6dB 的机会为 0.708,得到其中的一组最优解是优化后有 71 支天线单元工作,四个分区工作的单元数目为[29,6,13,23],分布情况如图 3.27 所示。图 3.27 中的“ * ”表示天线激励打开,“o”表

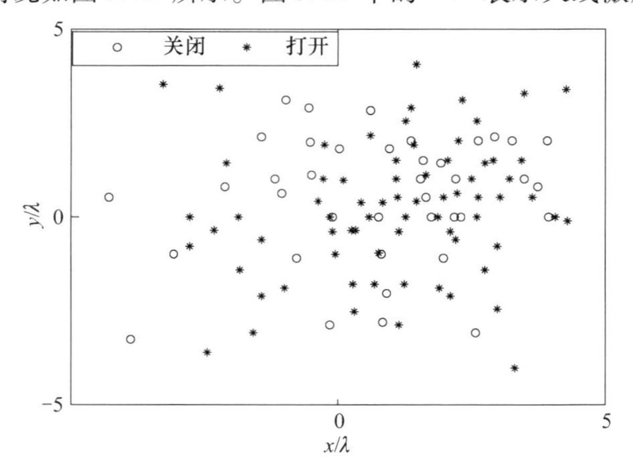

图 3.27　优化后 71 支天线单元分布

示天线激励关闭。图 3.28 为优化后 71 支天线激励打开时的波束综合图，最大副瓣电平 -14.06dB，比优化前有所提高，且工作天线单元数目变少节省了雷达资源。

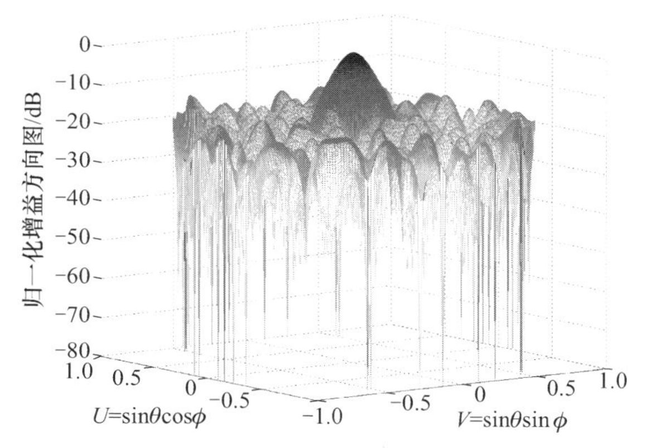

图 3.28　优化后 71 支天线波束综合图(见彩图)

改变程序中参数的设置，种群规模不变，交叉概率 $p_c = 0.7$，变异概率 $p_m = 0.2$，迭代 50 次后，仿真结果最大副瓣电平小于 -13.6dB 的机会为 0.712，得到其中的一组最优解是优化后有 78 支天线单元工作，四个分区工作的单元数目为[32,12,13,21]，分布情况如图 3.29 所示。图 3.29 中的“ * ”表示天线激励打开，“∘”表示天线激励关闭。图 3.30 为优化后 78 支天线激励打开时的波束综合图，最大副瓣电平 -14.6dB，比优化前提高了 1dB，且工作天线单元数目节省了 32 支。

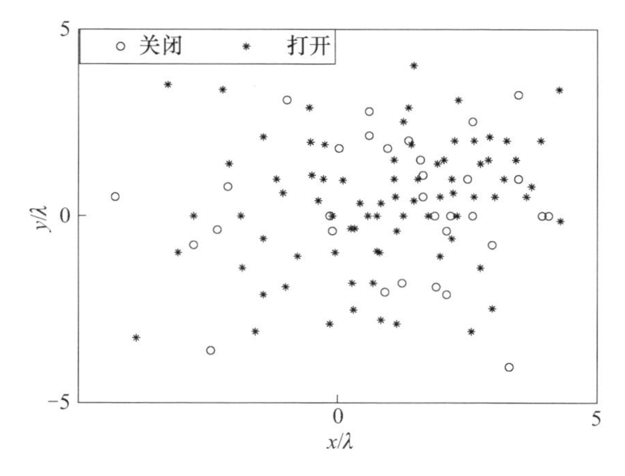

图 3.29　优化后 78 支天线单元分布

表 3.5 给出了不同参数设置下的机会最大化模型结果比较。由表中数据可以看出，不同参数设置下，最终得到的机会均在 0.7 左右，说明算法是稳定和有效的。

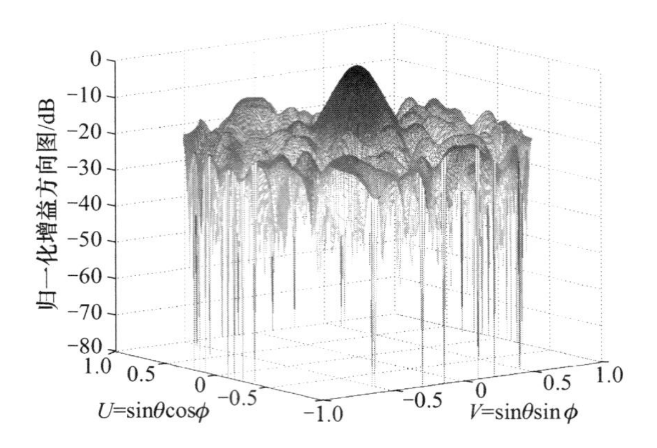

图 3.30　优化后 78 支天线单元波束综合图(见彩图)

表 3.5　机会最大化模型结果比较

pop_size	$[p_c, p_m]$	最大副瓣电平	单元分区数目	可信性
40	[0.8,0.1]	-14.06	[29,6,13,23]	0.7083
40	[0.7,0.2]	-14.62	[32,12,13,21]	0.7122
30	[0.8,0.1]	-13.88	[31,9,11,24]	0.6812
30	[0.7,0.2]	-13.97	[29,11,14,23]	0.6825

参考文献

[1] Skolnik M I, Nemhauser G, Sherman J W. Dynamic programming applied to unequally spaced array [J]. IEEE Transactions on Antennas and Propagation, 1964, 12(1):35 -43.

[2] 陈客松. 稀布天线阵列的优化布阵技术研究[D]. 成都:电子科技大学,2006.

[3] Kirkpatrick S,Gelatt C D. M P Vecchi. Optimization by simulated annealing [J]. Science, 1983, 220(4598):671 -680.

[4] Ferreira J A, AresF. Pattern synthesis of conformal arrays by the simulated annealing technique [J]. Electronics Letters, 1997, 33(14):1187 -1189.

[5] Isernia T, Pena F J A, et al. A hybrid approach for the optimal synthesis of pencil beams through array antennas [J]. EEE Transactions on Antennas and Propagation, 2004, 52 (11): 2912 -2918.

[6] Kennedy J, Eberhart R. Particle swarm optimization: Proc IEEE Int Conf. Neural Networks [C]. Perth, Australia:1995: 1942 -1948.

[7] Robinson J, Rahmat - samii Y. Particle swarm optimization in electromagnetic [J]. IEEE Transactions on Antennas and Propagation, 2004, 52(2): 397 -407.

[8] DennisGies, Yahya Rahmat - Samii. Particle swarm optimization for reconfigurable phase - differentiated array design [J]. Microwave and optical technology letter, 2003. 38 (3): 168 -175.

[9] 焦永昌,杨科,陈胜兵等. 粒子群优化算法用于阵列天线方向图综合设计[J]. 电波科学学报,2006,21(1):16 - 20.

[10] Boeringer D W, Werner D H. Particle swarm optimization versus genetic algorithms for phased array synthesis [J]. IEEE Transactions on Antennas and Prcpagation, 2004, 52 (3): 771 - 779.

[11] Holland J H. Adaptation in Natural and Artificial Systems [M]. Michigan: University of Michigan Press, 1975.

[12] Randy Haupt L. Thinned arrays using genetic algorithm [J]. IEEE Transactions on Antennas and Propagation, 1994, 42(7):993 - 999.

[13] 王玲玲,方大纲. 运用遗传算法综合稀疏阵列[J]. 电子学报,2003,31(3): 2135 - 2138.

[14] Haupt R L. Antenna design with a mixed integer genetic algorithm [J]. IEEE Transactions on Antennas and Propagation, 2007, 55(3):577 - 582.

[15] Villegas F J. Parallel genetic - algorithm optimization of shaped beam coverage areas using planar 2 - D phased arrays [J]. IEEE Transactions on Antennas and Propagation, 2007, 55 (6):1745 - 1753.

[16] 范瑜,金荣洪,耿军平. 基于差分进化算法和遗传算法的混合优化算法在阵列方向图综合中的应用[J]. 电子学报,2004,32(12):1997 - 2000.

[17] Ares F J. Application of genetic algorithm and simulated annealing technique in optimization of the aperture distributions of antenna array patterns [J]. Electronics letters, 1996, 32 (3):148 - 149.

[18] Johnson J M, Rahmat S Y. Genetic algorithms in Engineering Electromagnetics [J]. IEEE Transactions on Antennas and Propagation, 1997, 39(4):7 - 21.

[19] Samii Y R, Michielssen E. Electromagnetic optimization by genetic algorithm [M]. New-York: John Wiley &Sons, 1999.

[20] Allard R J, Werner D H, Werner P L. Radiation pattern synthesis for arrays of conformal antennas mounted on arbitrarily - shaped three - dimensional platforms using genetic algorithms [J]. IEEE Transactions on Antennas and Propagation, 2003, 51(5):1054 - 1062.

[21] Seong Ho Son, Eom S Y, Jeon S I. Automatic phase correction of phased array antennas by a genetic algorithm [J]. IEEE Transactions on Antennas and Propagation, 2008, 56(8): 2751 - 2754.

[22] 马云辉. 阵列天线的遗传算法综合[J]. 电波科学学报, 2001,16(3):172 - 176.

[23] Skolnik M I, Sherman J W, et al. statistically designed density tapered arrays [J]. IEEE Transactions on Antennas and Propagation, 1964, 12(4):408 - 417.

[24] De Farias D F. The linear programming approach to approximate dynamic programming: theory and application [D]. Stanford University, 2002.

[25] Fong T S, Birgenheier R A. Method of conjugate gradients for antenna pattern synthesis [J]. Radio Science, 1971, 6(12): 1123 - 1130.

[26] Lance C E. Genetic Algorithm Design and Testing of A Random Element 3 – D 2.4 GHz Phased Array Transmit Antenna Constructed of Commercial RF Microchips [D]. Monterey: Naval Postgraduate School, 2003.

[27] 龙伟军, 贲 德, Asim D Bakhshi, 等. 三维机会阵雷达波束综合优化[J]. 电波科学学报, 2010, 25(1): 93 – 98.

[28] 朱小文. 时间调制天线阵列理论与应用研究 [D]. 成都:电子科技大学,2007.

[29] 王贵昌. 四维天线阵理论与应用研究[D]. 成都:电子科技大学,2008.

[30] 李钢. 空时四维天线阵的理论分析与信号处理研究[D]. 成都:电子科技大学,2010.

[31] 陈益凯. 基于四维天线理论和强互耦效应的阵列天线技术研究[D]. 成都:电子科技大学,2011.

[32] 黄昕寅. 四维天线阵在单脉冲雷达测向中的应用基础研究[D]. 成都:电子科技大学,2011.

[33] 龚树凤. 不确定条件下的机会阵雷达信号处理技术研究[D]. 南京:南京航空航天大学,2015.

[34] Shanks H E, Bickmore R W. Four – Dimensional Electromagnetic Radiators [J]. Canadian Journal of Physics, 1959, 37(3): 263 – 275.

[35] Kummer W H, Villeneuve A T, Fong T S. et al. Ultra – Low Sidelobes from Time – Modulated Arrays [J]. IEEE Transactions on Antennas Propagation, 1963, 11(6): 633 – 639.

[36] Bickmore R W. Microwave Scanning Antennas [M]. New York, Academic Press, 1966.

[37] Hatcher B R. General Time – Modulated Antenna Arrays[C]. Antennas and Propagation Society International Symposium, 1966: 75 – 78.

[38] Lewis B L, Evins J B. A New Technique for Reducing Radar Response to Signals Entering Antenna Sidelobes [J]. IEEE Transactions on Antennas Propagation, 1983, 31(6): 993 – 996.

[39] Yang S, Gan Y B, Qing A. Sideband Suppression in Time – Modulated Linear Arrays by the Differential Evolution Algorithm [J]. IEEE Antennas and Wireless Propagation Letters, 2002, 1: 173 – 175.

[40] Yang S, Gan Y B, Tan P K. A New Technique for Power – Pattern Synthesis in Time – Modulated Linear Arrays [J]. IEEE Antennas and Wireless Propagation Letters, 2003, 2: 285 – 287.

[41] Yang S, Gan Y B, Qing A. Moving Phase Center Antenna Arrays with Optimized Static Excitations [J]. Microwave and Optical Technology Letters, 2003, 38(1): 83 – 85.

[42] Yang S, Gan Y B, Tan P K. Linear Antenna Arrays with Bidirectional Phase Center Motion [J]. IEEE Transactions on Antennas and Propagation, 2005, 53(1):1829 – 1835.

[43] Yang S, Gan Y B, Qing A, et al. Design of a Uniform Amplitude Time Modulated Linear Array with Optimized Time Sequences [J]. IEEE Transactions on Antennas and Propagation, 2005, 53(7): 2337 – 2339.

[44] Yang S, Nie Z. Mutual Coupling Compensation in Time Modulated Linear Antenna Arrays

[J]. IEEE Transactions on Antennas and Propagation, 2005, 53(12): 4182 - 4185.

[45] Euzière J, Guinvarc'h R., Uguen B, et al. Optimization of Sparse Time - Modulated Array by Genetic Algorithm for Radar Applications [J]. IEEE Antennas and Wireless Propagation Letters, 2014, 13: 161 - 164.

[46] Farzaneh S, Sebak A R. A Novel Amplitude - Phase Weighting for Analog Microwave Beamforming [J]. IEEE Transactions on Antennas and Propagation, 2006, 54(7): 1997 - 2008.

[47] Farzaneh S, Sebak A R. Modified Microwave Sampling Beamformer for Fast Weighting Control and Image Rejection [J]. IEEE Transactions on Antennas and Propagation, 2008, 56 (12): 3878 - 3883.

[48] Farzaneh S, Sebak A R. Microwave Sampling Beamformer - Prototype Verification and Switch Design [J]. IEEE Transactions on Microwave Theory and Techniques, 2009, 57(1): 36 - 44.

[49] Farzaneh S, OzturK A K, SebaK A R, et al. Antenna - Pattern Measurement Using Spectrum Analyzer for Systems with Frequency Translation [J]. IEEE Antennas and Propagation Magazine, 2009, 51(3): 126 - 131.

[50] Manica L, Rocca P, Poli L, et al. Almost Time - Independent Performance in Time - Modulated Linear Arrays [J]. IEEE Antennas and Wireless Propagation Letters, 2009, 8: 843 - 846.

[51] Jon A B. Genetic Algorithms as a Tool for Opportunistic Phased Array Radar Design [D]. Monterey: Naval Postgraduate School, 2002.

[52] Ibrahim K. Distributed Beam Forming in a Swarm UAV Network [D]. Monterey: Naval Postgraduate School, 2008.

[53] Long W J, Ben D, Pan M H. Pattern synthesis for OAR using LSFE - GA method [J]. International Journal of RF and Microwave Computer - aided Engineering, 2011, 21 (5): 584 - 588.

[54] 龚树凤, 贲 德, 潘明海, 等. 一种考虑互耦的机会阵雷达波束综合方法[J]. 电波科学学报, 2014, 29(1): 12 - 18.

[55] Randy L P. Thinned arrays using genetic algorithms [J]. IEEE Transactions on Antennas and Propagation, 1994, 42(7):993 - 999.

[56] Olen C A, Compton R T. A numerical pattern synthesis algorithm for arrays [J]. IEEE Transaction on Antenna and Propagation, 1990, 38(10): 1666 - 1676.

[57] Zhou P Y, Ingram M A. Pattern synthesis for arbitrary arrays using an adaptive array method [J]. IEEE Transaction on Antenna and Propagation, 1998, 46(11): 1759 - 1760.

[58] Zhan S, Zhenghe F. A new array pattern synthesis algorithm using the two - step least - squares method [J]. IEEE Signal Processing Letters, 2005,12(3): 250 - 253.

[59] Yan S F, Ma Y L, Sun C. Optimal beamforming for arbitrary arrays using second - order cone programming[J] , Chinese Journal of Acoustics, 2005, 24(1):1 - 9.

[60] Zadeh L A. Fuzzy sets [J]. Information and Control, 1965, 8: 338 - 353.

[61] Zadeh L A. Fuzzy sets as a basis for a theory of possibility [J]. Fuzzy Sets and Systems, 1999, 100(S1): 9 - 34.

[62] Liu B D, LIU Y K. Expected value of fuzzy variable and fuzzy expected value models [J]. IEEE Transaction on Fuzzy Systems, 2002, 10: 445 - 450.

[63] Liu B D. Uncertainty theory: An Introduction to its Axiomatic Foundations [M]. Berlin: Spring - Verlag, 2004: 109 - 128.

[64] 刘宝碇,赵瑞清. 随机规划与模糊规划[M]. 北京:清华大学出版社,1998:164 - 183.

[65] LIU B D. Fuzzy random chance - constrained programming [J]. IEEE Transaction on Fuzzy Systems, 2001, 9(5): 713 - 720.

[66] LIU B D. Fuzzy random dependent chance programming [J]. IEEE Transaction on Fuzzy Systems, 2001, 9(5): 721 - 726.

[67] 陈根宗,刘湘伟,雄 杰. 模糊机会约束规划在雷达干扰资源优化分配中的应用[J]. 现代防御技术,2010, 38(6): 128 - 133.

[68] Chen Gengzong, Liu Xiangwei, Xiong Jie. Application of fuzzy chance constrained programming in optimal distribution of radar jamming resource [J]. Modern Defence Technology, 2010, 38(6): 128 - 133.

第4章 机会阵阵列处理理论

4.1 引　　言

机会阵雷达阵列处理理论是从信号处理域解决阵面方向图综合问题。它是机会阵雷达信号处理目标检测的基础。机会阵通过3-D空间“机会性”分布的天线单元对空间信号场进行非均匀空域采样,然后在一定的自适应最优化准则下,经加权求和处理得到期望的输出结果。机会阵由于采用了数字化技术,可在信号处理机中灵活实现波束控制,有效地抑制空间干扰和噪声,增强有用信号。自适应阵列信号处理对特定目标信号的接收和干扰的抑制都是通过自适应波束形成(ADBF)来实现的。经典的阵列信号处理方法,如各种波达方向(DOA)估计算法和DBF算法仅适用于均匀间隔的规则阵。针对机会阵DBF和ADBF问题,本章基于阵列信号处理和自适应信号处理,采用最大信干噪比(MSINR)准则设计了机会阵DBF优化算法。该算法通过利用干扰对波束形成的影响来实现期望方向图的赋形约束和方向图控制,通过迭代比较期望方向图与参考波束之间的相对幅度差异来达到逐次收敛逼近。本章还介绍Olen-Compton算法数学模型,并在此基础上进行了有效改进,构建迭代方程。通过计算机仿真验证了算法的有效性。

4.2 阵列信号处理基础

机会阵信号处理的重要理论基础是自适应信号处理和阵列信号处理。阵列信号处理是信号处理的一个重要分支,涉及雷达、声纳、通信、射电天文诸多领域。阵列信号处理理论假设阵列由空间不同位置的传感器组成,用传感器接收空间信号并进行信号处理。阵列信号处理的目的是通过空域滤波增强期望信号,抑制噪声和干扰,以提高系统输出信噪比。因此阵列信号处理的核心是波束形成。对数字机会阵而言,其信号处理的核心是数字波束形成。基于自适应理论的阵列信号处理又称为空域自适应滤波,与时域FIR滤波器的时间采样线性滤波处理相类似。自适应阵列信号处理是一种自适应的空间采样处理，即通过分布于空间的传感器单元对空间信号场进行采样，然后经过信号处理机的加权求和处理得到期望的输出结果，所谓自适应是指系统需要根据事先选定的最优化准则，让算法运行过程中逐步收敛于目标解。自适应阵列信号处理对特定信号的接收和对干扰信号的抑制都是通过形成自适应方向图来实现的，因此，有时将自适应阵列信号处理称为自适应波束形成，对数字阵而言，即为自适应数字波束形成。

机会阵雷达研究其信号处理就必须深入研究其数字波束形成和自适应数字波束形成所涉及的理论和算法。在数字阵中，数字波束形成通过对数字基带信号的处理以实现低副瓣及超低副瓣。数字波束形成又可分为数据独立波束形成、最佳波束形成和自适应波束形成。数据独立波束形成是根据系统要求设计的，不需要阵列输入信号知识，如多波束和赋形波束。多波束又称为切换波束，雷达系统中有广泛应用。最佳波束形成利用的是信号干扰环境的先验知识，并按一定的最佳准则进行设计。自适应波束形成具有如下显著优点：自适应干扰置零、超分辨定向、天线自校准、超低副瓣、阵元失效和波束校正、密集多波束、自适应空时处理、灵活的功率和时间控制等。

4.2.1 阵列信号模型

设 N 元等距线阵，阵元间距为 d，假设阵元为各向同性，远场有一个期望信号和 P 个窄带干扰以平面波入射，波长为 λ，到达角度分别为 θ_0 和 $\theta_k(k=1,2,3,\cdots,P)$，阵列接收的快拍数据可表示为

$$\boldsymbol{X}(t)=\boldsymbol{A}\boldsymbol{S}(t)+\boldsymbol{n}(t) \tag{4.1}$$

式中：$\boldsymbol{X}(t)$ 为 $N\times 1$ 阵列数据向量，其中$[\cdot]^{\mathrm{T}}$ 表示矩阵转置。

$$\boldsymbol{X}(t)=[x_1(t),x_2(t),\cdots,x_N(t)]^{\mathrm{T}} \tag{4.2}$$

$\boldsymbol{n}(t)$ 为 $N\times 1$ 阵列噪声向量

$$\boldsymbol{n}(t)=[n_1(t),n_2(t),\cdots,n_N(t)]^{\mathrm{T}} \tag{4.3}$$

$\boldsymbol{S}(t)$ 为信号复包络向量（其中 $s_k(t)$ 为第 k 个信号的复包络）

$$\boldsymbol{S}(t)=[s_0(t),s_1(t),\cdots,s_P(t)]^{\mathrm{T}} \tag{4.4}$$

$\boldsymbol{A}$ 为阵列流形矩阵

$$\boldsymbol{A}=[\boldsymbol{a}(\theta_0),\boldsymbol{a}(\theta_1),\cdots,\boldsymbol{a}(\theta_P)] \tag{4.5}$$

式中：$\boldsymbol{a}(\theta_k)=[1,\mathrm{e}^{\mathrm{j}\varphi_k},\cdots,\mathrm{e}^{\mathrm{j}(N-1)\varphi_k}]$，$(k=0,1,\cdots,P)$ 为第 k 个信源的导向向量，其中 φ_k 为对应第 k 个信源引起的单元间的相位差

$$\varphi_k = \frac{2\pi}{\lambda} d\sin(\theta_k) \tag{4.6}$$

阵列的协方差矩阵定义为

$$\boldsymbol{R} = E[\boldsymbol{X}(t)\boldsymbol{X}^{\mathrm{H}}(t)] = \boldsymbol{A}\,\boldsymbol{R}_S\,\boldsymbol{A}^{\mathrm{H}} + \sigma_{\mathrm{n}}^2\boldsymbol{I} \tag{4.7}$$

式中：$\boldsymbol{R}_S = E[\boldsymbol{S}(t)S^{\mathrm{H}}(t)]$为信号复包络协方差矩阵；$\boldsymbol{I}$ 为单位矩阵；σ_{n}^2 为单元噪声功率。

信噪比定义为每个单元上期望信号与噪声信号功率的比值，即

$$\mathrm{SNR} = \frac{\sigma_{\mathrm{s}}^2}{\sigma_{\mathrm{n}}^2} \tag{4.8}$$

$\sigma_{\mathrm{n}}^2 = E[|s_0(t)|^2]$为期望信号功率，以 dB 形式表示的信噪比为 $\mathrm{SNR(dB)} = 10\lg\left(\frac{\sigma_{\mathrm{s}}^2}{\sigma_{\mathrm{n}}^2}\right)$，干噪比定义为每个单元上第 $k(k=0,1,\cdots,P)$个干扰与噪声信号功率的比值，为

$$\mathrm{INR} = \frac{\sigma_k^2}{\sigma_{\mathrm{n}}^2} \tag{4.9}$$

4.2.2　阵列方向图

阵列方向图定义为给定阵列权向量，对不同方向信号的阵列响应。现确定单元数为 N 的线阵，响应来自 θ 方向的期望信号的阵列响应。为不失一般性，假设第 n 个阵元的单元方向图为 $g_n(\theta)$，第 n 个单元到 $n+1$ 个单元的距离为 d_n。第 n 个阵元的权值为 w_n，w_n 是一个复数，为第 n 个乘法器的系数，则该阵列的权向量为

$$\boldsymbol{W} = [w_1, w_2, \cdots, w_N]^{\mathrm{T}} \tag{4.10}$$

阵列的输出可由每个阵元的输入与对应的权值相乘，再累加得到，即

$$y(t) = \sum_{n=1}^{N} w_n x_n(t) = \boldsymbol{W}^T\boldsymbol{X}(t) \tag{4.11}$$

假设入射信号振幅为 A，频率为 ω_0，波长为 λ，初相为 ψ，则第 1 个阵元收到的信号为

$$x_1(t) = A\mathrm{e}^{\mathrm{j}(\omega_0 t+\psi)} g_1(\theta)$$

第 n 个阵元接收到的信号为

$$x_n(t) = A\mathrm{e}^{\mathrm{j}(\omega_0 t+\psi)} g_n(\theta)\mathrm{e}^{-\mathrm{j}\varphi_n(\theta)}\ (2 \leqslant n \leqslant N) \tag{4.12}$$

式中

$$\varphi_n(\theta) = \frac{2\pi}{\lambda}\sum_{k}^{n-1} d_k \sin(\theta)\,(2 \leqslant n \leqslant N) \tag{4.13}$$

由以上式子得 $\varphi_n(\theta)$ 是由于阵元的空间分布所引起的波程相位差。

$$\begin{aligned}\boldsymbol{X}(t) = A\mathrm{e}^{\mathrm{j}(\omega_0 t+\psi)}[&g_1(\theta), g_2(\theta)\mathrm{e}^{-\mathrm{j}\varphi_2(\theta)},\\ &g_3(\theta)\mathrm{e}^{-\mathrm{j}\varphi_3(\theta)}, \cdots, g_n(\theta)\mathrm{e}^{-\mathrm{j}\varphi_n(\theta)}]^{\mathrm{T}}\end{aligned} \tag{4.14}$$

令

$$\boldsymbol{a}(\theta) = [g_1(\theta), g_2(\theta)\mathrm{e}^{-\mathrm{j}\varphi_2(\theta)}, g_3(\theta)\mathrm{e}^{-\mathrm{j}\varphi_3(\theta)}, \cdots, g_n(\theta)\mathrm{e}^{-\mathrm{j}\varphi_n(\theta)}]^{\mathrm{T}} \tag{4.15}$$

$\boldsymbol{a}(\theta)$ 是一个仅与信号的入射方向有关的向量,称其为导向向量。

$$\boldsymbol{X}(t) = A\mathrm{e}^{\mathrm{j}(\omega_0 t+\psi)}\boldsymbol{a}(\theta) \tag{4.16}$$

$$y(t) = A\mathrm{e}^{\mathrm{j}(\omega_0 t+\psi)}\boldsymbol{W}^{\mathrm{T}}\boldsymbol{a}(\theta) \tag{4.17}$$

$A\mathrm{e}^{\mathrm{j}(\omega_0 t+\psi)}$ 是与 θ 无关的量,因此可定义阵列的方向图函数

$$F(\theta) = |\boldsymbol{W}^{\mathrm{T}}\boldsymbol{a}(\theta)| \tag{4.18}$$

由上式可见,阵列方向图仅与阵列的权向量和导向向量有关。对上式取模的平方并归一化,然后取对数,就可得方向图增益

$$G(\theta) = \frac{|F(\theta)|^2}{\max |F(\theta)|^2} \tag{4.19}$$

以分贝形式表示的方向图增益为

$$G(\theta)(\mathrm{dB}) = 10\lg G(\theta) \tag{4.20}$$

4.2.3 自适应阵最优化准则

自适应阵列处理是一种空间滤波技术,包含空间阵列和自适应处理两个部分。根据空时等效性原理,从理论上讲,时域的各种统计自适应信号处理技术均可以用于空域的自适应阵列信号处理,如基于最小均方误差准则(MMSE)的维纳滤波和具有最优估计性能的线性无偏最小方差递推滤波的卡尔曼滤波等。在自适应空域滤波方面,自适应系统通过满足特定的性能度量要求(即准则)调整权向量 $\boldsymbol{W}$ 以适应信号环境。较常用准则有:最小均方误差准则、输出最大信干噪比准则、最大似然比(MLH)准则、最小噪声方差(MNV)准则等[1,2]。下面介绍两种较常用的优化准则,这些准则将被应用到后续的机会阵数字波束形成中。

4.2.3.1 最大信干噪比准则

假设自适应阵只存在单个期望信号,即只期望在单一方向形成信号主瓣,将式(4.1)中的阵列接收信号向量改写为

$$\boldsymbol{X}(t)=\boldsymbol{a}(\theta_0)s_0(t)+\boldsymbol{X}_{i+n}(t)=\boldsymbol{a}(\theta_0)s_0(t)+\sum_{k=1}^{P}\boldsymbol{a}(\theta_k)s_k(t)+\boldsymbol{n}(t) \tag{4.21}$$

式中：$\boldsymbol{X}_{i+n}(t)$为噪声加干扰的向量，且与信号不相关。信号协方差矩阵$\boldsymbol{R}_s$和干扰噪声协方差矩阵$\boldsymbol{R}_{i+n}$分别为

$$\boldsymbol{R}_s=E[s_0(t)\boldsymbol{a}(\theta_0)\boldsymbol{a}^{H}(\theta_0)s_0{}^{*}(t)]=\sigma_s^2\boldsymbol{a}(\theta_0)\boldsymbol{a}^{H}(\theta_0) \tag{4.22}$$

$$\boldsymbol{R}_{i+n}=E[\boldsymbol{X}_{i+n}(t)\boldsymbol{X}_{i+n}^{H}(t)]=\sum_{k=1}^{P}\sigma_k^2\boldsymbol{a}(\theta_k)\boldsymbol{a}^{H}(\theta_k)+\sigma_n^2\boldsymbol{I} \tag{4.23}$$

最大信干噪比准则的目的是使得阵列天线的输出信干噪比最大，即满足式(4.24)的函数最大条件下的优化权值 $\boldsymbol{W}$。

$$\max_{\boldsymbol{w}}(\mathrm{SINR})=\max_{\boldsymbol{w}}\frac{\boldsymbol{W}^H\boldsymbol{R}_s\boldsymbol{W}}{\boldsymbol{W}^H\boldsymbol{R}_{i+n}\boldsymbol{W}} \tag{4.24}$$

通过求解得到最优化权为

$$\boldsymbol{W}_{\mathrm{opt}}=\alpha\boldsymbol{R}_{i+n}^{-1}\boldsymbol{a}(\theta_0) \tag{4.25}$$

式中：$\boldsymbol{a}(\theta_0)$为期望主瓣方向所对应的导向向量；$\alpha=\sigma_s^2\boldsymbol{a}^H(\theta_0)\boldsymbol{W}_{\mathrm{opt}}/\lambda$，其中 λ 为 $\boldsymbol{R}_{i+n}^{-1}\boldsymbol{R}_s$ 的最优权下的最大特征值。

为研究方便，假定噪声功率 $\sigma_n^2=1$。则阵列的信噪比和干噪比(干扰和噪声的功率比)分别为

$$\mathrm{SNR}=\frac{\sigma_s^2}{\sigma^2}=s \tag{4.26}$$

$$\mathrm{INR}=\frac{\sum_{k=1}^{P}\sigma_k^2}{\sigma^2}=f \tag{4.27}$$

4.2.3.2　最小均方误差(MMSE)准则

最优波束形成的 MMSE 准则求解自适应权向量要求提供参考信号信息，阵列处理的自适应权与阵列输出加权求和后与参考信号之差应使得均方值最小。误差信号为期望信号与阵列输出加权求和之差。

$$\varepsilon(t)=d(t)-\boldsymbol{W}^H\boldsymbol{X}(t) \tag{4.28}$$

误差信号两边取模的平方并取数学期望，得

$$E[\varepsilon^2(t)]=E[d^2(t)]-2\boldsymbol{W}^H\boldsymbol{r}_{Xd}+\boldsymbol{W}^H\boldsymbol{R}_X\boldsymbol{W} \tag{4.29}$$

式中

$$\boldsymbol{r}_{Xd}=E[\boldsymbol{X}(t)d^{*}(t)] \tag{4.30}$$

要使均方误差最小，对式(4.29)两边求导并令其为 0，求出权向量的最优值为

$$W_{opt} = R_X^{-1} r_{Xd} \tag{4.31}$$

上式是矩阵形式的 Winner－Hopf 方程,同时也是最优化的维纳解。

通常自适应信号处理的几种优化准则在理想条件下是等价的,不同的准则仅是采用的性能度量不同。不同的性能度量求得的自适应权向量均可归结为 Wierner－Hopf 方程的解。因此普遍认为在自适应算法中选用哪一种准则并不重要,而选择什么样的算法来调整波束方向图从而实现自适应控制却是至关重要的。自适应算法主要分为闭环算法和开环算法,在早期主要注重闭环算法的研究,主要的闭环算法有最小均方(LMS)算法、差分最陡下降(DSD)算法、加速梯度(AG)算法以及它们的变形算法。闭环算法的优点是实现简单、性能可靠、不需数据存储。收敛于最佳权的响应时间取决于数据特征值分布,在干扰分布不明确的条件下,收敛速度慢,在要求具有快速响应的场合,闭环算法不适宜,从而大大限制了其应用。因此,近年来更多研究集中在开环算法上。如直接矩阵求逆(DMI 或 SMI)法,DMI 法通过直接求干扰协方差矩阵的逆来求解Winner－Hopf 方程以获得最优权值,然后作加权相消,它的收敛速度和相消性能都比闭环算法好得多。下面将基于最大信干噪比的 SMI 算法,实现机会阵数字波束形成。

4.3 机会阵数字波束形成

机会阵天线单元空间任意分布,除了第 3 章中采用的智能优化算法可实现其方向图综合外,基于自适应阵原理也可实现其统计最优的数字波束形成。Olen 和 Compton 在 1990 年的文献[3]中提到一种用于任意阵数字方向图综合算法,得到了一维随机分布线阵的 Dolph－Chebyshev 权相似的均匀副瓣电平,该算法以最大信噪比准则为基础,通过引入人为干扰进入需要赋形的副瓣区域以调整该区域的电平。1992 年 Tseng[4] 在 Olen－Compton 算法基础上作了改进,提出了基于线性最小二乘约束方法,通过控制约束峰值的位置来实现方向图向期望方向图的逼近,该算法不需要改变具体的相位值,因此需要较少的迭代次数。1999 年,Philip Y. Zhou[5] 又对该算法做了进一步的改进,使算法不但可用于主瓣赋形也可用于副瓣控制,而且期望方向图理论上不但可以是类似于 Dolph－Chebyshev 权下的均匀副瓣,而且也可以是任意给定的期望方向图。算法在二维对称随机分布阵条件下得到了较为理想的方向图。无论以上哪种方法,本质上都是通过引入人为干扰对方向图的影响来实现波束赋形的。

4.3.1 干扰对波束形成的影响

自适应阵列通过自适应地对变化的空间干扰环境作出反应,在干扰方向形成自适应的零陷以有效滤除干扰，从而保证目标信号的接收。随着干扰信号功率的增加，对应方向零陷会加深。根据这个特点，可以引入大量人为干扰同时入射，自适应阵将根据它们的相对大小在各个入射方向上相应地调整方向图的包络。自适应阵对干扰信号的波束响应依赖于干扰信号的数量与阵列自由度的关系。N 单元阵有 $N-1$ 个自由度。其中一个自由度需要用来在期望的信号方向上形成一个波束最大值。剩下 $N-2$ 个自由度用于对干扰信号方向置零。如果有小于等于 $N-2$ 个干扰信号入射到阵列上，则通常在每个干扰信号方向上都会形成一个零点。如果比 $N-2$ 个干扰信号多的信号入射到阵列上，通常将不能够正常给每个独立的干扰信号置零，而是形成一个折中的波束，该波束会在阵列输出上最小化整个干扰功率（即反而提高信噪比）。自适应阵对干扰信号的响应与干扰信号强度有关，干扰越强，自适应方向图电平越低。机会阵数字波束形成算法正是基于这种干扰对波束电平的影响来实现波束赋形的。

4.3.2　算法描述

第一步：确定主瓣。

为简化问题研究，以单一期望信号情况下的最大信噪比准则为条件，将主瓣确定在某一期望信号的入射方向，通过在副瓣区引入大量的人为干扰来控制副瓣电平。

最大信干噪比条件下的最优权向量如式（4.25）所示。对应期望信号的导向向量为

$$\boldsymbol{a}(\theta_{\mathrm{d}})=[g_1(\theta_{\mathrm{d}}),g_2(\theta_{\mathrm{d}})\mathrm{e}^{-\mathrm{j}\varphi_2(\theta_{\mathrm{d}})},g_3(\theta_{\mathrm{d}})\mathrm{e}^{-\mathrm{j}\varphi_3(\theta_{\mathrm{d}})},\cdots,g_n(\theta_{\mathrm{d}})\mathrm{e}^{-\mathrm{j}\varphi_n(\theta_{\mathrm{d}})}]^{\mathrm{T}} \tag{4.32}$$

式中：θ_{d} 为期望方向；$g_i(\theta_{\mathrm{d}})$ 为第 i 个阵元方向图；φ_i 为相位延迟。

阵列方向图在期望信号方向取得最大值为波束幅度峰值，$P_{\max}=\max\{p(\theta)\}$。$\theta_{\mathrm{L}}$ 和 θ_{R} 为主瓣波束的左、右第一个零点对应的方向，则主瓣范围表示为 $\theta_{\mathrm{L}}\leqslant\theta\leqslant\theta_{\mathrm{R}}$，主瓣之外的区域为副瓣区域。通过在副瓣区域内构造若干虚假干扰，干扰的功率大小根据所在方向的综合方向图幅值进行调整，若某方向的综合方向图幅值较高，则增加该虚假干扰的功率。

第二步：参考选取。

选取副瓣参考电压，即副瓣期望电平，若要求副瓣在 θ 方向上比主瓣的峰值低 $D(\theta)$ dB，则相应 θ 处的期望电压值 $d(\theta)$ 为

$$d(\theta)=\frac{P_{\max}}{10^{[D(\theta)/20]}} \tag{4.33}$$

第三步：干扰计算。

干扰被加到天线方向图副瓣区，入射角度为 $\theta_{f_i}(i=1,2,\cdots,m)$，$f_i$ 为第 i 个干扰，初值选为0。干扰的计算通过当前方向图电压与期望电压做差运算，如果差值比零大，则说明干扰强度不够，在下次迭代中需要保留并得到加强，若差值为负，则说明干扰太大，需要适当减少干扰，但干扰不能比零小。即 $f_i \geqslant 0(i=1,2,\cdots,m)$。

第四步：干扰范围。

由于能量守恒，迭代寻优过程中副瓣不断压低的同时，主瓣会不断展宽，加到主瓣区间的干扰和副瓣区间的干扰通常有所不同，因此每次迭代需要动态地获取主瓣的宽度，这在计算机编程中较容易实现。一种方法是通过求导寻找极值，从而确定主瓣宽度；另一种是通过逐点比较。第 k 次迭代的主瓣区间记为 $(\theta_L(k),\theta_R(k))$。

第五步：期望电压重置。

通常，在算法中，主瓣干扰通常设置为0，但并不意味着副瓣的干扰不会影响主瓣，第 k 次迭代后主瓣峰值 $P_{\max}(\theta,k)$ 并不相同。因此式(4.33)中的期望电压将被重置为

$$d(\theta,k)=\frac{P_{\max}(k)}{10^{[D(\theta)/20]}} \tag{4.34}$$

第六步：迭代方程。

根据 Olen - Compton 的算法迭代方程进行寻优收敛，其迭代方程为

$$f_i(k+1)=\begin{cases}0 & \theta_{fi}\in(\theta_L(k),\theta_R(k)) \\ \max[0,f_i(k)+K\Delta(\theta_{f_i},k)] & \theta_{fi}\notin(\theta_L(k),\theta_R(k))\end{cases} \tag{4.35}$$

式中：$f_i(k)$，$f_i(k+1)$ 分别表示第 k 次和第 $k+1$ 次迭代时方向 θ_{f_i} 处的外加干扰功率；K 是一个正实数，其值的选取影响到算法收敛速度，这里 K 是一个常标量，称为迭代增益或迭代系数。

从以上算法描述过程中可以看出，实现的关键是第六步的干扰功率迭代方程构造，其不仅决定着所综合的方向图形状，也决定着最终的迭代效率。

算例一：算法有效性验证。

为验证算法的有效性，取21个阵元的均匀线阵，阵元间距为 $\lambda/2$，阵元的空间响应为各向同性，常规权下的均匀线阵方向图如图4.1所示。分别用切比雪夫窗和 Olen - Compton 算法综合主副瓣电平差为40dB的阵列方向图。迭代系数 $K=0.1$。仿真结果如图4.2所示，经过5000次迭代收敛，方向图逼近理想切比雪夫权下的综合方向图。

为进一步观察收敛效果，将迭代100次、1000次和5000次的单元权值与且

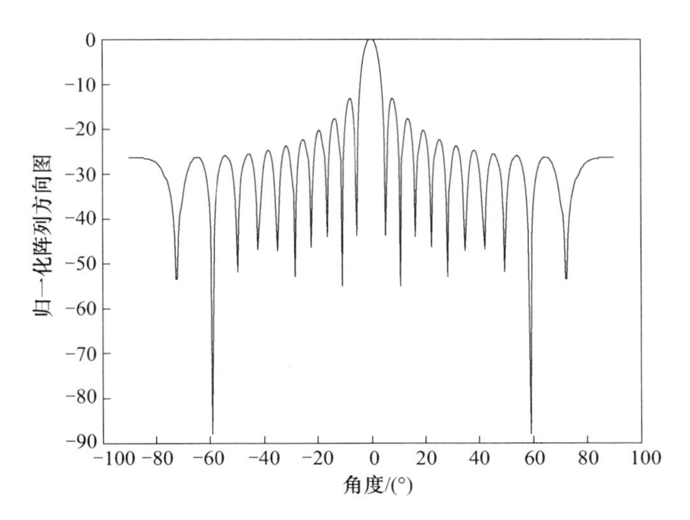

图 4.1　常规权下的均匀线阵方向图

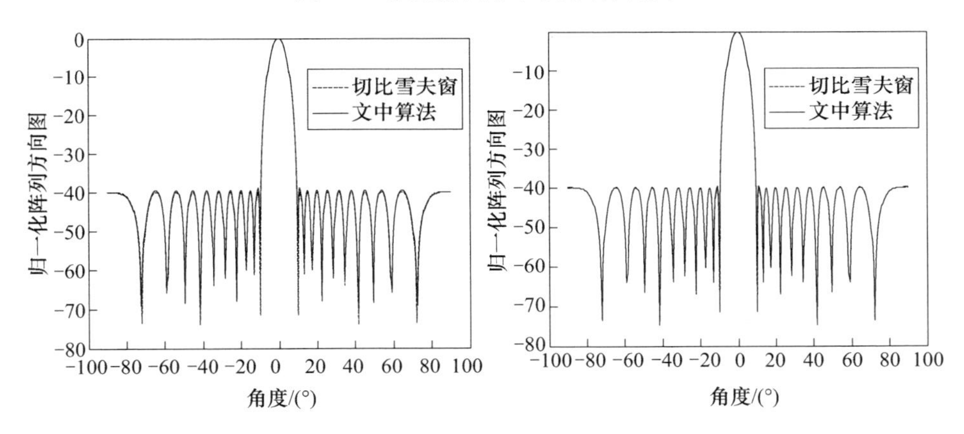

图 4.2　算法迭代 100 次和 5000 次结果与切比雪夫窗比较

比雪夫算法权值进行比较，如表 4.1 所列，可以看出随着迭代次数的增加，Olen – Compton 的收敛权值逐渐逼近理想的且比雪夫权值。通过选取均匀线阵验证了算法的有效性。

表 4.1　权向量比较

阵元权序号	1	2	3	4	5	6	7
切比雪夫窗	0.1193	0.1599	0.2510	0.3601	0.4819	0.6089	0.7317
迭代 100 次	0.1241	0.1654	0.2566	0.3669	0.4882	0.6150	0.7361
迭代 1000 次	0.1201	0.1609	0.2525	0.3620	0.4839	0.6108	0.7338

（续）

阵元权序号	1	2	3	4	5	6	7
迭代 5000 次	0.1198	0.1608	0.2523	0.3618	0.4837	0.6107	0.7332
阵元权序号	8	9	10	11	12	13	14
切比雪夫窗	0.8407	0.9264	0.9812	1	0.9812	0.9264	0.8407
迭代 100 次	0.8440	0.9278	0.9820	1	0.9820	0.9218	0.8440
迭代 1000 次	0.8418	0.9269	0.9813	1	0.9813	0.9269	0.8418
迭代 5000 次	0.8417	0.9269	0.9813	1	0.9813	0.9269	0.8417
阵元权序号	15	16	17	18	19	20	21
切比雪夫窗	0.7317	0.6089	0.4819	0.3601	0.2510	0.1599	0.1193
迭代 100 次	0.7361	0.6150	0.4882	0.3669	0.2566	0.1654	0.1241
迭代 1000 次	0.7338	0.6108	0.4839	0.3620	0.2525	0.1609	0.1201
迭代 5000 次	0.7332	0.6107	0.4837	0.3618	0.2523	0.1608	0.1198

算例二：非均匀对称阵。

为验证 Olen – Compton 算法对非均匀阵的有效性，先固定主瓣的方向为某一方向（本例取法向），要求主副瓣电平满足一定的差值（选主副瓣电平差的目标优化值为 –40dB），单元位置坐标如表 4.2 所列，为方便比较，位置对波长归一化。单元个数仍为 21，迭代因子 $K=5$。

表 4.2　阵元位置坐标

序号	位置坐标	序号	位置坐标
1,21	±5.000	6,16	±2.3398
2,20	±4.6815	7,15	±1.9025
3,19	±3.9025	8,14	±1.5324
4,18	±3.2889	9,13	±0.6289
5,17	±2.9073	10,12	±0.3749
11	0		

非均匀分布单元在常规权条件下的方向图如图 4.3 所示，显然副瓣电平相对均匀阵有所劣化。采用 Olen – Compton 算法收敛 1000 次以后得到如图 4.4 所示的仿真结果，副瓣电平峰值已逼近 –40dB，说明该算法对非均匀阵也是有效的。

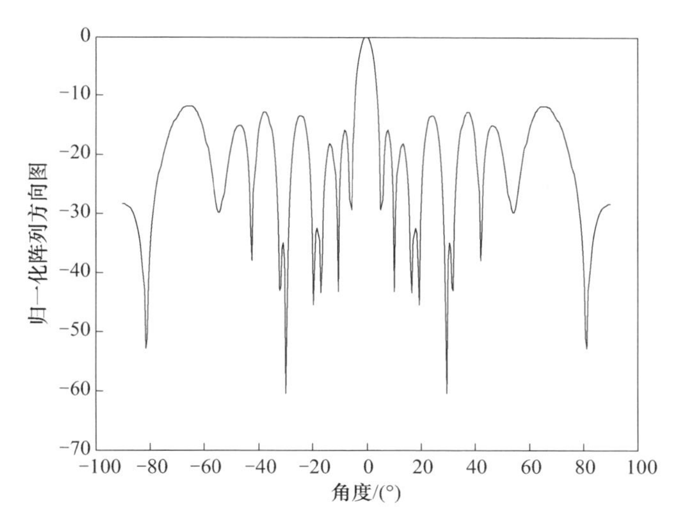

图 4.3　常规权下非均匀对称的阵列方向图

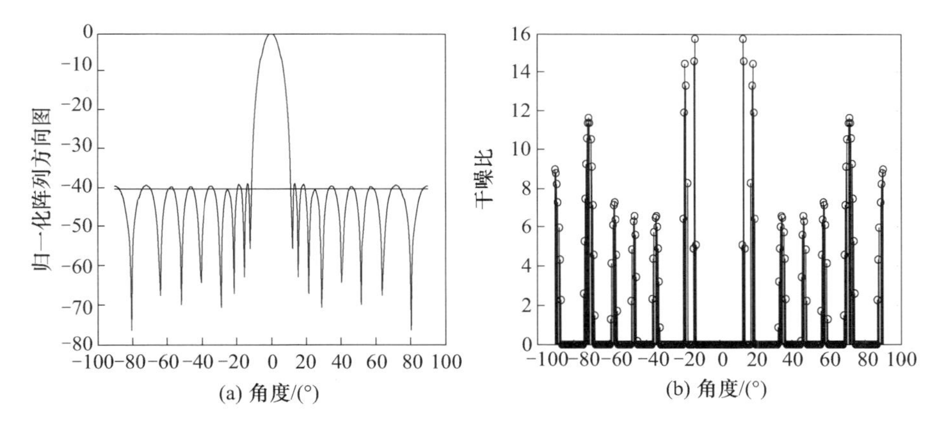

图 4.4　迭代次数 1000 的方向图和 1001 的干噪比(Olen - Compton 算法)

4.3.3　改进算法一

Olen - Compton 算法将自适应原理应用于任意阵的波束综合问题,它采用单一期望信号条件下的最大信噪比准则,把信号的主瓣固定在期望信号的入射方向上,通过在副瓣区引入大量干扰来控制副瓣电平。解决了给定主瓣方向条件下,如何得到满足一定主副瓣电平差要求的阵列方向图综合问题。但是该算法存在几个明显缺点,如收敛速度慢,难以确定 K 值等,文献[2]给出了改进算法为

$$f_i(k+1)=\begin{cases}0 & \theta_{fi}\in(\theta_L(k),\theta_R(k))\\ \max\{0,f_i(k)[1+K\Delta(\theta_{fi},k)]\} & \theta_{fi}\in(\theta_L(k),\theta_R(k))\end{cases} \tag{4.36}$$

式中：$\Delta(\theta_{fi},k)=p(\theta_{fi},k)-d(\theta_{fi},k)$

上式将 $Kf_i\Delta(\theta_{fi},k)$ 迭代增益代替了 Olen – Compton 算法中的 $K\Delta(\theta_{fi},k)$，引入了表征干扰影响相对大小的系数 f_i，可有效提高迭代算法的收敛速度，下面以具体仿真结果加以验证。

算例三：

仿真参数同算例二，阵元位置坐标如表 4.2 所示，迭代因子 $K=5$，仿真结果如图 4.5 所示。算法经过 1000 次迭代后，改进算法一与算例二中的 Olen – Compton 算法比较，得到了较优的收敛结果，干噪比明显稀疏化，说明需要引入的外加干扰用于方向图约束的影响越来越弱。从方向图也能看出副瓣峰值相对算例二更加逼近 –40dB 的水平线。由此验证了改进算法一的有效性。

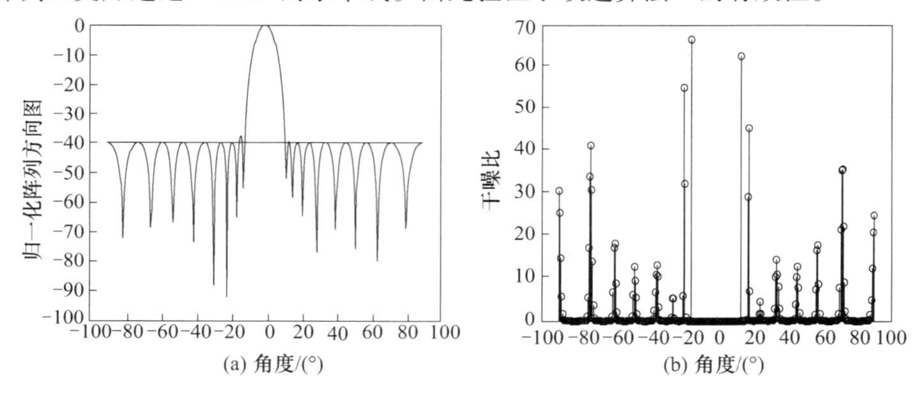

图 4.5　迭代次数 1000 的方向图和 1001 的干噪比（改进算法一）

4.3.4　改进算法二

改进算法一随着迭代次数的增加，偏差函数 $\Delta(\theta_{fi},k)$ 越来越小，以至于每次迭代所引起的增量 $K\Delta(\theta_{fi},k)$ 越来越微不足道，这是造成收敛速度放缓的原因。由此可见干扰 f_i 强度变化并非直接与偏差函数 $\Delta(\theta_{fi},k)$ 有关，而是与 $\Delta(\theta_{fi},k)$ 的相对值有关，即与 $\Delta(\theta_{fi},k)$ 和当时的参考电压 $d(\theta_{fi},k)$ 的比值有关。因此可对式（4.36）中的算法作进一步改进为

$$f_i(k+1)=\begin{cases}0 & \theta_{fi}\in(\theta_L(k),\theta_R(k))\\ \max\{0,f_i(k)[1+K\Delta(\theta_{fi},k)/d(\theta_{fi},k)]\} & \theta_{fi}\notin(\theta_L(k),\theta_R(k))\end{cases} \tag{4.37}$$

算例四：

仿真参数同算例二，阵列位置坐标如表 4.2 所列，迭代因子减少为 $K=1$，迭代 10 次以后的仿真结果如图 4.6 所示。算法仅仅经过 40 次迭代后，改进算法二就得到了较改进算法一更优的收敛结果，如图 4.7 所示，这可以从第 41 次的干噪比的稀疏程度看出，算法已逼近理想值。

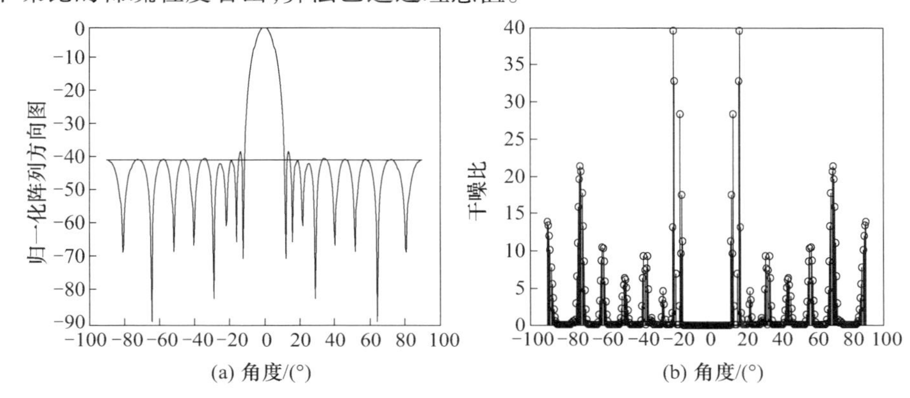

图 4.6　迭代 10 次的方向图和 11 次的干噪比(改进算法二)

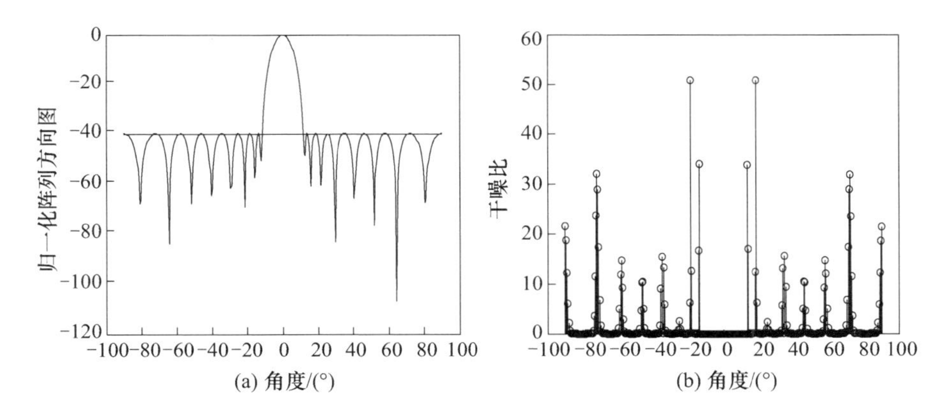

图 4.7　迭代 40 次的方向图和 41 次的干噪比(改进算法二)

4.3.5　固定主瓣宽度

Olen – Compton 算法原形主要是针对一定主瓣方向和一定的主副瓣电平差要求下的任意阵方向图综合问题，但并没有给出主副瓣电平差的极值，如果超出该范围，算法则有可能无法收敛或是导致主瓣过宽。因此研究固定主瓣宽度条件下的副瓣电平收敛问题具有重要意义。下面研究非均匀阵 21 单元的固定主瓣宽度，均匀副瓣电平。阵元位置如表 4.3 所列。算法迭代方程采用改进算法二，迭代因子减少为 $K=1$。

仿真结果如图 4.8 所示,图 4.8(a)和图 4.8(b)分别为主瓣宽度 10°、20°条件下的优化结果和常规权下的结果比较(虚线表示常规权),结果表明固定主瓣宽度后,采用改进优化算法能够将副瓣电平收敛至目标期望值。并且发现,主瓣宽度愈宽,副瓣电平能够被压缩得更低,在主瓣宽度为 10°时,副瓣压缩到了 -20dB 左右,在主瓣宽度为 20°时,副瓣电平则可以被压缩到 -40dB,根据能量守恒的观点不难理解这样的结果。这为目标期望的波束赋形提供了可参考的依据。

表 4.3　阵元位置

单元序号	阵元坐标	单元序号	阵元坐标
1,21	±5.000	6,16	±2.3497
2,20	±4.6015	7,15	±1.8694
3,19	±3.9025	8,14	±1.5402
4,18	±3.2889	9,13	±0.6299
5,17	±2.8973	10,12	±0.3749
11	0		

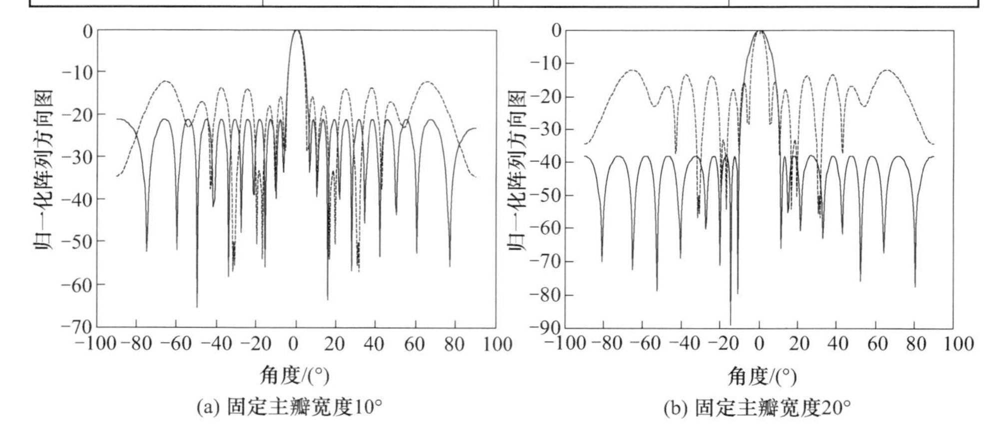

图 4.8　固定主瓣宽度优化结果与常规权方向图(用虚线表示)

4.3.6　机会阵波束形成与控制

为将改进算法二扩展于任意分布阵的多种应用场合,下面以一维随机阵的波束形成与控制为例,具体从以下几个方面进行计算机仿真:固定主瓣宽度,均匀副瓣电平;固定主副瓣电平差;偏主瓣波束形成;多主瓣波束形成;凹口(零陷)形成等。仿真采用 21 个随机分布的天线单元,且非各向同性,位置和初始相位如表 4.4 所列,位置对波长归一。

图 4.9 为常规权下的阵列方向图。图 4.10 为随机线阵迭代 300 次以后的仿真结果,迭代因子 $K=1$。图 4.10(a)为固定主瓣宽度为 12°时均匀副瓣收敛结果,可以看出方向图左右并不对称,但是副瓣仍能够被压缩到 −15dB 左右。图 4.10(b)为固定主副瓣电平差 −40dB,主瓣会随之变宽,但得到的方向图基本保持左右对称性。

表 4.4　阵列参数

阵元序号	1	2	3	4	5	6	7
阵元坐标	−5.449	−3.708	−3.940	−3.259	−2.485	−1.782	−2.144
阵元初相	5.7176	1.4570	1.5036	0.3326	0.4925	4.0264	1.4994
阵元序号	8	9	10	11	12	13	14
阵元坐标	−1.275	−1.027	−0.326	0	0.3161	1.0379	1.1853
阵元初相	5.3022	1.0926	1.0731	6.2473	2.5633	2.1366	1.9543
阵元序号	15	16	17	18	19	20	21
阵元坐标	2.1444	1.8928	2.4879	3.1392	3.9617	3.7098	5.5392
阵元初相	2.2939	2.4708	3.7367	0.7524	0.2396	2.8915	5.4656

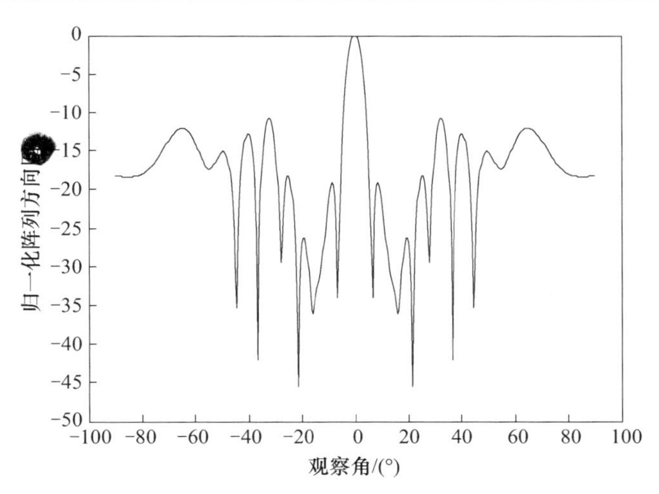

图 4.9　常规权下的阵列方向图

偏主瓣波束形成:主瓣指向 −45°,宽度 20°,迭代因子 $K=1$。图 4.11(a)固定主瓣宽度 20°采用常规权偏主瓣的波束形成结果。图 4.11(b)为固定主副瓣电平差 −25dB 时迭代 100 次以后均匀副瓣收敛结果,可见改进算法对偏主瓣的波束形成仍然有效。

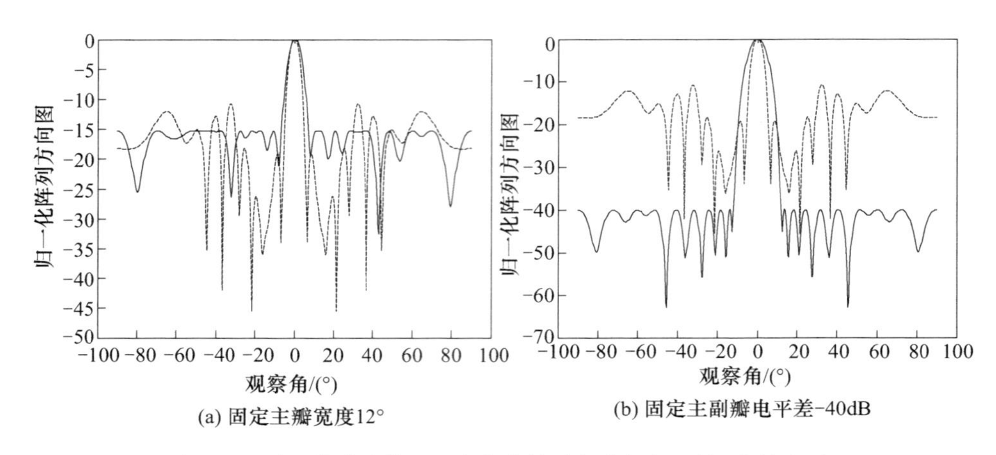

图 4.10 随机线阵迭代 300 次仿真结果与常规权比较(虚线表示)

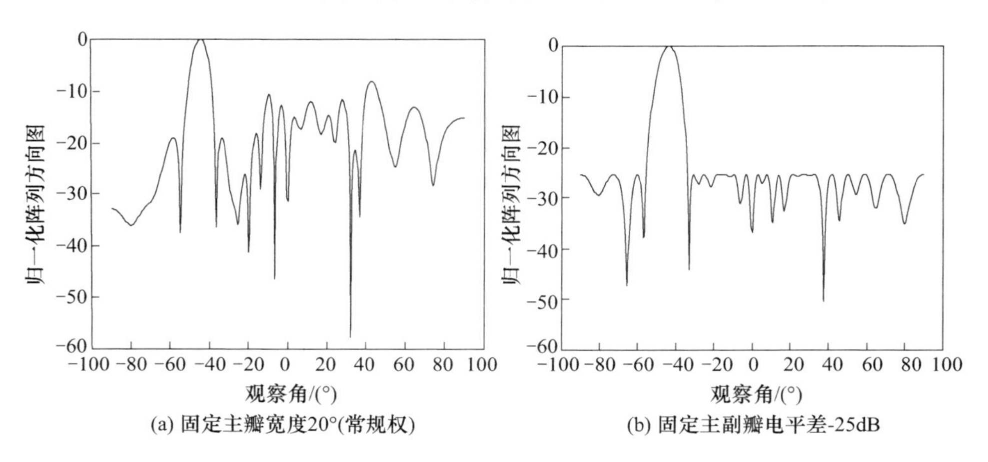

图 4.11 偏主瓣形成仿真结果

多主瓣波束形成:这里以主瓣波束指向 ±20°的双主瓣为例,迭代因子 $K=0.1$,图 4.12(a)为随机线阵常规权双主瓣的波束形成结果。虽然波束指向正确,但副瓣已经严重劣化。图 4.12(b)为固定主副瓣电平差 -30dB 时迭代 100 次以后均匀副瓣收敛结果,方向图最大值同时指向 20°和 -20°,副瓣峰值电平基本在一条水平线上,可见改进算法对多主瓣的波束形成是有效的。

凹口形成:假设在(-45°, -25°)和(10°,30°)区间内形成凹口,分别比副瓣低 20dB 和 10dB,迭代因子 $K=0.1$,迭代 100 次后,图 4.13(a)为凹口形成结果。再假设在(-90°, -30°)和(30°,90°)区间内凹口,均比副瓣低 10dB,图 4.13(b)为凹口形成结果,各凹口峰值基本水平一致,可见改进算法对随机阵的凹口形成也是有效的。

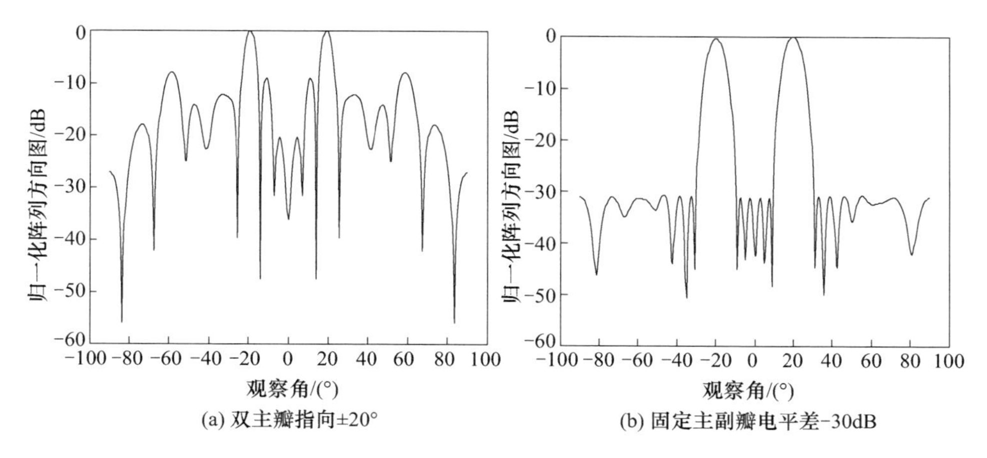

(a) 双主瓣指向±20°　(b) 固定主副瓣电平差-30dB

图 4.12　多主瓣形成仿真结果

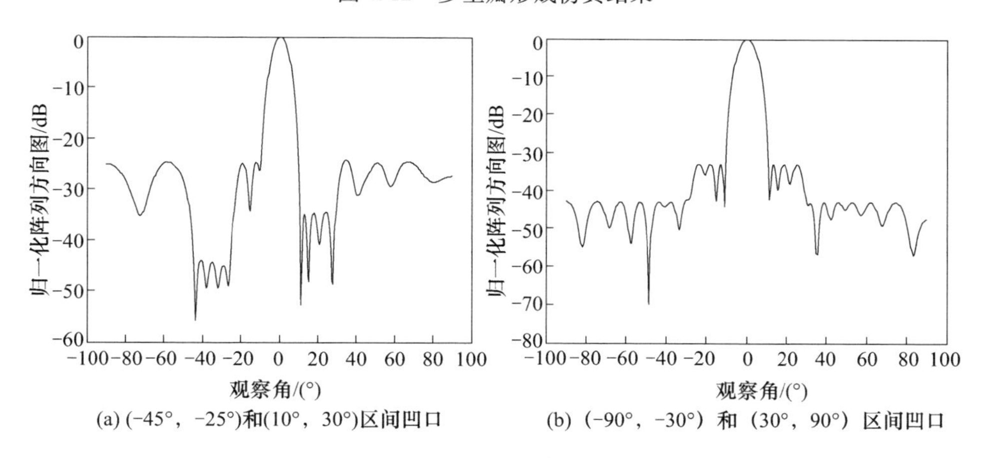

(a) (-45°，-25°)和(10°，30°)区间凹口　(b) (-90°，-30°) 和 (30°，90°) 区间凹口

图 4.13　凹口形成仿真结果

4.4　二维波束形成

Olen - Compton 的自适应波束形成算法不但适用于一维随机线阵，而且可扩展至二维或三维任意阵。通常线阵的方向图考虑的是单一平面内的信号入射情形，实际上信号入射不但具有方位角 ϕ，而且具有俯仰角 θ。二维阵更是如此，这就决定了信号的导向向量 $\boldsymbol{a}$ 应当包含俯仰和方位两方面的参数信息。假定平面阵由 N 个位于 xOy 平面上的阵元组成，第 n 个单元的位置向量为$\boldsymbol{d}_n = x_n\boldsymbol{i} + y_n\boldsymbol{j}$，期望信号从远场入射，如图 4.14 所示，图中阵面法向为 z 轴，俯仰角为 $90° - \theta$（θ 为导向向量 $\boldsymbol{a}$ 与 z 轴的夹角，$0° \leqslant \theta \leqslant 90°$），方位角为 ϕ（导向向量 $\boldsymbol{a}$ 在 xOy 面上的投影与 x 轴的夹角，$0° \leqslant \phi \leqslant 360°$）。

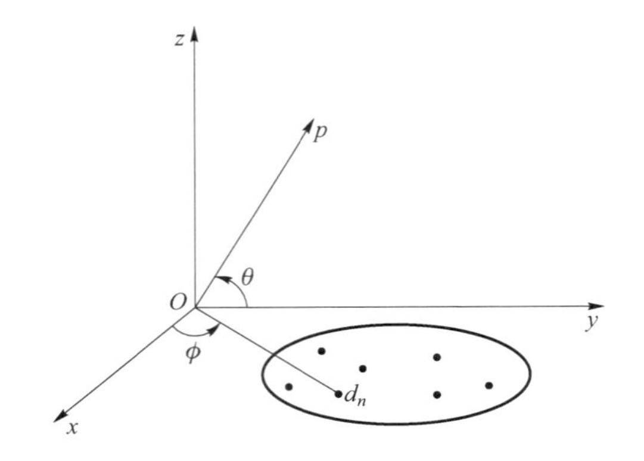

图 4.14　二维非均匀阵单元示意图

假定单元在空间任意分布，入射信号振幅为 A，频率为 ω_0，相对坐标原点形成的初相为 ψ。第 n 个阵元的空间响应函数为

$$x_n(t)=g_n(\theta,\phi)\mathrm{e}^{\mathrm{j}\left(\frac{2\pi x_n}{\lambda}\sin\theta\cos\phi+\frac{2\pi y_n}{\lambda}\sin\theta\sin\phi\right)} \tag{4.38}$$

整个阵列接收到的信号向量 $\boldsymbol{X}(t)$ 可表示为

$$\boldsymbol{X}(t)=A\mathrm{e}^{\mathrm{j}(\omega_0 t+\psi)}\left[g_1(\theta,\phi)\mathrm{e}^{\mathrm{j}\left(\frac{2\pi x_1}{\lambda}\sin\theta\cos\phi+\frac{2\pi y_1}{\lambda}\sin\theta\sin\phi\right)},g_2(\theta,\phi)\mathrm{e}^{\mathrm{j}\left(\frac{2\pi x_2}{\lambda}\sin\theta\cos\phi+\frac{2\pi y_2}{\lambda}\sin\theta\sin\phi\right)},\right.$$
$$\left.\cdots,g_N(\theta,\phi)\mathrm{e}^{\mathrm{j}\left(\frac{2\pi x_N}{\lambda}\sin\theta\cos\phi+\frac{2\pi y_N}{\lambda}\sin\theta\sin\phi\right)}\right]^{\mathrm{T}} \tag{4.39}$$

令

$$\boldsymbol{a}(\theta,\phi)=\left[g_1(\theta,\phi)\mathrm{e}^{\mathrm{j}\left(\frac{2\pi x_1}{\lambda}\sin\theta\cos\phi+\frac{2\pi y_1}{\lambda}\sin\theta\sin\phi\right)},g_2(\theta,\phi)\mathrm{e}^{\mathrm{j}\left(\frac{2\pi x_2}{\lambda}\sin\theta\cos\phi+\frac{2\pi y_2}{\lambda}\sin\theta\sin\phi\right)},\right.$$
$$\left.\cdots,g_N(\theta,\phi)\mathrm{e}^{\mathrm{j}\left(\frac{2\pi x_N}{\lambda}\sin\theta\cos\phi+\frac{2\pi y_N}{\lambda}\sin\theta\sin\phi\right)}\right]^{\mathrm{T}} \tag{4.40}$$

$\boldsymbol{a}(\theta,\phi)$ 是一个仅与信号的入射方向有关的向量，称其为导向向量。

$$\boldsymbol{X}(t)=A\mathrm{e}^{\mathrm{j}(\omega_0 t+\psi)}\boldsymbol{a}(\theta,\phi) \tag{4.41}$$

$$y(t)=A\mathrm{e}^{\mathrm{j}(\omega_0 t+\psi)}\boldsymbol{W}^{\mathrm{T}}\boldsymbol{a}(\theta,\phi) \tag{4.42}$$

$A\mathrm{e}^{\mathrm{j}(\omega_0 t+\psi)}$ 是与 θ,ϕ 无关的量，因此可定义阵列的方向图函数

$$F(\theta,\phi)=\left|\boldsymbol{W}^{\mathrm{T}}\boldsymbol{a}(\theta,\phi)\right| \tag{4.43}$$

与一维线阵波束形成相比，二维面阵的方向图函数仅仅是导向向量和阵元的位置由一维变成了二维，公式基本结构是一致的，因此可以将一维线阵的方向图综合算法移植到二维面阵中，所不同的是线阵中与 θ 有关的变量更换为 (θ,ϕ) 的二元函数，包括导向向量 $\boldsymbol{a}$，相关矩阵 $\boldsymbol{R}$，入射干扰 f、参考电压 d、电压偏差函数 $\boldsymbol{\Delta}$。因此基于一维线阵改进算法的迭代方程式(4.37)在二维面阵中应为

$$
f(\theta,\phi,k+1)=\begin{cases}0 & (\theta,\phi)\in\text{主瓣区}\\ \max\{0,f(\theta,\phi,k)[1+K\Delta(\theta,\phi,k)/ \\ d(\theta,\phi,k)]\} & (\theta,\phi)\notin\text{主瓣区}\end{cases} \tag{4.44}
$$

为了表示和作图的方便,需作如下的坐标变换

$$
\begin{cases}x=\sin(\theta)\cos(\phi)\\ y=\sin(\theta)\sin(\phi)\end{cases} \tag{4.45}
$$

导向向量由此转换为

$$
\begin{aligned}\boldsymbol{a}(x,y)=&\left[g_1(x,y)\mathrm{e}^{\mathrm{j}\left(\frac{2\pi x_1}{\lambda}x+\frac{2\pi y_1}{\lambda}y\right)},g_2(x,y)\mathrm{e}^{\mathrm{j}\left(\frac{2\pi x_2}{\lambda}x+\frac{2\pi y_2}{\lambda}y\right)},\cdots,\right.\\ &\left.g_N(x,y)\mathrm{e}^{\mathrm{j}\left(\frac{2\pi x_N}{\lambda}x+\frac{2\pi y_N}{\lambda}y\right)}\right]^{\mathrm{T}}(x^2+y^2\leqslant 1)\end{aligned} \tag{4.46}
$$

因此式(4.44)转换为

$$
f(x,y,k+1)=\begin{cases}0 & (x,y)\in\text{主瓣区}\\ \max\{0,f(x,y,k)[1+K\Delta(x,y,k)/d(x,y,k)]\} \\ (x,y)\notin\text{主瓣区},(x^2+y^2\leqslant 1)\end{cases} \tag{4.47}
$$

仿真结果:二维非均匀面阵单元分布如图 4.15 所示,单元各向同性,由 61 个天线单元组成。图 4.16 为常规权值下的方向图,副瓣较高。采用式(4.47)的迭代方程,主瓣宽度 20°,迭代系数 $K=1$,经 20 次迭代优化后得到的方向图如图 4.17所示,副瓣被均匀化,趋于 −18dB 左右。

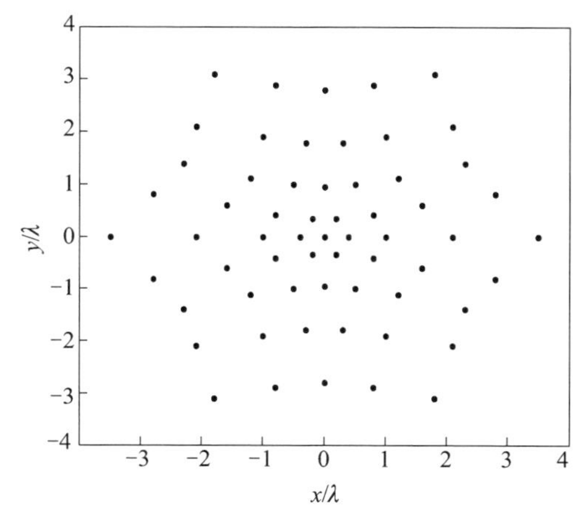

图 4.15　二维非均匀阵单元分布图

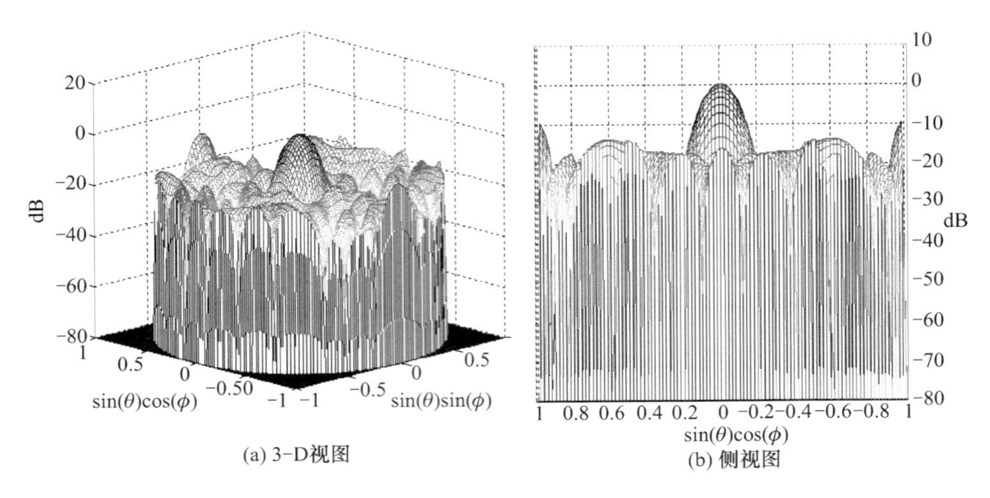

(a) 3-D视图　　(b) 侧视图

图 4.16　二维非均匀阵常规权方向图

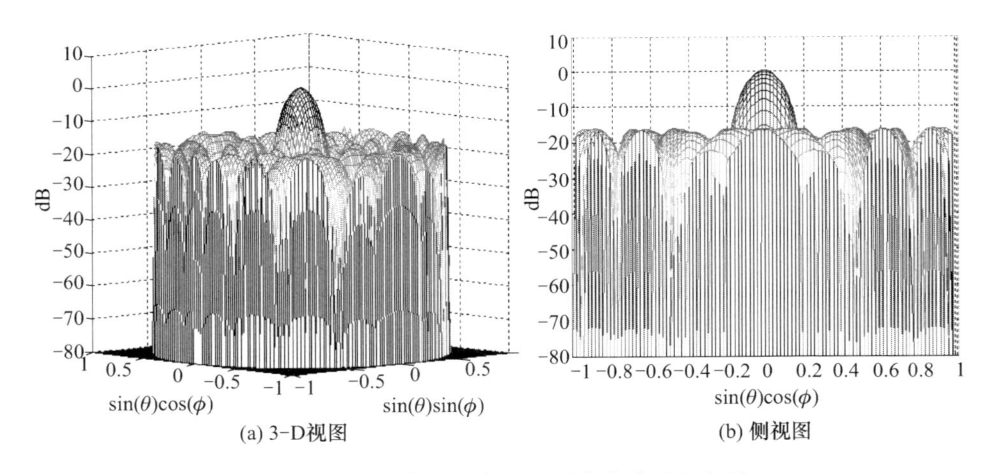

(a) 3-D视图　　(b) 侧视图

图 4.17　二维非均匀阵 20 次迭代优化后方向图

4.5　三维波束形成

3－D 任意阵波束形成与一维和二维的类似，将上述二维转成三维即可，假定空间阵由 N 个阵元组成，第 n 个单元位置向量为$\boldsymbol{d}_n = x_n\boldsymbol{i} + y_n\boldsymbol{j} + z_n\boldsymbol{j}$，期望信号从远场入射，如图 4.18 所示。

与一维线阵波束形成相比，三维面阵的方向图函数仅仅是导向向量、阵元的位置由一维变成了三维，公式基本结构是一致的，因此可以将一维线阵的方向图

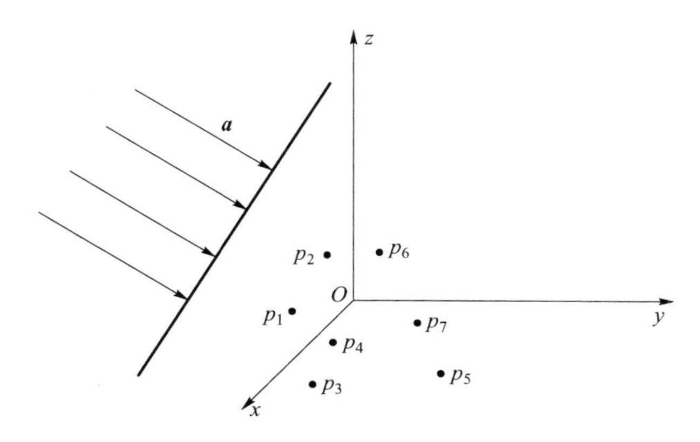

图 4.18　3 - D 任意阵位置示意图

综合算法移植到三维任意阵中,所不同的是线阵中与 θ 有关的变量更换为(θ,ϕ)的二元函数,包括导向向量 $\boldsymbol{a}$,相关矩阵 $\boldsymbol{R}$,入射干扰 f、参考电压 d、电压偏差函数 $\boldsymbol{\Delta}$。因此基于一维线阵改进算法的迭代方程式(4.37)需作如下的坐标变换为

$$\begin{cases} x = \sin(\theta)\cos(\phi) \\ y = \sin(\theta)\sin(\phi) \\ z = \cos(\theta) \end{cases} \tag{4.48}$$

导向向量由此转换为

$$\begin{aligned} \boldsymbol{a}(x,y,z) = [& g_1(x,y,z)\mathrm{e}^{\mathrm{j}\left(\frac{2\pi x_1}{\lambda}x+\frac{2\pi y_1}{\lambda}y+\frac{2\pi z_1}{\lambda}z\right)}, g_2(x,y,z)\mathrm{e}^{\mathrm{j}\left(\frac{2\pi x_2}{\lambda}x+\frac{2\pi y_2}{\lambda}y+\frac{2\pi z_2}{\lambda}z\right)}, \\ & \cdots, g_N(x,y)\mathrm{e}^{\mathrm{j}\left(\frac{2\pi x_N}{\lambda}x+\frac{2\pi y_N}{\lambda}y+\frac{2\pi z_N}{\lambda}z\right)}]^{\mathrm{T}} \qquad (x^2+y^2\leqslant 1) \end{aligned} \tag{4.49}$$

式(4.47)转换为

$$f(x,y,z,k+1) = \begin{cases} 0 \qquad (x,y,z)\in \text{主瓣区} \\ \max\{0, f(x,y,z,k)[1+K\Delta(x,y,z,k)/ \\ d(x,y,z,k)]\} \qquad (x,y,z)\notin \text{主瓣区},(x^2+y^2\leqslant 1) \end{cases} \tag{4.50}$$

仿真结果:三维任意阵单元分布如图 4.19 所示,单元位置对波长归一化,单元各向同性,由 183 个天线单元组成。图 4.20 为常规权值下的方向图,副瓣较高。采用式(4.50)的迭代方程,设定主瓣宽度 30°,迭代系数 $K=1$,经过 20 次迭代优化后得到的方向图如图 4.21 所示,副瓣被均匀化,趋于 -25dB 左右。验证了改进算法对任意阵的有效性,可用于机会阵数字波束形成。

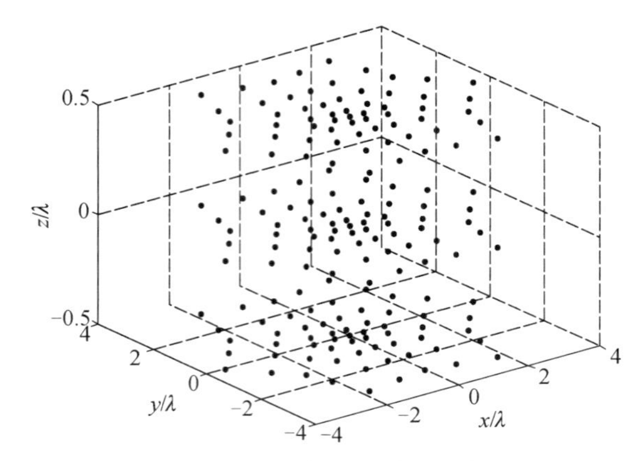

图 4.19　三维任意阵单元分布图

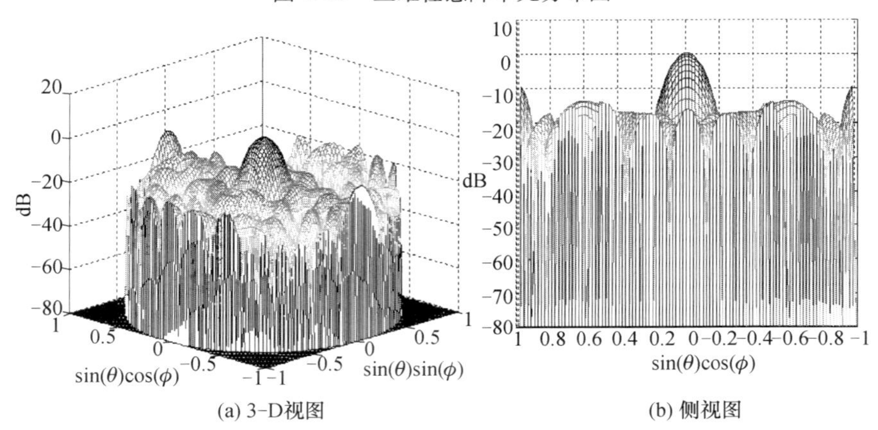

(a) 3-D视图　　(b) 侧视图

图 4.20　三维非任意阵常规权方向图

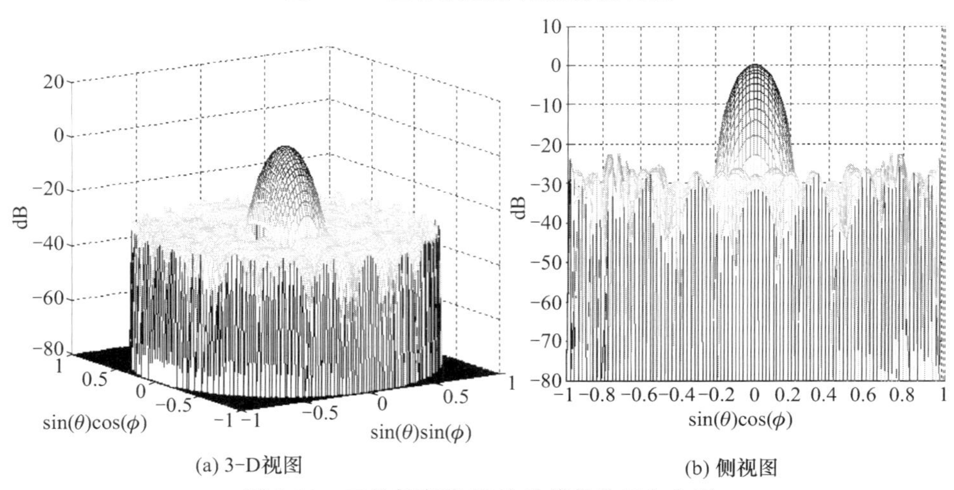

(a) 3-D视图　　(b) 侧视图

图 4.21　三维任意阵 20 次迭代优化后方向图

参考文献

[1] 王永良,丁前军. 自适应阵列处理[M]. 北京:清华大学出版社,2009.

[2] 刁跃龙. 基于自适应阵原理的任意阵方向图综合[D]. 西安:西安电子科技大学,2003.

[3] Olen C A, Compton R T. A numerical pattern Synthesis Algorithm for Arrays [J]. IEEE Transactions on Antennas and Propagation, 1990, 38(10):1666 - 1670.

[4] Tseng C, Griffiths L J. A Simple Algorithm to Achieve Desired Patterns for Arbitrary [J]. IEEE Transactions on Signal Processing, 1992, 40(11):2737 - 2746.

[5] Zhou Y Philip, Mary A I. Pattern Synthesis for arbitrary arrays using an adaptive array method [J]. IEEE Transactions on Antennas and Propagation, 1999, 47(5):862 - 869.

[6] Jon A Bartee. Genetic Algorithms as a tool for opportunistic phased array radar design [D]. California:Naval Postgraduate School, 2002.

[7] Lance C Esswein. Genetic algorithm design and testing of a random element 3 - D 2.4 GHz phased array transmit antenna constructed of commercial RF microchips [D]. California:Naval Postgraduate School, 2003.

[8] Chin H M Tong. System study and design of broad - band U - slotmicrostrip patch antennas for aperstructures and opportunistic arrays [D]. California:Naval Postgraduate School, 2005.

[9] Yoke Chunang Yong. Receive channel architecture and transmission system for digital array radar [D]. California:Naval Postgraduate School, 2005.

[10] Yong Loke. Sensor synchronization geolocation and wireless communication in a shipboard opportunistic array [D]. California:Naval Postgraduate School, 2006.

[11] Eng Choon Yen. Wirelessly networked opportunistic digital phased array: System analysis and development of a 2.4GHz demonstrator [D]. California: Naval Postgraduate School, Dec. 2006: 1 - 70

[12] Swart W A, Oliver J C. Numerical synthesis of arbitrary discrete arrays [J]. IEEE Transactions on Antennas and Propagation, 1993, 41(8):1171 - 1174.

[13] Dotlic I D, Zejak A J. Arbitrary antenna array pattern synthesis using minimax algrorithm [J]. Electronics Letters, 2001, 37(4):206 - 208.

[14] Dolph C L. A current distribution for broadside arrays which optimizes the relationship between beam width and sidelobe level[J]. Proc. IRE. 1946, 34(2):335 - 348.

[15] Griffiths L J, Buckley K M. Quiescent pattern control in linearly constrained adaptive array. IEEE Transactions on Acoust [J]. Speech Signal Processing, 1987, 35(7):917 - 926.

[16] Parks T W, McClellan J H. Chebyshev approximation for nonrecursive digital filters with linear phase [J]. IEEE Transactions on Circuit Theory, 1972, 19(3):189 - 194.

[17] Barbiere D. A method for calculating the current distribution of Tschebyscheff arrays[J]. Proc. IRE, 1953, 41(11):1671 - 1674.

[18] Villeneuve A T. Taylor patterns for discrete arrays [J]. IEEE Transactions on Antennas and Propagation, 1984, 32(10):1089 - 1093.

[19] Elliott R S, Stern G J. A new technique for shaped beam synthesis of equispaced arrays [J]. IEEE Transactions on Antennas and Propagation, 1984, 32(10):1129 - 1133.

[20] Lee S W, Lo Y T, Lee Q H. Optimization of directivity and signal - to - noise ratio of an arbitrary array[J]. Proc. IEEE, 1966, 45(8):1033 - 1045.

[21] Dufort E C. Pattern synthesis based on adaptive array theory [J]. IEEE Transactions on Antennas and Propagation, 1989, 37(8):1011 - 1018.

[22] Frost O L. An algorithm for linearly constrained adaptive array processing[C]. Proc. IEEE, 1972, 60(8):926 - 935.

[23] Griffiths L J, Jim C W. An alternative approach to linearly constrained adaptive beamforming [J]. IEEE Transactions on Antennas and Propagation, 1982, 30(2):27 - 34.

[24] Randy L H. Phase only adaptive nulling with a genetic algorithm [J]. IEEE Transactions on Antenna and Propagation, 1997, 45(6): 1009 - 1014.

[25] Marcano D, Duran F. Synthesis of antenna arrays using genetic algorithm [J]. IEEE Antennas and Propagation Magazine, 2000, 42(3): 12 - 20.

[26] Yan K K, Lu Y. Sidelobe reduction in array - pattern synthesis using genetic algorithm [J]. IEEE Transactions on Antennas and Propagation, 1997, 45(7): 1117 - 1121.

[27] Tennant A,Dawoud M M, Anderson A P. Array pattern nulling by element position perturbations using a genetic algorithm [J]. Electronics letters, 1994, 30(3): 174 - 176.

[28] Liao W P, Chu F L. Application of genetic algorithms to phase - only null steering of linear arrays [J]. Electromagnetics, 1997, 17: 171 - 183.

[29] Kumar B P, Branner G R. Generalized analytical technique for the synthesis of unequally spaced arrays with linear, planar, cylindrical or spherical geometry [J]. IEEE Transactions on Antennas and Propagation, 2005, 53(2):621 - 634.

[30] Kumar B P, Branner G R. Design of unequally spaced arrays for performance improvement [J]. IEEE Transactions on Antennas and Propagation, 1999, 47(3):511 - 523.

[31] Unz H. Linear arrays with arbitrarily distributed elements [J]. IEEE Transactions on Antennas and Propagation, 1960, 8(3):222 - 223.

[32] Sreinberg B D. The peak sidelobe of the phased arrays having randomly located elements [J]. IEEE Transactions on Antennas and Propagation, 1972, 20(2):129 - 136.

[33] Schuman H K, Strait B J. On the design of unequally spaced arrays with nearly equalsidelobes [J]. IEEE Transactions on Antennas and Propagation, 1968, 16(4):493 - 494.

[34] Schjacer - Jacobsen H, Madsen K. Synthesis of nonuniformly spaced arrays using a general nonlinear minimax optimization method [J]. IEEE Transactions on Antennas and Propagation, 1976, 24(4):501 - 506.

第5章 机会阵传输同步与单元定位技术

5.1 引　　言

机会阵雷达天线单元和收发组件(T/R)随遇机会布置于同一个载体平台或者不同载体平台的三维立体空间,收发组件被高度数字化。数字化雷达以其灵活的数字波束形成(DBF)能力和多维度的空—时—能资源管理方式成为近年来雷达领域的研究热点。雷达T/R组件数字化以后,面临着信号传输与同步的技术难题,尤其当雷达工作频率和带宽增加以后,本振信号和时序信号的同步性将对雷达系统工作性能产生重要影响。机会阵雷达由于数字T/R组件被机会布置于不同的载体平台或载体平台的三维立体空间,信号传输、信号同步和单元定位将成为一个必须解决的问题。因此,研究新的信号传输、信号同步与单元位置定位方式具有重要意义。本章在对现有的和潜在的几种雷达信号传输方式进行分析比较基础上,以分布式机会阵雷达为例,对光纤与无线两种传输技术进行了较为深入的探讨,设计了信号传输链路,介绍了本振信号同步技术实现方法。光纤采用层级化的同步模式,无线采用闭环反馈的自适应同步。前者已在国内多基站雷达系统工程应用中得到了验证,同步精度可达纳秒级。后者的同步算法通过计算机仿真进行验证,建立了同步之于雷达系统性能影响的数学模型,借助该模型可以定量分析同步精度、工作带宽、工作频率与波束指向、副瓣电平等系统指标的关系,该模型对于雷达总体设计人员设计数字化的宽带雷达系统同步性指标具有同样重要的指导意义。

机会阵雷达机会布置的天线单元通常处于动态的环境中,阵元位置可以是不断连续变化的,为了获得良好的阵列波束形状,并在信号处理过程中避免天线副瓣抬高和天线增益下降,单元的空间位置需要精确定位。5.5节介绍了位置误差对雷达系统性能的影响和基于多种位置定位技术的工程测量方法。基于系统性能和技术适用性的考虑,探讨了单元定位方法实现的可行性。最后通过仿真得到舰体形变对雷达性能的影响,以便确定动态位置传感器所需的精度要求。

5.2 信号传输技术

5.2.1 信号特点

机会阵雷达信号的传输方式分为有线传输和无线传输两种。有线传输应用较多的是电缆传输和光纤传输。无线传输包括基于射频的无线传输和基于激光的自由空间光传输(FSO)等。电缆传输是最基本也是最成熟的传输手段,但传输距离和信号带宽有限,难以满足机会阵雷达信号传输需求。光纤传输性能优越,近年来在雷达中的应用日趋普遍,其带宽宽、传输距离远,具有良好的"四抗"性能。但电缆和光纤需要借助"有形"介质,机会阵雷达天线单元和T/R组件机会布置于同一个载体平台或者不同载体平台的三维立体空间,因此难以满足机会阵雷达信号传输要求。自由空间激光传输和无线传输不需要借助线缆,可以在空间自由传播,是分布式机会阵雷达信号传输的潜在方法。

机会阵雷达采用数字波束形成技术形成雷达扫描波束。与一般相控阵雷达不同之处在于不需要专门的波束控制系统对阵面单元移相器相位进行计算和移相控制[1],而是通过主控计算机发送波形码配合直接数字综合(DDS)器件所需的定时、时钟信号形成雷达波束。其基本工作原理是:处于发射态下的数字收发组件(DTR)接收波束扫描所需的幅度码和相位码,经数字上变频后由天线辐射单元定向发射出去在空间实现天线单元能量的相干合成;接收态下DTR进行数字下变频后形成正交的I/Q视频信号。该信号通过信号传输链路与数字信号处理机相连,进行DBF处理和常规信号处理以形成目标点迹。数字收发组件的原理如图5.1所示。由于数字阵雷达不同于传统相控阵雷达的工作原理,其信号除了种类上有所不同之外,信号传输还具有不同的特点和传输要求。

(1) 数字阵的发射波形是由分布在各个DTR中的专用DDS器件,通过内部采样恢复电路和D/A转换电路等高速电路实现的,波形产生快、切换时间短,这就要求波形产生信号和定时信号接口电路和传输通道必须采用高速设计。因此高速传输和高速接口成为数字阵雷达研究的重要课题和关键技术之一,针对数字阵雷达信号传输的这种特殊要求,文献[2]阐述了一种组件内接口采用高速LVDS传输,组件外采用光纤传输的设计方法。

(2) 基于数字下变频的多通道数字化接收技术将产生数十到数百路以上的I/Q数据信号,每路信号速率从几十到几百兆甚至更高。如此众多的传输通道和数据速率,传统的传输手段技术难以实现,大容量的光纤和无线传输成为潜在的技术手段。

(3) 数字阵雷达的发射波形产生被分散在各个独立的数字组件中,波形产生的起始由定时同步信号统一触发完成。因此数字阵不同收发组件之间定时信号的相对延时需加以控制,否则将失去相控阵雷达通道间的相位一致性,从而对数字波束形成质量和雷达总体性能造成影响。此外由于器件的噪声和传输链路的非线性效应造成的定时信号抖动劣化也将对雷达波束形成和性能造成一定影响。因此数字阵雷达光传输设计需要考虑延时控制和抖动抑制。

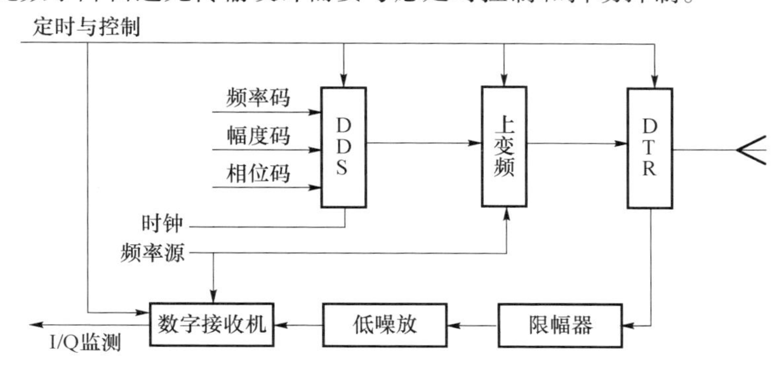

图 5.1　数字 T/R 组件原理图

机会阵雷达详细的信号种类,特点和传输要求如表 5.1 所列,其中上行链路指由数字波束形成器到数字阵面流向,下行链路与之相反。从表 5.1 可以看出:上行本振和时序同步信号为点对多点的“广播式”分发传输模式,信道间的同步性和实时性要求很高;下行回波 I/Q 数据为来自众多 DTR 的采样输出,对信道容量要求很高。因此数字阵雷达信号传输设计必须考虑同步性、实时性和大容量等方面要求。

表 5.1　信号特点和传输要求

信号种类	功能	特点/要求	同步性要求
上行	波形产生控制	DDS 波形产生	带宽低,同步性较低
	其他控制信号	逻辑控制	带宽低,同步性低
	时序同步信号	混频起始	同步性高,带宽低
	本振信号	混频	同步性高,相噪低
下行	监测信号	阵面监测	带宽低,同步性低
	I/Q 数据信号	雷达回波	数据率大,同步性较高
	数据同步信号	位采样/帧同步	带宽较低,同步性较高
	位置信号	位置同步补偿	数据率低

5.2.2 无线传输

无线传输突破了电缆传输和光纤传输需要有形介质的弱点,相对于自由空间激光传输(FSO)而言,技术上一个显著优点是不需要复杂的波束捕获跟踪装置,相对发散的波束可以形成一个广阔的覆盖区域,易于实现不同载体平台之间和各单元与波束形成器之间的传输链路。分布式机会阵无线传输链与FSO链基本相同,但不如FSO那样具有良好的电磁隐蔽性。就目前技术水平而言,无线传输技术由于有强大的民用通信市场支撑,技术成熟度要比FSO高。因此,本章将重点论述无线传输方式在机会阵雷达中的应用。无线网络化的机会阵雷达(WONDAR)的信号流如图5.2所示,图中标明了单元组件到波束形成器之间的信号种类和流向,并给出了传输系统的重要组成部分。

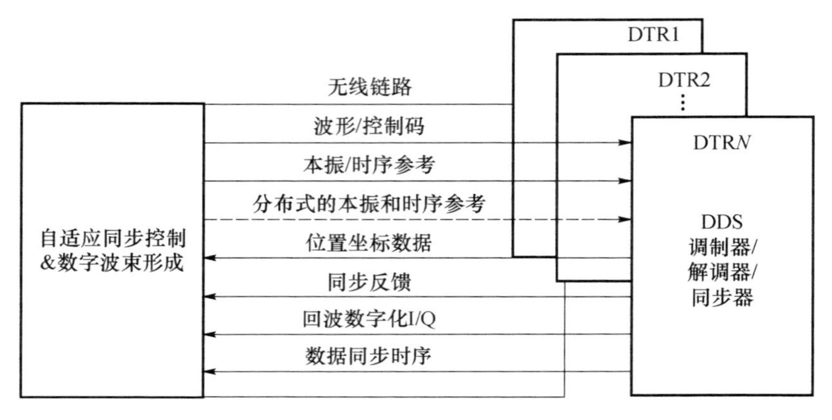

图5.2　信号流图

5.2.3　光纤传输

光纤传输在数字阵雷达有着重要应用价值,文献[2]以天波超视距雷达为应用背景详细介绍了数字阵雷达光纤传输系统设计。为不失一般性,以收发共阵、具备全方位惯性扫描的数字阵雷达为例,数字阵分为阵面上、下两个部分,阵面上由天线和数字收发组件等部分组成;阵面下可以是设备方舱或掩体,主要包含数字波束形成系统、波形控制和定时产生系统、数据处理系统等。由于阵面具备旋转能力,因此阵面上、下信号需要光纤旋转连接器对光信号动态连接,如图5.3所示。数字阵雷达信号分为上行和下行两种,设计在阵面上放置中继发送模块。中继发送模块可以根据阵面数量大小和子阵划分灵活扩展其中继分发能力。数字阵雷达下行数据信号通道数多,数据量大,由于存在光纤旋转连接器的通道瓶颈,因此提高单信道传输容量,最大限度压缩信道数量成为下行数据传输设计的核心。数据整合功能模块在光传输系统中起着承上启下的作用,功能相对复杂且被高度模块化。其中一部分功能用于提供上行定时、控制信号的传输通道和延时控制,另一部分功能用于下行数据整合和雷达信号预处理等。数字阵光传输系统信号流向如图5.3中箭头所示。下行多路高速数据量的大小由数字接收机的ADC的采样位宽决定，随着采样速率和采样精度的增加，组件数据量明显增大。为了解决数据量的增大带来的传输问题，设计采用二次复接的方法使数据率得以显著提高。数据的二次复接在数据整合模块中实现，然后在帧形成电路作用下完成数据帧形成，并以高速的串行数据送入电光转换器，实现光发送。通常整个过程都是在具有高速光接口的FPGA内完成。为了进一步减少数字阵面上下连接的光纤通道数，提高单纤信道的传输容量，本设计采用光波分复用的方法。波分复用技术的应用可以使阵面上、下信道数得以大比幅压缩，显著提高信道容量，波分复用器和光源的选择根据雷达实际阵面大小和传输距离要求、可靠性和成本诸方面因素综合考虑加以确定。

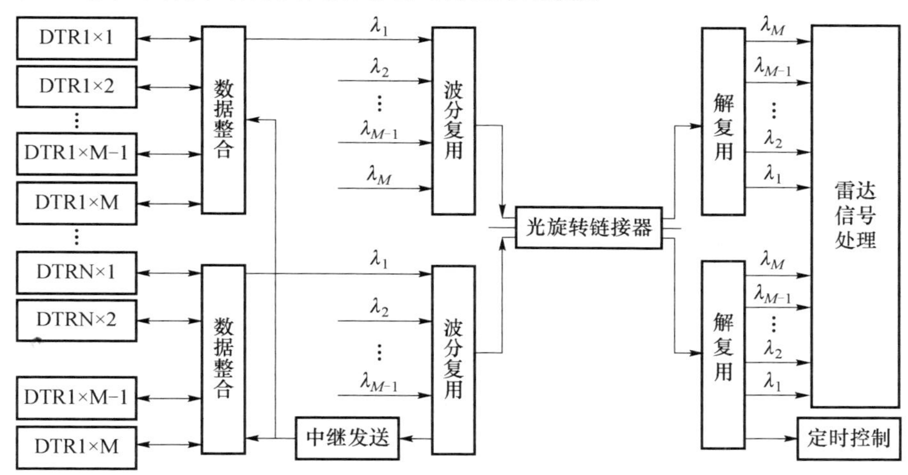

图5.3　数字阵光纤传输

5.3　信号同步技术

5.3.1　光纤层级化同步

本节根据雷达信号传输特点和要求，以收发阵面分置的分布式机会阵雷达为例，介绍已得到某工程验证的光纤同步与信号分集体系；提出微电路延时同步+光延时同步+移相器的三级层级化同步模式，如图5.4所示。微电路延时和光纤延时是一种实时延迟（TTD）同步技术[3]，通过调整信号传输的波程差实现信号同步，移相器同步多适用于雷达本振这样的周期性模拟信号，通过改变相位来实现同步。微电路和移相器同步，同步范围有限，前者可达数百纳秒，后者仅能单周期2πrad范围内调整，光纤延时同步则不受同步范围限制，但同步精度有限,通常在数纳秒。每种同步方式均有其优缺点,为了提高动态范围和同步精度,机会阵雷达光纤同步传输体系,采用分级同步策略,同步控制精度需根据机会阵雷达具体的使用条件,如工作频率、带宽和阵面渡越时间等确定。图 5.4 所示的光纤同步传输体系同时具有信号分集功能。机会阵雷达在许多场合下存在信号分集要求。在接收通道有限的情况下,数据分集将显得尤为重要。对于上行发射通道,机会阵雷达是一个点对多点的“广播式”信号分发过程。为提高光纤传输体系的信号分集能力,采用合/分路器(MUX/DMUX),波分/复用器/(WD/M)层级复用信道。图中的光放大采用参铒光纤放大器(EDFA),用于倍增激光功率以提高雷达信号远距离传输能力[2]。

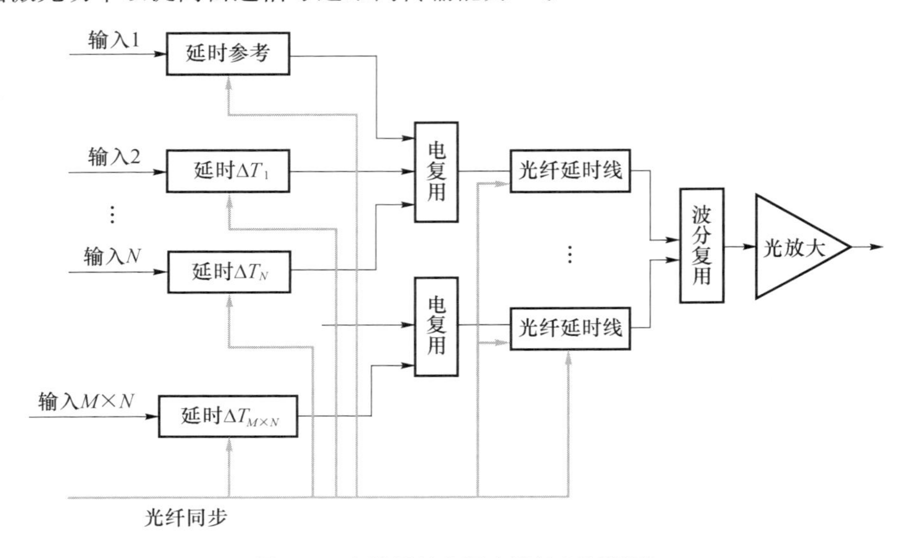

图 5.4　光纤层级化同步设计(见彩图)

5.3.2　无线自适应同步

无线网络化机会阵雷达本振信号(LO)和时序信号的同步性将直接影响雷达波束副瓣电平、波束指向精度和雷达信号的相干处理等。无线传输由于存在反射、阴影遮挡和多路径效应,因此难以实现同步。分布式机会阵雷达,由于单元分置于不同平台,因此单元间的空间位置是动态变化的,实现信号同步将更加困难。Yong Loke[4] 提出了如图 5.5 所示的无线自适应同步传输方案。可实时监测阵面单元的空间位置和相对相位变化,通过自适应同步计算程序获得各单元的相位补偿值,并无线“广播式”分发至各 DTR 的 DDS 完成相位补偿。图 5.5 中上行的本振信号和时序同步信号采用一对收发天线工作,该收发天线同时具有下行反馈能力,用于本振和时序信号的对准。另外一对天线用于上行波形产生信号和其他逻辑控制信号发送,同时用于下行目标回波 I/Q 数据、采样同步与数据同步时序、监测数据及单元位置信息等的回送。两对天线工作于不同的频段,采用不同的通信协议同时工作。从技术实现来看,图 5.5 的无线传输自适应同步控制系统需要的硬件环境是在 DTR 单元内部增加一个环形器、一个移相器和一个通道切换开关。其中移相器可由 DDS 代替。通道开关用于同步模式和工作模式的射频通道切换。环形器用于提供 LO 信号输入和移相后的 LO 输出。

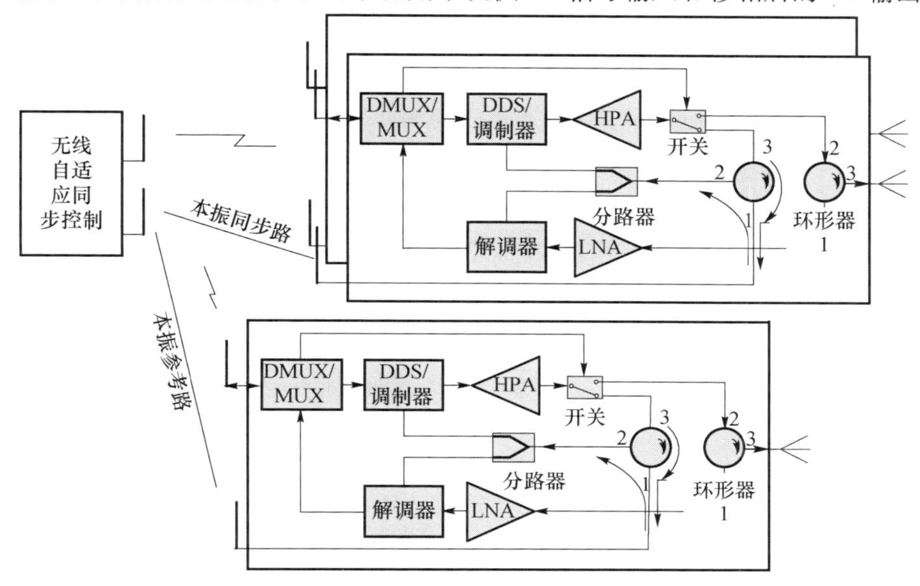

图 5.5　WONDAR 自适应同步原理

5.3.2.1　强制同步

强制同步流程如下,自适应同步控制器首先发送同步的单元地址码,该单元随即控制通道开关于同步模式,LO 信号通过通道开关与环形器、低噪声放大器(LNA)和移相器形成一个反馈环路至自适应同步控制器,同步控制器探测反馈 LO 与参考 LO 之间的电压变化获取其相位差异信息并进行计算得到校正相位补偿值。然后将补偿值馈送至单元,进行下一次同步比较,通过循环步进操作完成多次同步调整,直至同步残差在系统指标要求的同步容差范围内,最后将相移量存储至存储器用于雷达工作时调用和补偿。这种逐次比较的同步算法称为强制同步。

图 5.6 表示机会阵第 N 个单元进行相位同步的原理。来自自适应同步控制器的本振信号 LO 以不同相位值到达每个单元的同步模块,本振信号记为 $\exp[-jkr_n]$,其中 k 是波数,r_n 是传播距离,即自适应同步控制器到单元 n 的距

离。选择一个参考单元,它所接收到的 LO 信号记为 $\exp[-jkr_{\text{ref}}]$。同步的目的旨在通过调整移相器 Φ_n 以补偿测试单元与参考单元之间波程差 $(r_{\text{ref}}-r_n)$。在同步周期开始时,中央控制器依次发出每个单元的地址。当某个单元被选中时,开关就切换到同步环路,此时接收到的 LO 信号就被移相了 Φ_n,然后传送回中央控制器,在自适应同步控制器中,从单元 N 来的 LO 信号与来自参考单元所接收到的 LO 信号进行比较。假定振幅被信号放大器合理地补偿,则在中央控制器的混合场由下式决定。

$$E_{\text{dif}} = E_n - E_{\text{ref}} = \mathrm{e}^{-j(2kr_n+\Phi_n)} - \mathrm{e}^{-j(2kr\text{ref})} \tag{5.1}$$

式中: E_n 是单元 N 的场; E_{ref} 是参考单元的场。

引入用于同步的相移补偿量 Φ_n,当 $\Phi_n = 2k(r_{\text{ref}}-r_n)$ 时,测试单元信号和参考单元信号间的相位差将被消除。如果 Φ_n 已知,则波程差 $r_{\text{ref}}-r_n$ 就能被校正,所有的单元就可以达到同步。这种同步方法也适合由于传播通道的不同而引起的相位差的校正。

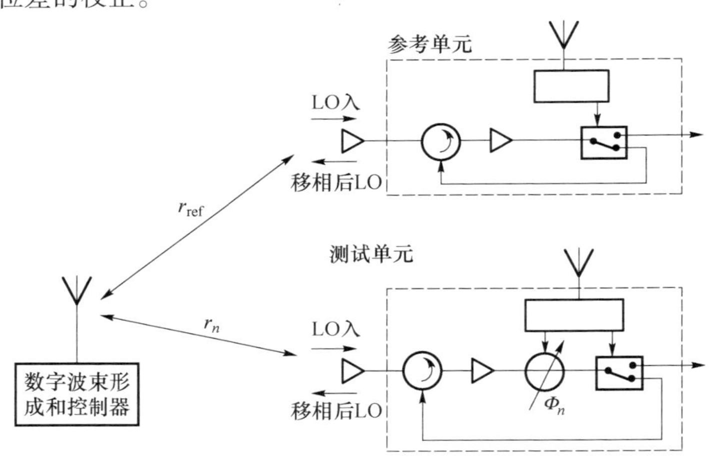

图 5.6　相位强制同步

为验证强制同步技术原理和可行性,给出 Matlab 仿真结果,假定机会阵单元模型中具有 3000 个随遇分布的天线单元,并且模型中共有 3000 个工作面,200 个工作面被随意选择,200 个单元就放在这些工作面的中央。自适应控制器放在原点,这样就使得单元 N 到原点的距离等于坐标轴 x,y,z 的模。仿真如下:所有单元的起始相位都是零相位,并取最靠近原点的单元作为参考单元,每个单元会被依次选中。当选中后,根据式(5.2),它的移相器步进 22.5°(与移相器的精度有关,这里取移相器位数为 4 位),直到混合场达到最小值,其余剩下的单元重复上述过程。数字移相器的量化精度与副瓣电平要求有关,文献[5]论述了其关系。

$$\Delta\varphi = \frac{2\pi}{2^4} \tag{5.2}$$

图 5.7 描述了使用强制同步迭代算法的每个单元相对参考单元的相位误差随着迭代次数变化的关系。图中颜色的每一次改变标志着一个新的单元正在被同步。对于 200 个任意放置的单元完成一次全同步需要进行 1532 次迭代，平均每个阵列单元迭代 7.66 次。即便如此，对于固定相位步进来说，信号间的相位误差是不可能完全消除的，因此当两信号达到同步时程序需要一个门限值来检测这个最小值。假定幅度相等并使用 22.5° 步进，最终的相位误差是 ±11.25°，最小场值用向量几何理论计算得

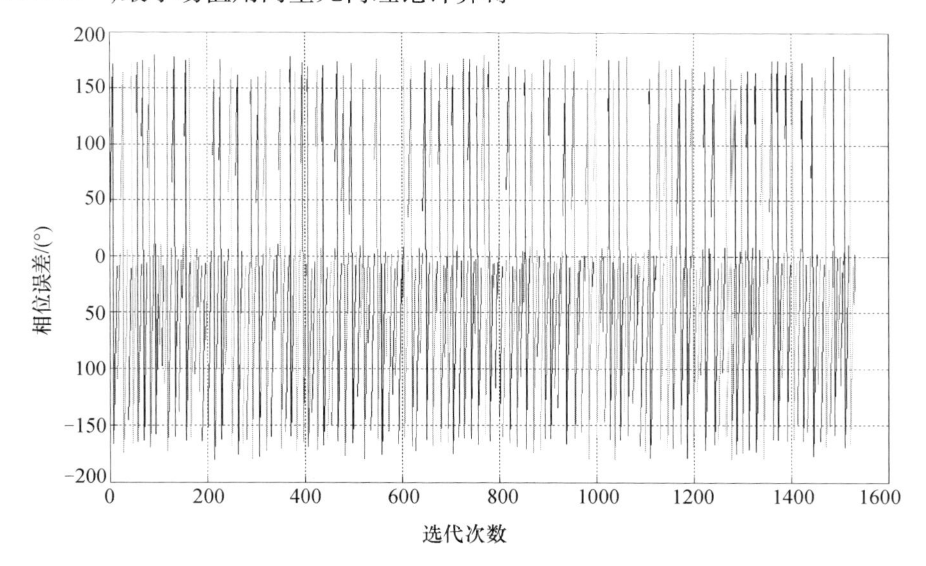

图 5.7　强制同步迭代过程

$$\min(|E_{\text{dif}}|) = |E_{\text{ref}}e^{-j(11.25°)} - E_{\text{ref}}| = 2\sin(11.25°/2) = 0.196 \rightarrow -14\text{dB} \tag{5.3}$$

因此 0.2(−14dB)就可以作为这个最小值的门限值。如果在 0° 和 360° 间使用 16 阶相位步进，则对每个单元的同步平均需要 8 次迭代，最终的相位误差是 ±11.25°，如图 5.8 所示。

强制同步一个单元平均需要量化电平总数目的一半，是因为所需求的相移是不知道的。在实际应用中这种情况可以得到改善。在安装中单元位置是经过精确设计过的，即可以提供一个更好的校正初始相位来代替初始零相位。这种同步技术用于在传输路径长度上动态变化的校正，因此相对近似相位校正达到 ±20° 就足够了。在同步电路中仅仅只需要两个二进制位(比如 +10°，−10°，

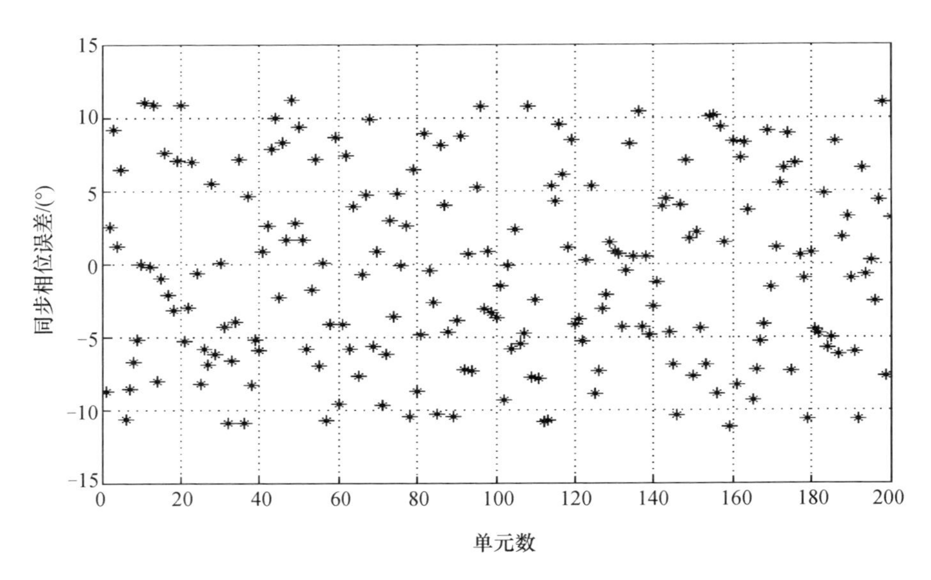

图 5.8 强制同步最终相位误差

+20°和 −20°)。使用 pin 二极管移相器和两个二进制码开关,每个单元就可以在 1 μs ~2 μs 间完成。

目前还有另一问题未解决,对于简单波形,比如连续波或窄带脉冲连续波的工作,单频校正是足够的。但对于更复杂的宽带波形,如采用跳频、调频或者脉冲压缩技术,则同步必须工作在一些频点或频段的中心上。这将要求同步硬件和软件增加复杂度。

5.3.2.2 波束标记

强制同步通过逐次比对同步单元与参考单元间的相位差产生的电压变化进行反复的同步“训练”,实现同步收敛,优点是硬件设备简单,缺点是需要占用较多的同步时间,适用于阵面单元数目有限、单元相位畸变缓慢的场合。但在分布式数字阵雷达和机会阵雷达应用领域,由于单元相位变化加剧,需要实时同步,即需在雷达工作时划分一定时间资源用于同步。为此,每个 DTR 在一定周期内将自身的位置返回自适应同步控制系统,通过监测单元的位置变化实时计算每个 DTR 中的幅相补偿值。从技术实现来看,由于无线测距精度有限,单元位置难以被标定,因此有必要开发新的同步算法提高同步精度和收敛速度。用于自适应阵列系统的波束标记算法通过改进,可用于分布式机会阵无线传输自适应同步[6],改进的算法原理如下。设无线发射参考路信号为

$$E_{\mathrm{ref}} = \sin(\omega_{\mathrm{c}} t) \tag{5.4}$$

同步校准路信号为

$$E_N = \sin(\omega_c t + \Delta\Phi(t)) \tag{5.5}$$

式中：$\Delta\Phi(t)$ 为可控的相位调制；ω_c 为载频。接收端是参考信号和比较信号反馈之和，为

$$E_{rec} = A\sin(\omega_c t + \Phi_1 + 2n\pi) + B\sin(\omega_c t + \Delta\Phi(t) + \Phi_2 + 2n\pi) \tag{5.6}$$

式中：A，B 是信号衰减后的幅度；Φ_1，Φ_2 为反射后参考通道与校准通道的相位。如果采用平方律探测，则探测器端输入为

$$E_{det}^2 = A^2 + B^2 + 2AB\cos(\Phi_2 - \Phi_1 + \Delta\Phi(t)) \tag{5.7}$$

采用 $\pm\pi/2$ 反转标记算法，可以获得更高的检测灵敏度，并完成 $0 \sim \pi$ 和 $\pi \sim 2\pi$ 之间同步递归“训练”。其算法原理可用图 5.9 所示的向量三角关系表示。其中 E_N 为第 N 个校准通道信号向量。$E_N^{+\frac{\pi}{2}}$ 为 E_N 导前 $\pi/2$ 向量，$E_N^{-\frac{\pi}{2}}$ 为 E_N 滞后 $\pi/2$ 向量，分别对应合成向量为 $E_{sum}^{+\frac{\pi}{2}}$，$E_{sum}^{-\frac{\pi}{2}}$，$\Delta\varphi$ 为相位差，探测器端输入为

$$|E|^2_{det+\frac{\pi}{2}} = A^2 + B^2 + 2AB\cos\left(\frac{\pi}{2} + \Delta\varphi + \Delta\Phi(t)\right) \tag{5.8}$$

$$|E|^2_{det-\frac{\pi}{2}} = A^2 + B^2 + 2AB\cos\left(-\frac{\pi}{2} + \Delta\varphi + \Delta\Phi(t)\right) \tag{5.9}$$

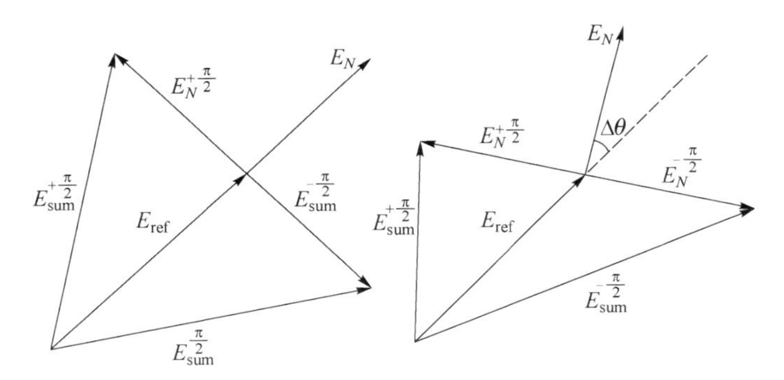

图 5.9　波束标记三角向量关系

波束标记同步算法首先通过自适应同步控制器发送地址码选中需要同步的第 N 个单元并将其通道切换为同步环路，通过对 LO 信号产生 $\pm\pi/2$ 移相输出并比较接收端，如果 $|E|^2_{det} + \pi/2 \leqslant |E|^2_{det} - \pi/2$，则减少 $\Delta\Phi(t)$ 直到 $|E|^2_{det+\pi/2} = |E|^2_{det-\pi/2}$，此时对应 $\Delta\varphi = 0$，此时校准通道与参考通道达到同步状态。波束标记算法相对强制同步算法具有更快的收敛速度和同步精度，但硬件实现相对复杂，需要额外增加相位调制电路和平方律检波电路。图 5.10 为波束标记同步系统，与强制同步图 5.6 相比，一个明显的差异是单元同步模块中增加了一个相位调制电路，在中央控制器增加了一个振幅调制接收电路。

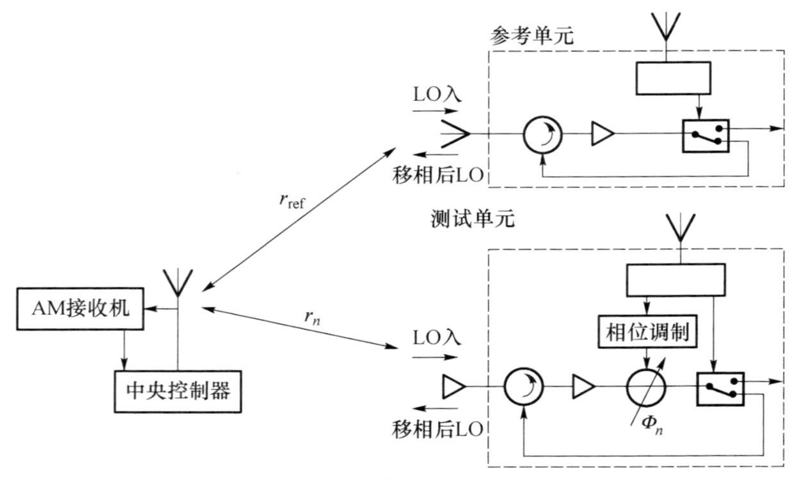

图 5.10　波束标记相位同步

仿真使用两个不同的程序,即波束标记法 A 和波束标记法 B 来测试验证如何达到平衡状态。在程序波束标记法 A 中,相位校正一直到检测到一个位置命令后才停止,就是说单元相位相对于参考相位来说相位从超前变化到滞后或从滞后变化到超前,最后达到平衡状态。

如图 5. 11 所示,使用该程序只要 927 次迭代就可以使阵列达到同步,比之前的强制同步方法减少了 39% 的迭代数目。稳定相位误差在 ± 22. 5° 之间,如图 5. 12 所示,稳定相位误差变大是由于当同步周期终止后,相位已被校正过了 22. 5° ,误差就上升到 ± 22. 5° 。

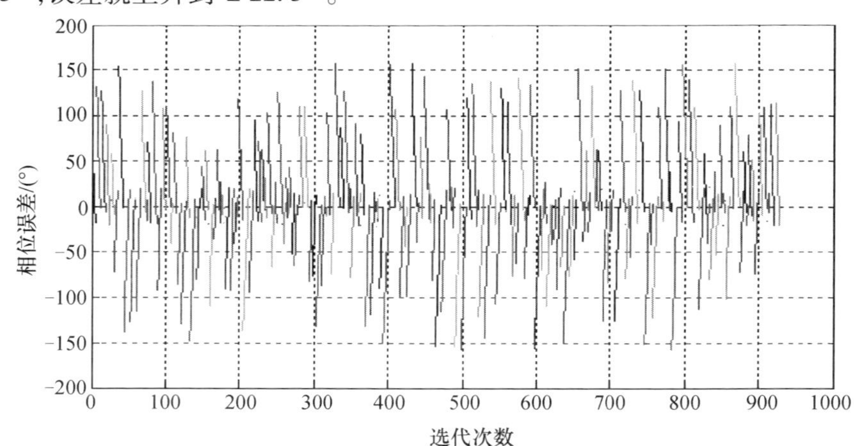

图 5. 11　波束标记 A 迭代过程

引入改进波束标记法 B 就是为了解决上述最终相位误差变大的情况。在该程序中,在平衡条件附近的 $E_{\text{sum}}^{+\frac{\pi}{2}}$ 和 $E_{\text{sum}}^{-\frac{\pi}{2}}$,两个状态进行比较,如果较大的 $\Delta\varphi$

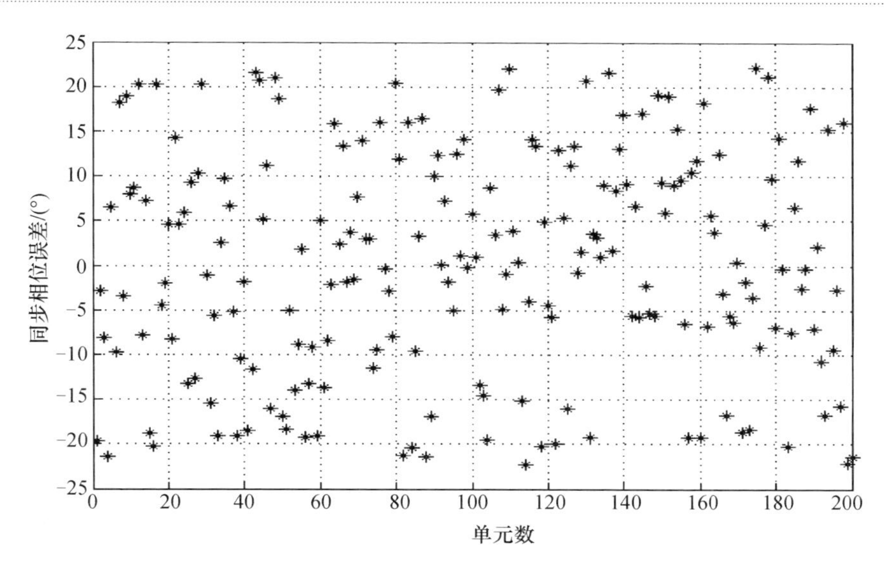

图5.12 波束标记A相位同步最终相位

增加了调制的幅度,程序就会选择给较低幅度者进行相位校正。应用图5.9的自适应同步,计算出在 $\Delta\varphi = 11.25°$ 时幅度调制为0.227(11dB),这在实际中也能测量出。假如出现一个过校正,就需要额外的迭代来扭转之前的命令。迭代过程如图5.13所示,在955次迭代后,波束标记法B与程序强制同步法能得到相同的结果。稳定后相位误差如图5.14所示,为 $\pm 11.25°$ 。

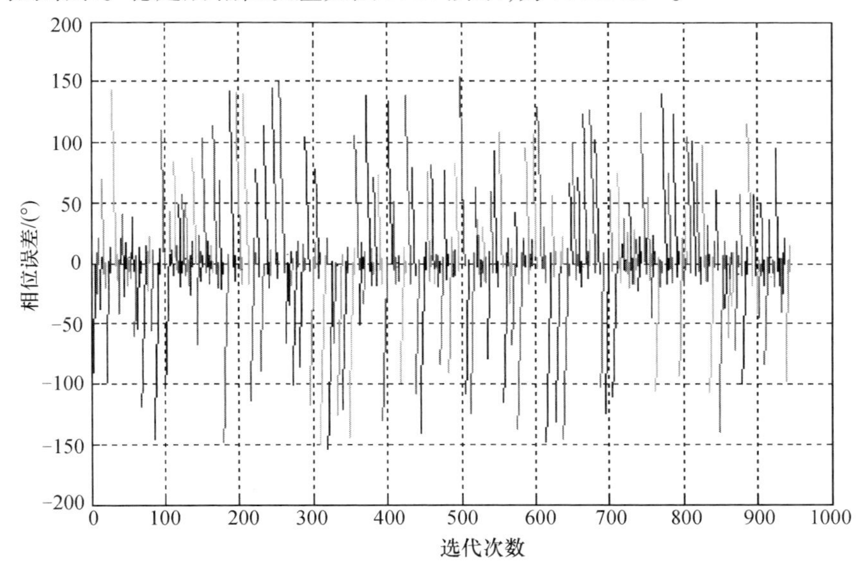

图5.13 波束标记B迭代过程

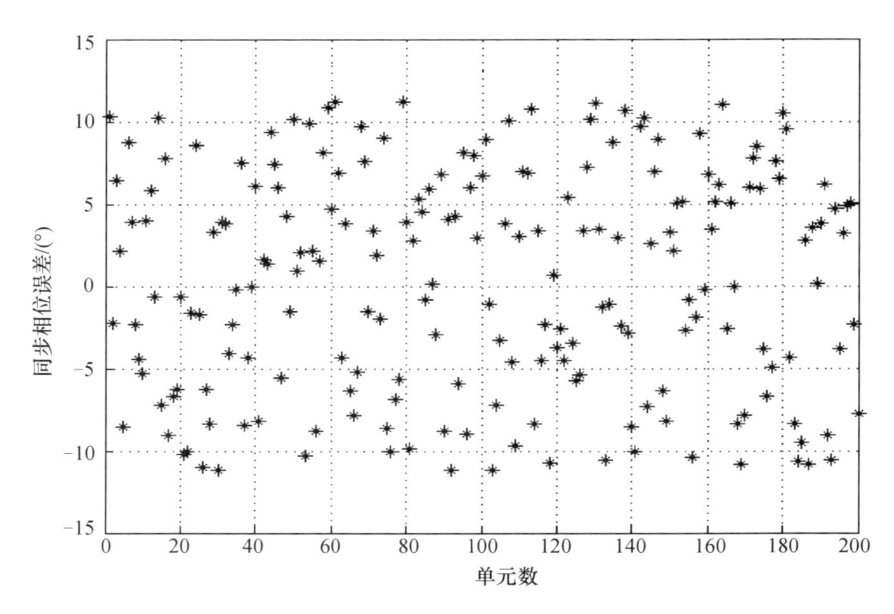

图 5.14　波束标记 B 相位同步最终相位误差

表 5.2 列出了这三个同步程序之间的比较。可以看出使用波束标记法 B 的“波束标记”技术能更快地使单元同步而没有增加稳定相位误差。如果同步完成时间要求不高的应用场合，则使用简单的强制同步技术就足够了。

表 5.2　同步算法有效性比较

同步算法	单元平均迭代次数	稳定相位误差
强制同步法	7.660	±11.25°
波束标记法 A	4.635	±22.5°
波束标记法 B	4.775	±11.25°

5.3.2.3　同步算法有效性

在实际应用环境中，由于传输损耗，本振信号是会衰减的，因此信号的幅度变化会影响到同步效果。如果考虑本振信号的路径损耗，则式(5.1)中 E_{dif} 将用下式代替。

$$E_{\text{difference}} = \frac{1}{2r_n}\mathrm{e}^{-\mathrm{j}(2kr_n+\Phi_n)} - \frac{1}{2r_{\text{ref}}}\mathrm{e}^{-\mathrm{j}(2kr_{\text{ref}})} \tag{5.10}$$

从上式可以看出电场强度与距离成反比，当单元远离参考单元时，变化的信号幅度造成的影响是显著的，有时达数倍之多。在考虑路径损耗时对强制同步技术的仿真结果如图 5.15 所示。

可以看出仅仅大约 10% 的单元达到同步，故此时就显示出该技术的局限性。

相反,波束标记算法仿真可以使所有单元达到同步并且最小相位误差为 ±11.25°。仿真结果表明:信号幅度变化对强制同步算法有较强的影响,然而在舰载机会阵应用中,这一问题可以被克服,因为到单元的距离是已知的,对振幅的变化不会有太显著的影响。此外在每个模块中的低噪声放大器(LNA)也可以适当调整以补偿由于路径长度引起的幅度变化。

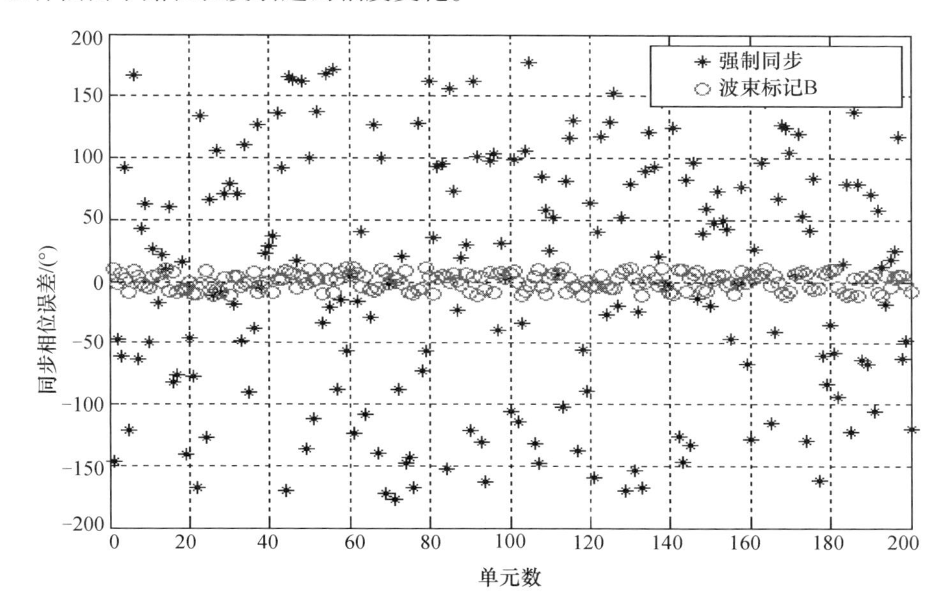

图 5.15　幅度变化对稳定相位误差的影响

5.4　同步对系统性能影响

5.4.1　影响因素

机会阵光传输系统同步性受到如下几方面因素的影响:①激光收发器是一种基于光强度调制的系统,在发送端需要对基带信号抽样、量化和编码。抽样过程中存在采样初始点的同步误差。编码的过程是一个冗余信息增加的过程,编码虽然提高了信道传输的可靠性,但会导致原始信号相位的导前或滞后。②目前的激光传输系统是一种准同步体系,接收端通过锁相环(PLL)电路达到与发送端同步,事实上 PLL 的锁相精度难以被严格控制在一个标准时间刻度,因此就无法保证多路光纤收发链路严格同步。③光纤信道和调制/解调电路存在色散和热噪声,这将造成信号相位和幅度的随机抖动。而且这种抖动往往随着外界环境,如温度、压力、光端机的使用寿命等因素改变而改变。

同样，机会阵无线传输同步性能也受到各种因素的影响，如同步移相器精度，多路径效应、环境干扰等造成的幅度起伏等。光纤和无线传输的同步精度对雷达系统性能产生重要影响，因此有必要建立传输系统同步性之于雷达系统性能影响的数学模型。

5.4.2 同步模型

数字阵雷达不同于传统的模拟相控阵雷达，雷达信号的产生分布于各个独立 DTR 中，雷达系统广为采用的线性调频信号（LFM）由直接数字合成器（DDS）产生，LFM 信号产生的起始时刻由波形产生时序触发信号决定。基带 LFM 信号通过混频器实现上变频调制，载波信号通常为一个与本振同源的基准时钟。由于数字阵天线单元数众多，为形成高质量的雷达波束，要求收发通道的时序触发信号和本振信号相位保持同步，如图 5.16 所示。据此可建立信号同步数学模型。时序触发信号和本振严格同步条件下单元信号表达式为

$$S(t) = \mathrm{rect}\left(\frac{t}{T}\right)\exp[\mathrm{j}(\omega_{\mathrm{c}}t + \pi kt^{2} + \varphi)] \tag{5.11}$$

$$\mathrm{rect}\left(\frac{t}{T}\right) = \begin{cases} 1 & \dfrac{t}{T} \leqslant \dfrac{1}{2} \\ 0 & \text{其他} \end{cases} \tag{5.12}$$

存在相位微扰（非严格同步）的单元信号表达式为

$$S(t) = \mathrm{rect}\left(\frac{t}{T}\right)\exp[\mathrm{j}(\omega_{\mathrm{c}}(t + n\Delta t + \delta_{n}) + \pi k(t + n\cdot\Delta t)^{2} + \delta_{n})] \tag{5.13}$$

式中：ω_{c} 为载频项，即雷达工作频率；k 为线性调频斜率，$k = B/T$，B 为工作带宽，T 为线性调频周期，又称脉宽；Δt 表示时延项；δ_{n} 为通道相位加权。

由式(5.13)可以看出，存在相位微扰条件下，通道信号在载频项和线性调频项均存在时域的导前或滞后。线性调频脉宽也并非一个常量，而与时序触发信号的同步性有关。

现实中同步时钟总是非理想的，在此研究非理想同步时钟对数字阵雷达波束形成的影响。在波束形成 θ 方向时，相邻两个天线应延时 $\Delta t = d\sin\theta/c$。因此波束形成的信号可表示为

$$y(t) = \sum_{n=0}^{M-1} f(t + n\cdot\Delta t + \delta_{n}) \tag{5.14}$$

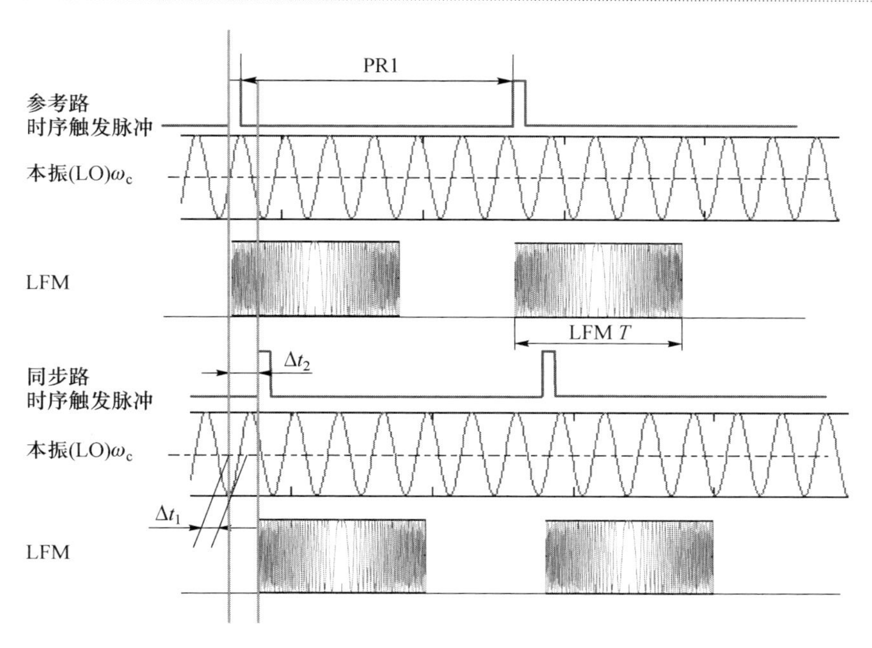

图 5.16　信号同步关系(见彩图)

则

$$\begin{aligned} y(t) &= \sum_{n=0}^{M-1} f(t + n \cdot \Delta t + \delta_n) \\ &= \sum_{n=0}^{M-1} \mathrm{e}^{\mathrm{j}\left(\omega_c t + \frac{1}{2}\mu t^2\right)} \mathrm{e}^{\mathrm{j}\left(\omega_c n \cdot \Delta t + \frac{1}{2}\mu (n \cdot \Delta t)^2 + \mu t n \cdot \Delta t\right)} \mathrm{e}^{\mathrm{j}\left(\omega_c \delta_n + \frac{1}{2}\mu \delta_n^2 + \mu t \delta_n + \mu n \cdot \Delta t \delta_n\right)} \end{aligned} \tag{5.15}$$

将 $\delta_0 = 0$ 代入。

$$\begin{aligned} y(t) &= \mathrm{e}^{\mathrm{j}\left(\omega_c t + \frac{1}{2}\mu t^2\right)} \cdot \sum_{n=0}^{M-1} \mathrm{e}^{\mathrm{j}\left(\omega_c n \cdot \Delta t + \frac{1}{2}\mu (n \cdot \Delta t)^2 + \mu t n \cdot \Delta t\right)} \mathrm{e}^{\mathrm{j}\left(\omega_c \delta_n + \frac{1}{2}\mu \delta_n^2 + \mu t \delta_n + \mu n \cdot \Delta t \delta_n\right)} \\ &= \mathrm{e}^{\mathrm{j}\left(\omega_c t + \frac{1}{2}\mu t^2\right)} \cdot \left[1 + \sum_{n=1}^{M-1} \mathrm{e}^{\mathrm{j}\left(\omega_c n \cdot \Delta t + \frac{1}{2}\mu (n \cdot \Delta t)^2 + \mu t n \cdot \Delta t\right)} \mathrm{e}^{\mathrm{j}\left(\omega_c \delta_n + \frac{1}{2}\mu \delta_n^2 + \mu t \delta_n + \mu n \cdot \Delta t \delta_n\right)}\right] \end{aligned} \tag{5.16}$$

就单次的 $y(t)$ 而言：

$$\begin{aligned} y(t) &= \mathrm{e}^{\mathrm{j}\left(\omega_c t + \frac{1}{2}\mu t^2\right)} \cdot \left[1 + \sum_{n=1}^{M-1} \mathrm{e}^{\mathrm{j}\left(\omega_c n \cdot \Delta t + \frac{1}{2}\mu (n \cdot \Delta t)^2 + \mu t n \cdot \Delta t\right)} \mathrm{e}^{\mathrm{j}\left(\omega_c \delta_n + \frac{1}{2}\mu \delta_n^2 + \mu t \delta_n + \mu n \cdot \Delta t \delta_n\right)}\right] \Bigg|_{\Delta t = 0} \\ &= \mathrm{e}^{\mathrm{j}\left(\omega_c t + \frac{1}{2}\mu t^2\right)} \cdot \left[1 + \sum_{n=1}^{M-1} \mathrm{e}^{\mathrm{j}\left(\omega_c \delta_n + \frac{1}{2}\mu \delta_n^2 + \mu t \delta_n\right)}\right] \end{aligned} \tag{5.17}$$

从上式可以看出，$\Delta t=0$ 并不能保证 $\mathrm{e}(t)$ 最大，即主瓣会随具体每一次的 δ_n 发生偏移。

从统计意义上看，对 $y(t)$ 求均值：

$$
\begin{aligned}
E[y(t)] &= \mathrm{e}^{\mathrm{j}\left(\omega_c t+\frac{1}{2}\mu t^2\right)}\cdot\left[1+\sum_{n=1}^{M-1}\mathrm{e}^{\mathrm{j}\left(\omega_c n\cdot\Delta t+\frac{1}{2}\mu(n\cdot\Delta t)^2+\mu tn\cdot\Delta t\right)}\mathrm{e}^{\mathrm{j}\left(\omega_c\delta_n+\frac{1}{2}\mu\delta_n^2+\mu t\delta_n+\mu n\cdot\Delta t\delta_n\right)}\right]\\
&= \mathrm{e}^{\mathrm{j}\left(\omega_c t+\frac{1}{2}\mu t^2\right)}\cdot\left[1+\sum_{n=1}^{M-1}\mathrm{e}^{\mathrm{j}\left(\omega_c n\cdot\Delta t+\frac{1}{2}\mu(n\cdot\Delta t)^2+\mu tn\cdot\Delta t\right)}E\left[\mathrm{e}^{\mathrm{j}\left(\omega_c\delta_n+\frac{1}{2}\mu\delta_n^2+\mu t\delta_n+\mu n\cdot\Delta t\delta_n\right)}\right]\right]
\end{aligned}
\tag{5.18}
$$

令 $E_1=E\left[\mathrm{e}^{\mathrm{j}\left(\omega_c\delta_n+\frac{1}{2}\mu\delta_n^2+\mu t\delta_n+\mu n\cdot\Delta t\delta_n\right)}\right]$，$A=\dfrac{1}{2}\mu$，$B=\omega_c+\mu t+\mu n\cdot\Delta t$，$\delta_n\sim N(0,\sigma)$。则

$$
\begin{aligned}
E_1 &= E\left[\mathrm{e}^{\mathrm{j}(A\delta_n^2+B\delta_n)}\right]\\
&= \frac{1}{\sqrt{1-\mathrm{j}2\sigma^2 A}}\mathrm{e}^{\frac{-B^2\sigma^2}{2-\mathrm{j}4\sigma^2 A}}
\end{aligned}
\tag{5.19}
$$

因此

$$
E_1=\frac{1}{\sqrt{1-\mathrm{j}\sigma^2\mu}}\mathrm{e}^{\frac{-(\omega_c+\mu t+\mu n\cdot\Delta t)^2\sigma^2}{2-\mathrm{j}2\sigma^2\mu}}
\tag{5.20}
$$

将式(5.20)代入式(5.18)中，可得

$$
\begin{aligned}
E[y(t)] &= \mathrm{e}^{\mathrm{j}\left(\omega_c t+\frac{1}{2}\mu t^2\right)}\cdot\left[1+\sum_{n=1}^{M-1}\mathrm{e}^{\mathrm{j}\left(\omega_c n\cdot\Delta t+\frac{1}{2}\mu(n\cdot\Delta t)^2+\mu tn\cdot\Delta t\right)}\frac{1}{\sqrt{1-\mathrm{j}\sigma^2\mu}}\mathrm{e}^{\frac{-(\omega_c+\mu t+\mu n\cdot\Delta t)^2\sigma^2}{2-\mathrm{j}2\sigma^2\mu}}\right]\\
&= \mathrm{e}^{\mathrm{j}\left(\omega_c t+\frac{1}{2}\mu t^2\right)}\cdot\left[1+\frac{1}{\sqrt{1-\mathrm{j}\sigma^2\mu}}\mathrm{e}^{-\frac{\sigma^2}{2-\mathrm{j}2\sigma^2\mu}\left(\omega_c^2+(\mu t)^2+2\omega_c\mu t\right)}\times\right.\\
&\quad\left.\sum_{n=1}^{M-1}\mathrm{e}^{\mathrm{j}\left(\omega_c n\cdot\Delta t+\frac{1}{2}\mu(n\cdot\Delta t)^2+\mu tn\cdot\Delta t\right)-\frac{\sigma^2}{2-\mathrm{j}2\sigma^2\mu}\left((n\cdot\Delta t)^2+2\omega_c\mu n\cdot\Delta t+2\mu^2 tn\cdot\Delta t\right)}\right]
\end{aligned}
\tag{5.21}
$$

当 $\Delta t=0$ 时，$\sum_{n=1}^{M-1}\mathrm{e}^{\mathrm{j}\left(\omega_c n\cdot\Delta t+\frac{1}{2}\mu(n\cdot\Delta t)^2+\mu tn\cdot\Delta t\right)-\frac{\sigma^2}{2-\mathrm{j}2\sigma^2\mu}\left((n\cdot\Delta t)^2+2\omega_c\mu n\cdot\Delta t+2\mu^2 tn\cdot\Delta t\right)}=M-1$ 达到最大。即 $\Delta t_1=\Delta t_2$ 时，$E[y(t)]$ 最大，因此时钟不同步从统计意义上来讲，不会造成主瓣偏移。

5.4.3 仿真分析

仿真一：LFM 信号 $f_0=1.5\text{GHz}$，$\Delta f=0.3\text{GHz}$，$\tau=30\mu\text{s}$，阵元间距 $d=\lambda_0/2$，阵元数目16。时钟不同步参数为 $\sigma=100\text{ps}$，图5.17(a)给出了理想波束

图与 100 次平均波束图的比较,图 5.17(b)为抽取的 10 次波束图。

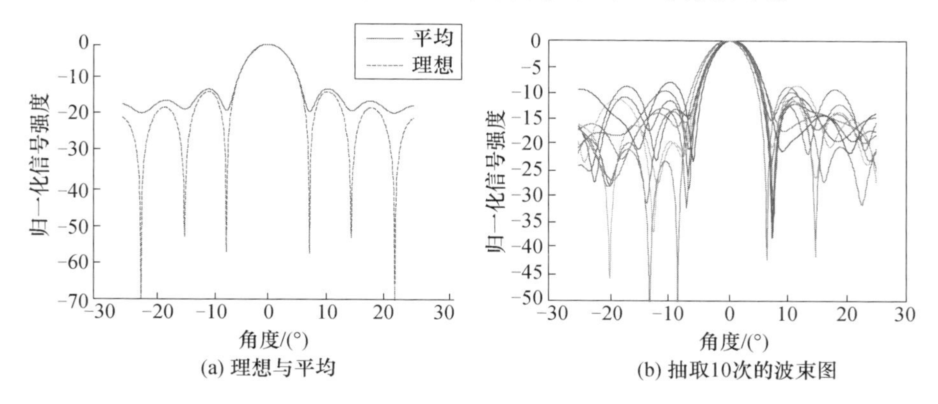

图 5.17 波束图比较(仿真一)(见彩图)

仿真二:LFM 信号 $f_0 = 5.1\text{GHz}$, $\Delta f = 0.3\text{GHz}$, $\tau = 30\mu\text{s}$,阵元间距 $d = \lambda_0/2$,阵元数目 16。时钟不同步参数为 $\sigma = 100\text{ps}$,图 5.18(a)为理想波束图与 100 次平均波束图的比较,图 5.18(b)为其中抽取的 10 次波束图。

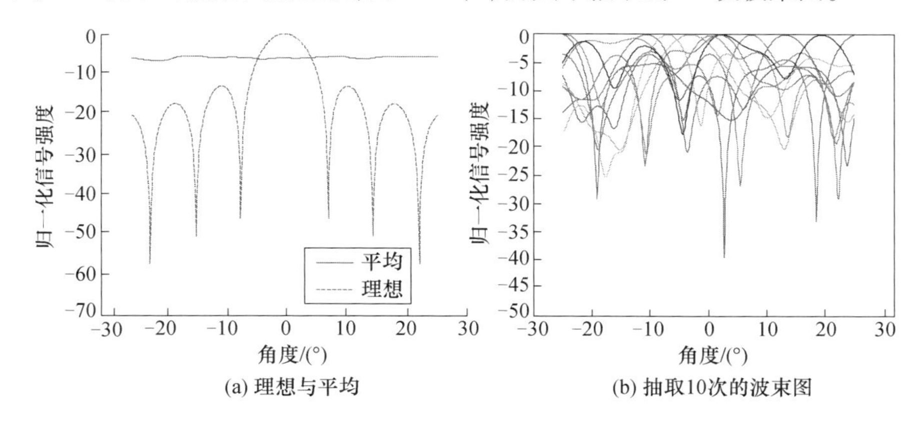

图 5.18　波束图比较(仿真二)(见彩图)

对于线性调频信号 $\cos(\omega_c t + \mu t^2/2)$ (复数表示为 $e^{j[\omega_c t + \mu t^2/2]}$),波束形成为

$$y(t) = \sum_{m=0}^{M-1} \cos[\omega_c(t + m \cdot \Delta t + \delta_n) + \mu(t + m \cdot \Delta t + \delta_m)^2/2] \tag{5.22}$$

当 δ_m 较小时, $f(t + \delta_m)$ 可近似为

$$f(t + \delta_m) \approx f(t) + \frac{\mathrm{d}f(t)}{\mathrm{d}t}\delta_m \tag{5.23}$$

因此可近似为

$$y(t) \approx \sum_{m=0}^{M-1}\left\{\begin{aligned}&\cos[\omega_c(t+m\cdot\Delta t)+\mu(t+m\cdot\Delta t)^2/2]\\&-(\omega_c+\mu t)\delta_m\sin[\omega_c(t+m\cdot\Delta t)+\mu(t+m\cdot\Delta t)^2/2]\end{aligned}\right\} \tag{5.24}$$

观察上式可知,当 $(\omega_c+\mu t)\delta_m \ll 1$ 时,δ_m 对方向图影响非常小。由于 $0 \leqslant \mu t \leqslant \mu\tau/2$,即 $0 \leqslant \mu t \leqslant \pi\Delta f$。设 δ_m 服从零均值正态分布 $N(0,\sigma_\delta^2)$,取

$$C_0 = \frac{1}{50(\omega_c+\pi\Delta f)} = \frac{1}{50\pi(2f_0+\Delta f)} \tag{5.25}$$

当 $\sigma_\delta = C_0$ 时,时钟不同步对方向图影响非常小。

方向图的波束指向理想情况是当 $\Delta t = 0$ 时,即形成信号为

$$y[n] = \sum_{m=0}^{M-1} f(t+\delta_m)\mid_{t=nT_s} \tag{5.26}$$

则线性调频信号情况下有

$$\begin{aligned}y(t) &\approx \sum_{m=0}^{M-1}\{\cos(\omega_c t+\mu t^2/2)-(\omega_c+\mu t)\delta_m\sin(\omega_c t+\mu t^2/2)\}\\&= M\cos(\omega_c t+\mu t^2/2)-(\omega_c+\mu t)\sin(\omega_c t+\mu t^2/2)\sum_{m=0}^{M-1}\delta_m\end{aligned} \tag{5.27}$$

当 $(\omega_c+\mu t)\sum_{m=0}^{M-1}\delta_m \ll M$ 时,δ_m 对波束指向影响非常小。由于 $\delta_0 = 0$,则

$$\sum_{m=0}^{M-1}\delta_m = \sum_{m=1}^{M-1}\delta_m \sim N[0,(M-1)\sigma_\delta^2] \tag{5.28}$$

$$C_1 = \frac{M}{50(\omega_c+\pi\Delta f)\sqrt{M-1}} \approx \frac{\sqrt{M}}{50\pi(2f_0+\Delta f)} \tag{5.29}$$

当 $\sigma_\delta = C_1$ 时,时钟不同步对波束指向影响非常小。

仿真三:(1)LFM 信号 $f_0 = 1.5\text{GHz}$,$\Delta f = 0.3\text{GHz}$,$\tau = 30\mu\text{s}$,阵元间距 $d = \lambda_0/2$,阵元数目 16。时钟不同步参数分别取 $\sigma_\delta = C_0$、$\sigma_\delta = 5C_0$、$\sigma_\delta = 10C_0$ 和 $\sigma_\delta = 20C_0$,图 5.19 分别给出了各种情况下的波束图。

(2)信号保持不变,阵元数从 30 变化至 400,时钟不同步参数为 $\sigma_\delta = C_1$,表 5.3给出各种阵元数时波束指向的均方根误差(RMSE)。

表 5.3 RMSE 随阵元的变化(仿真三)

阵元数	30	100	250	400
指向 RMSE	0.0514	0.0121	0.0048	0.0038

仿真四:(1)LFM 信号 $f_0 = 5.1\text{GHz}$,$\Delta f = 0.3\text{GHz}$,$\tau = 30\mu\text{s}$,阵元间距

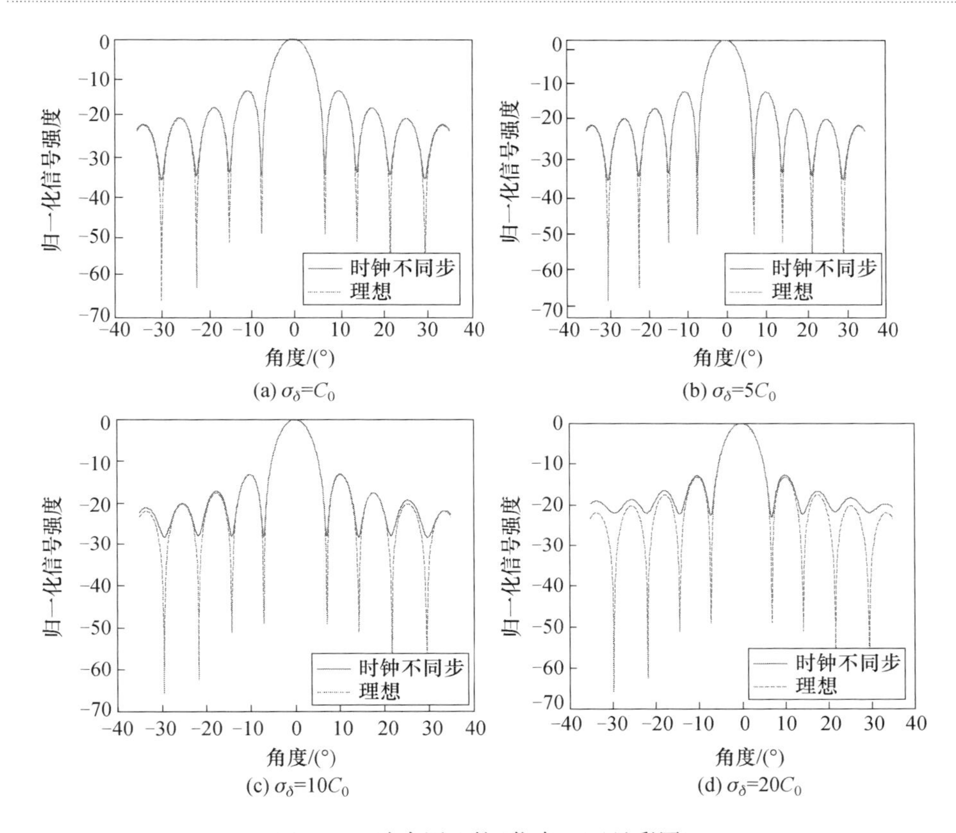

图 5.19 波束图比较(仿真三)(见彩图)

$d=\lambda_0/2$,阵元数为16。时钟不同步参数按上节中的结果选取,分别取 $\sigma_\delta=C_0$、$\sigma_\delta=5C_0$、$\sigma_\delta=10C_0$ 和 $\sigma_\delta=20C_0$,图5.20分别给出了此时的波束图。

(2)信号保持不变,阵元数从30变化至400,时钟不同步参数为 $\sigma_\delta=C_1$,表5.4总结出各种阵元数时波束指向的RMSE。

表 5.4 RMSE 随阵元的变化(仿真四)

阵元数	30	100	250	400
指向 RMSE	0.0524	0.0128	0.0056	0.0039

图5.20(a)仿真说明,当时钟不同步参数为 $\sigma_\delta=C_0$ 时,波束图与理想时钟输入时非常接近,即此时时钟不同步带来的影响可忽略;(b)仿真说明阵元数目的增加会减小波束指向误差,因此当硬件条件一定时(时钟不同步不可变),可通过改变LFM信号带宽和中心频率或阵元数目两种方式调整,从而获得需要的波束图。本节中给出的 C_0 和 C_1 为实际的硬件选取、信号选择提供了一定的参考。

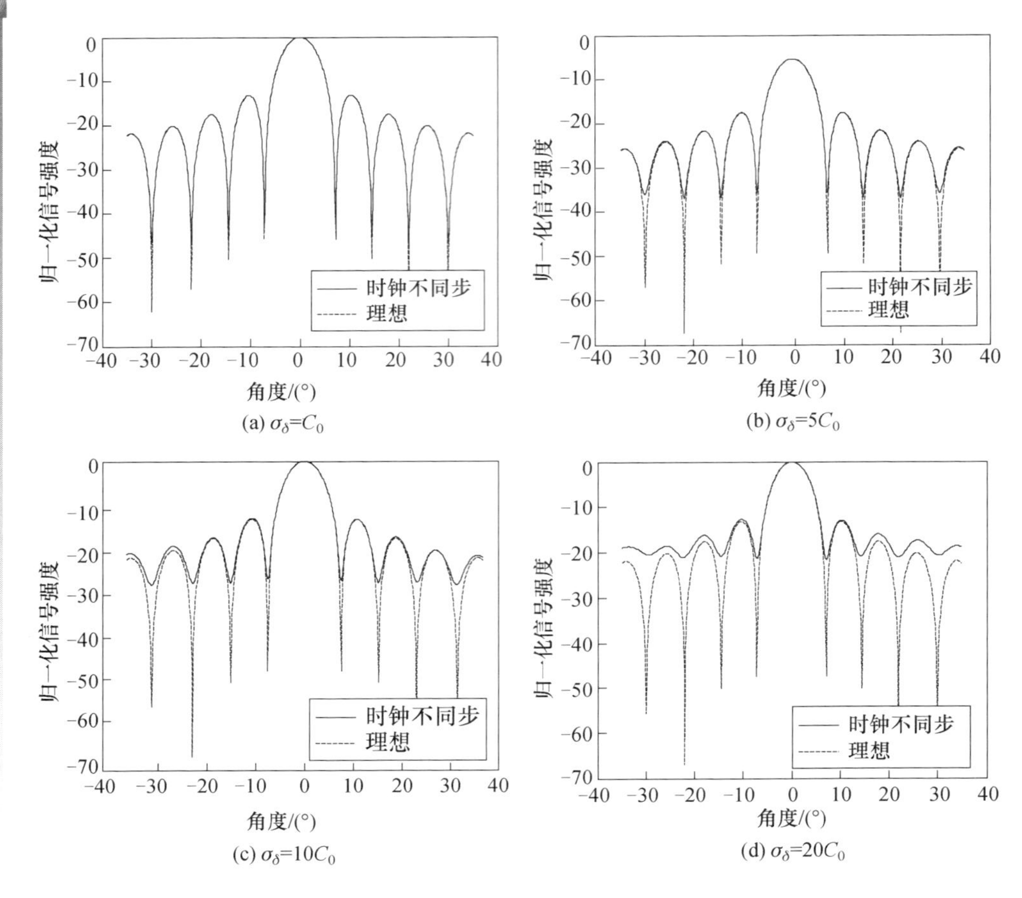

(a) $\sigma_\delta=C_0$ (b) $\sigma_\delta=5C_0$ (c) $\sigma_\delta=10C_0$ (d) $\sigma_\delta=20C_0$

图 5.20　波束图比较(仿真四)(见彩图)

5.5　单元定位技术

5.3 节介绍了在没有测量阵元位置的理想情况下,阵列单元的同步技术。然而,在机会阵数字波束形成过程中,通过单元的定位获取阵元位置的先验知识是非常重要的。在机会阵列雷达中,每个阵元被布置在开放的、可利用的空间,并且由于船的上层建筑是一个动态平台,所以阵元位置是不断连续变化的。在信号处理过程中,为了避免劣化天线副瓣、天线增益和波束指向,单元定位因素必须考虑在内。本节介绍了位置误差的影响和基于位置定位技术的工程测量方法。出于系统性能和技术适用性的考虑,测试了这种方法实现的可行性。最后通过仿真得到舰体形变对雷达性能的影响,以便确定动态位置传感器所需的精度要求。

5.5.1　定位的不确定性

5.5.1.1　系统建模

考虑一个 N 元阵列遍布一个载体平台空间，其中第 n 个阵元如图 5.21 所示。假设第 n 个阵元的坐标为 (x_n, y_n, z_n)，$\boldsymbol{r}_n$ 是它的位置向量。阵元 n 和观察点之间与在原点的参考阵元和观察点之间的路径长度差是 R。假设所有阵元是各项同性的，并且忽略阵元间的互耦和遮挡。归一化的远场阵列因子为

$$
\begin{aligned}
AF(\theta,\phi) &= \frac{1}{N}\sum_{n=1}^{N} A_n \mathrm{e}^{\mathrm{j}[\boldsymbol{k}\cdot\boldsymbol{r}_n]} \\
&= \frac{1}{N}\sum_{n=1}^{N} |A_n| \mathrm{e}^{\mathrm{j}[k(ux_n+vy_n+wz_n)+\Phi_n]}
\end{aligned}
\tag{5.30}
$$

式中：$k=\dfrac{2\pi}{\lambda}$是波数；$\boldsymbol{k}=k(u\hat{x}+v\hat{y}+w\hat{z})$；$u=\sin\theta\cos\phi$；$v=\sin\theta\sin\phi$；$w=\cos\theta$；$A_n=|A_n|\mathrm{e}^{\mathrm{j}\Phi_n}$是阵元 n 的复数加权因子；Φ_n 是阵元 n 相对于在原点的参考阵元的相移，这是同步电路相位校正之和，包括用于补偿硬件电路和位置定位误差，以及扫描波束所需的相位。

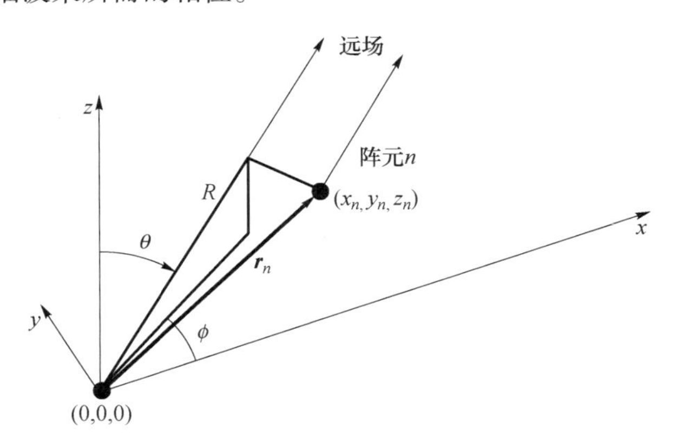

图 5.21　空间阵元几何关系

图 5.22 显示的是以美国驱逐舰 DD(X)为概念设计的机会阵雷达模型和参考坐标系。这是一个具有 1200 个机会单元布置的 DD(X)的 CAD 模型。根据主波束的扫描方向，并不是所有的阵元都参与方向图综合，而仅仅是那些法线方向 $\hat{n}_n$ 在扫描方向的 ±90°范围内的表面上的阵元，才对阵列因子有贡献。不参与综合的阵元关闭，因此阵列因子定义为

$$EF_n = \begin{cases} 1 & \hat{k} \cdot \hat{n} > 0 \\ 0 & \text{其他} \end{cases} \tag{5.31}$$

在求和操作前,方向图因子是阵列因子和阵元因子的乘积。

$$F(\theta,\phi) = \frac{1}{N}\sum_{n=1}^{N} A_n \mathrm{e}^{\mathrm{j}[\boldsymbol{k}\cdot\boldsymbol{n}+\boldsymbol{\Phi}_n]} EF_n \tag{5.32}$$

使用上式生成的方向图的特征曲线如图 5.23 所示。假定没有激励误差,所有的阵元权重相等,$|A_n| = 1$。图 5.23(a)显示一个在垂直方向 10°($\theta_s = 80°$)的边射扫描($\phi_s = 90°$),图 5.23(b)显示一个在同样垂直方向的前向的端射扫描($\phi_s = 180°$)。由于在侧面,用于波束合成的阵元占据了更长的距离,相当于具有更大的有效孔径,所以相对于端射而言,边射产生了一个更窄的波束。

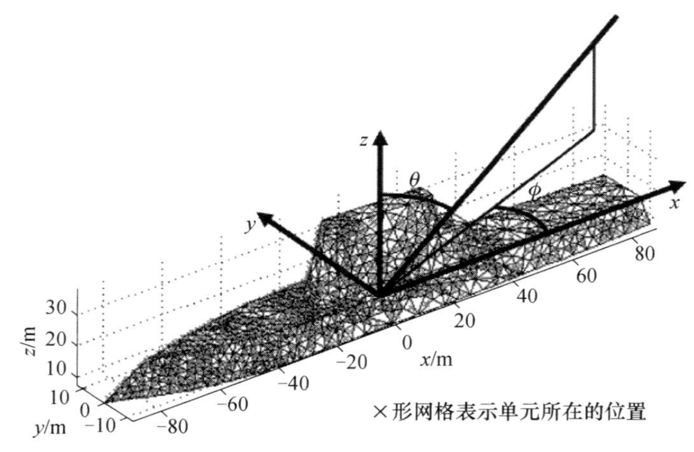

图 5.22 DD(X)1200 个单元机会布置图(见彩图)

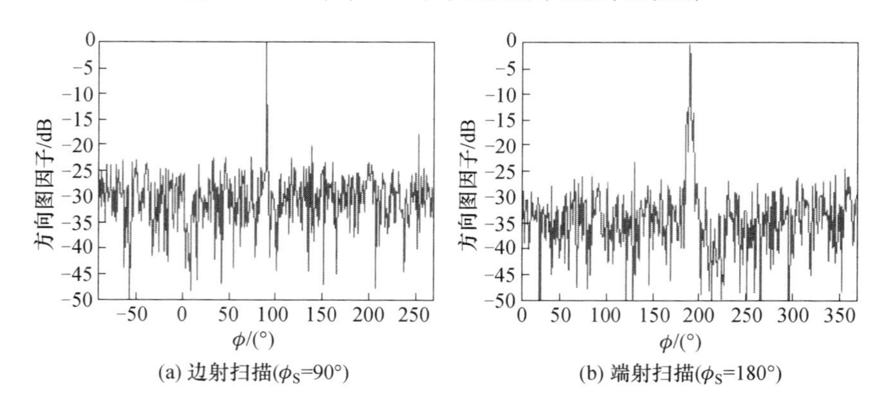

(a) 边射扫描(ϕ_S=90°)　(b) 端射扫描(ϕ_S=180°)

图 5.23 1200 个单元阵列方向图

5.5.1.2　容差理论

令 $F_0(\theta,\phi)$ 是没有误差时的方向图因子,假定没有激励误差并且所有的阵元权重相等,$A_n=1$。如果阵元 n 的位置误差是 $\Delta x_n,\Delta y_n,\Delta z_n$,方向图因子为

$$F(\theta,\phi)=\frac{1}{N}\sum_{n=1}^{N}\mathrm{e}^{\mathrm{j}[\boldsymbol{k}\cdot\boldsymbol{r}_n+\boldsymbol{\Phi}_n]}e^{\delta\Phi_n}EF_n \tag{5.33}$$

其中阵元 n 引入的相移(路程差)为:

$$\delta\boldsymbol{\Phi}_n=k(u\Delta x_n+v\Delta y_n+w\Delta z_n) \tag{5.34}$$

因此,位置误差影响信号阵列内的相位。功率方向图是等式(5.32)和它的复共轭的乘积。它的期望值为

$$E(FF^*)=\frac{1}{N^2}E\left(\sum_{n=1}^{N}\sum_{m=1}^{N}\mathrm{e}^{\mathrm{j}[k\cdot r_n-k\cdot r_m+\boldsymbol{\Phi}_n-\boldsymbol{\Phi}_m]}\mathrm{e}^{\mathrm{j}[\delta\boldsymbol{\Phi}_n-\delta\boldsymbol{\Phi}_m]}EF^2\right) \tag{5.35}$$

假定相位误差是零,并且所有的误差是相互独立的,则上式可以简化。我们同时用 N' 代替 N,即被激励的单元个数,则期望值变成

$$E(FF^*)=|\overline{\mathrm{e}^{\mathrm{j}\delta\boldsymbol{\Phi}}}|^2\,|F_0|^2+\frac{1-|\overline{\mathrm{e}^{\mathrm{j}\delta\boldsymbol{\Phi}}}|^2}{N'} \tag{5.36}$$

第一项是没有误差的方向图因子 $|F_0|^2$,通过一个依赖相位误差的因素减小。第二项表示统计平均副瓣电平,它对功率方向图产生影响,但是和角度无关。功率方向图和处于工作状态的阵元数量有关,由于无误差归一化后,主波束增益是 $|F_0(\theta_s,\phi_s)|^2=1$,主波束增益和无误差主波束增益的比值为

$$\frac{G}{G_0}=|\overline{\mathrm{e}^{\mathrm{j}\delta\boldsymbol{\Phi}}}|^2+\frac{1-|\overline{\mathrm{e}^{\mathrm{j}\delta\boldsymbol{\Phi}}}|^2}{N'} \tag{5.37}$$

随着阵元数量的增加,损失的极限值为

$$\frac{G}{G_0}=|\overline{\mathrm{e}^{\mathrm{j}\delta\boldsymbol{\Phi}}}|^2=\left|\int\mathrm{e}^{\mathrm{j}\sigma_{\boldsymbol{\Phi}}}w(\boldsymbol{\sigma}_{\boldsymbol{\Phi}})\mathrm{d}\boldsymbol{\sigma}_{\boldsymbol{\Phi}}\right|^2 \tag{5.38}$$

式中:$w(\boldsymbol{\sigma}_{\Phi})$ 是相位误差 $\boldsymbol{\sigma}_{\Phi}$ 的概率密度函数。

5.5.1.3　增益减少

如果相位误差是正态分布,$\boldsymbol{\sigma}_{\Phi}$ 是整个阵列相移误差的方差,则主瓣增益损失为

$$\frac{G}{G_0}=\mathrm{e}^{-\sigma^2_{\Phi}} \tag{5.39}$$

将容差任意设定为 $\boldsymbol{\sigma}_{\Phi}=0.5\mathrm{rad}$,可限制增益损失为 1dB。相移上的容差

决定了位置误差的公差,RMS 相位变动相当于 0.0796λ 的 RMS 位置误差,所以一般的经验法则是,0.1λ 数量级的阵元位置误差是可以容忍的。

最初雷达系统研究选择的是 VHF 频段的上半部分或是 UHF 频段的下半部分,作为机会阵雷达的工作频段。假设 300MHz 的工作频率,为了确定阵元的布置位置,定位系统必须有 10cm 的定位精度。从系统的折中性较考虑,10cm 的位置误差会在增益上产生 1dB 的损耗,从而使得在理论上最远探测距离由 2000km 减小到 1785km;或者是,为了达到同样的 2000km 的探测距离,需要将雷达的平均发射功率由 500W 增加到 791W。

5.5.1.4 波束指向误差

在弧度上 RMS 的波束指向误差为

$$\sigma_u = \left(\frac{3}{N'}\right)^{\frac{1}{2}} \frac{\Delta u \sigma_\Phi}{\pi} \tag{5.40}$$

从系统中得到的结果折中考虑 $\Delta u = 5.41 \times 10^{-3}\text{rad}$, $N = 787$,相位误差容限为 $\sigma_\Phi = 0.5\text{rad}$,计算得出的 RMS 指向误差是 $5.32 \times 10^{-5}\text{rad}$,或是 $0.003°$ 。分数形式的指向误差是 $\dfrac{\sigma_\Phi}{\Delta u} = 9.83 \times 10^{-3}$,比一般的 0.1 的容限要好。

5.5.1.5 副瓣增加

副瓣相对于主瓣电平的增加预期为

$$\frac{\sigma_\Phi^2}{N'} \tag{5.41}$$

0.5rad 的相位误差容限,会使得平均副瓣有 1dB 的增加,相对于主瓣 -28dB的平均副瓣增益,这个增量可以忽略不计。

因此,只要满足 0.5rad 的相位误差容限,对雷达在增益、波束指向、副瓣电平方面的性能影响很小。

5.5.2 单元定位技术

通过最小二乘法很容易实现阵元的位置定位,最小二乘是用来测量物体相对于多个物体的距离的。在一个无线环境当中,网络收发器能够通过以下的一个或是多个方法的组合获得距离测量。

(1) 从参考位置传输已知速度的信号到物体,通过测量飞行时间(TOF)来计算距离。这要求所有的接收器和反射器能够完全同步。

(2) 如果接收器和发射器不同步,同时传输两个或是多个信号,编程使得接收器能够通过测量不同信号的到达时间差（TDOA）来计算距离。

（3）使用角度来计算距离。到达角技术（AOA）要求准确的角度信息，典型作法是使用多个天线的相控阵天线和已知的间距来进行角度计算。

（4）通过发射信号衰减与距离的相关函数来推导，当参考信号到达目标及时回来，通过测量接收信号强度（RSS）来估计距离。

导航、通信和物体跟踪应用等领域，有各种各样的商用位置定位系统。他们通常采用单个或是组合形式的 TOF、TDOA、AOA 和 RSS 来测量一个物体跟三个或是更多的参考点之间的距离。它们一般可以使用各种频段，使用不同的信号波形，同时结合信号处理过程来提高性能。基于这些，位置定位系统的性能在精度、覆盖范围和实现成本上有所不同。

对于机会阵雷达而言，位置定位系统技术需要在以下的环境中确定阵元的位置。

（1）提供厘米水平的精度，这是 0.1 的位置误差容限的 10%，足够用来精确地形成数字波束。

（2）可以在严峻的多路径环境中使用，阵列单元被放置在开放的、可利用的区域，容易被一些静态结构和移动设备所遮挡。定位系统必须在整个船体区域正常工作，并且在非视距条件下保持精度。

（3）还要满足一些其他的条件，比如合适的系统架构和较低的成本，易于实现并且还要和机会阵雷达概念相匹配。

以下将会评估几个商业位置定位技术在机会阵列当中的适用性。

5.5.2.1　全球定位系统（GPS）

GPS 是使用最广泛的定位感知系统之一。GPS 提供了一个最优秀的最小二乘架构来确定地理位置。GPS 卫星之间精确同步，在信号中传递他们的时间，并且允许接受者在 TOF 中计算差值。全球卫星网络可提供一个可靠而又没有死角的覆盖。标准的 GPS 接收器使用的是差分参考或是广域增强系统，平均位置误差小于 3m。然而，基于 GPS 的系统是有限制的，GPS 接收器为了能够进行充分的信号接收，需要一个足够大尺寸的天线，GPS 仅仅在相对畅通和好的几何卫星星座当中才能工作正常，同时 GPS 还受到相对较慢的更新速率的限制。（1Hz 用于 Garmin GPS V）

联合精密渐近和着陆系统（JPALS）：在海上，依靠具有 GPS 的 JPALS 为固定翼和直升机提供在Ⅰ类和Ⅱ类可视条件下精确和不间断的着陆导航。JPALS 使用基于差分技术（使用基站）的相对载波相位，在半径为 30nmile 的表面上，提供 0.3m 的横向和垂直方向精度。差分运算用来减少轨道误差，由大气导致的空间相关误差以及接收器和卫星的时钟偏差。就像所有的基于 GPS 的系统一样，

JPALS 的主要缺陷是 LOS(Line of Sight)传输到基站必须工作可靠。

伪卫星收发器(Pseudolite Transceivers):在 GPS 卫星的几何构型比较差或是信号可用性受限的情况下,可以用伪 GPS 信号的地面发射器增强 GPS 信号。这就要求至少要建立四个参考信标的基础设施来代替卫星星座。通常使用载波相位观测来确定相对于参考信标的三维位置关系。最初的伪卫星系统是由 Locata 公司开发的,刚开始他们是为了在一个 200m × 60m 的区域进行厘米级或是更高精度的静态载波相位点定位。系统要求四个 LocataLites(时间同步伪卫星收发器)通过执行载波点定位(CPP)来确定他的三维位置。

基于 GPS 的系统并不适合我们的应用,主要的缺陷是在感应器和测试单元之间需要保持 LOS。如图 5.24 中所示,考虑到单元间的可视性,多个测试单元不得不放置在船体的表面这就大幅度限制了每个传感器单元可能的部署位置,因此不能最大程度地体现无线机会阵的概念。即使条件可以容忍,但是视线可能会被移动的物体、人员的运动和环境条件所限制(如烟、雾等)。

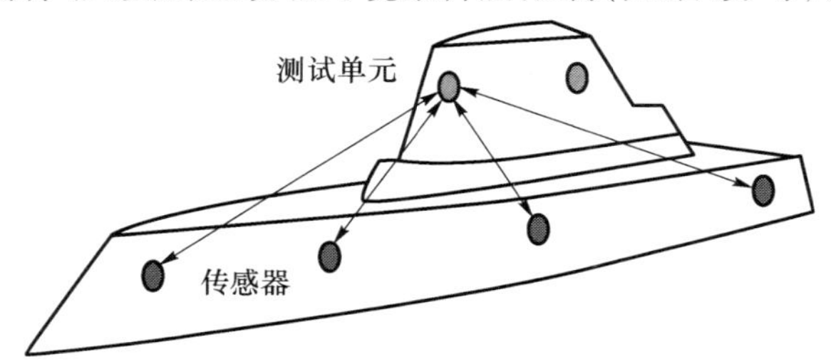

图 5.24　在传感器的无遮挡视线范围内放置测试单元(见彩图)

5.5.2.2　基于无线局域网的系统

移动计算设备和无线网络的普及,使得人们对定位感知系统和设备产生了兴趣。基于无线电信号定位的 WLAN 系统,具有独特的优势,非常适合商业化应用,信号传播适应性强。例如,一个微软研究机构发明了 RADAR,建立在基站中可覆盖整个大楼的追踪测试系统,使用接收到的无线设备和终端发送的信号强度和信噪比,通过计算这些数据来获取二维位置。RADAR 的场景分析能力能以 50% 的概率放置物体在实际位置的 3m 范围以内。几个商业公司,例如 WhereNet 和 Pinpoint 销售无线物体跟踪包,这在形式上和 RADAR 一样。Pinpoint 的 3D - iD 使用专有的基站进行室内追踪和标记硬件来测试无线 TOF。Pinpoint 的系统可以标记 1 ~ 3m 的精度。

基于 WLAN 的系统一般并不要求视线范围内(LOS),但是这个系统需要建立一个无线电波图,用来标记位置和被观测到的 RSS。同时采用搜索算法以确定与基站测得的信号采样强度的最佳匹配。在具有许多障碍物的环境当中,例如在一艘船上，由于信号的衰减，使用 RSS 测试距离通常不如 TOF 精确。信号传播问题，例如反射、折射和多路径衰减都对距离测量影响较弱。

5.5.2.3 基于超声波的系统

基于超声波的位置感应系统利用超声波和射频之间的 TDOA 来测量距离。板球位置支持系统的信标发射射频信号和超声波脉冲，接收器通过传输超声波（声速）和 RF（光速）信号之间的差值估计距离。虽然这样能够提供距离、范围和位置精度为 1 ~ 3cm，但是信标布置需要初始的配置网络。基于超声波的系统需要在视线范围内，并且必须使用合适的信标位置。

5.5.2.4 调频连续波系统

调频连续波（FMCW）雷达采用被调制的高频信号（典型微波频率），反射和发射信号的频率差值和前方物体的距离成比例。在很脏或是视线不清晰的情况下，汽车上的传感系统变得迟钝是很常见的现象。由于较高的灵敏度和可靠性，FMCW 在工业传感器上应用很广。ELVA - 1 的工业测距传感器工作频率 94GHz，波长 3mm，因此可以提供良好的穿透灰尘和水蒸气的能力，工作范围是 300m，精度是 1cm。

5.5.2.5 基于超宽带的系统

超宽带系统是一个非视线（NLOS）工作的成熟的位置定位系统。美国海军研究办公室（ONR）整个固定资产可视化计划（NTAV）至少验证了三项以上的舰船固定资产可视化技术。之所以选择超宽带（UWB）技术，是由于相对于传统系统，它改善后的能力可以工作在多路径环境，并提高了测量精度。由于 UWB 非常宽的带宽特性可以穿越墙壁和地面，从而能进行室内定位应用。UWB 同时也具有更低的系统复杂性和损耗，通过最小的射频或是微波电子技术，UWB 系统几乎可以被全部数字化。由于 UWB 系统在 RF 设计上相对简单，这些系统具有非常高的频率自适应性，使得它们可以在频谱范围内的任何频段进行定位。这个特点使得当充分利用现有频段工作时，避免了对已有服务频段的干扰。

PAL650 超宽带系统在工作频率为 6.2GHz 的情况下，室内工作距离范围为 300 英尺（1 英尺 =30.48cm），精度为 1 英尺。最新发布的 Sapphire 提供了 10cm 分辨力的定位精度。和 PAL650 一样，超宽带系统已经在舰载环境下成功测试，在这种环境下，由于船体的上层建筑是金属外壳，反射性强，无线传输是比较困难的。超宽带信号很容易穿过船体角落、容器间的裂缝，绕过障碍物，从而免受干扰，得出合理精度的位置信息。

总之，通过对当前的定位传感技术发展水平的调查，在无线机会阵当中阵元的位置定位问题可以通过商业的定位方法来解决。在相对良好的传输环境下，大部分系统可提供厘米水平的精度，这是阵列大约1m的工作波长的分数部分，在0.1λ位置误差的容限范围内。对于多路径环境当中的阵元来讲，例如置于船体的露天甲板，由于UWB系统在遇到障碍物时的优良特性，以及在设计中的简单性、灵活性，将会是最佳的选择。

5.5.3 舰体影响分析

研究表明，在船体的结构上，承受压力最严重的就是垂直弯曲模式，也就是中拱(hog)和中垂(sag)。这是由于沿着船体长度方向重量和浮力不均匀分布，波浪的作用导致浮力的变化，船也会在水平方向上弯曲，或是由于波浪导致侧向力的不均匀产生扭曲，但是这种扭曲作用一般不太明显。

先前的研究被用来分析美国海军护卫舰FFG7级的船体梁弯曲度。船体特征程序——美国海军标准流体静力学程序，被用来计算船体在海况为0、4、6级满载条件下的挠度。海况为2级时船体的挠度并不包含在内，是因为海况为2级时和静止情况下并没有明显的区别。在海况为4级时船体最大挠度为0.14，在海况是6级时船体最大挠度为0.2。如图5.25所示。

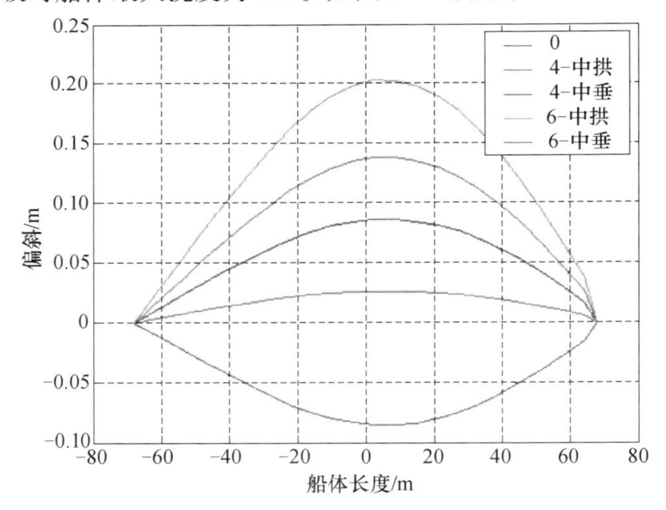

图5.25 FFG7在满载和不同海况下的船体挠度曲线(见彩图)

由于舰长600英尺的DD(X)的船体挠度数据是不可获取的，而长度为445英尺的FFG7数据可以通过比例缩放来推断相当尺寸的船体挠度数据。图5.26显示的是传感器单元的侧向剖面，由于船体的挠度基本上在垂直弯曲模式上，位置误差在z坐标上。右半轴y显示估计位置误差，在不同的海况下，沿着船体的长度在不同点的Δz。这个数据将会被用来研究船体的挠度，接下来将要讨论对

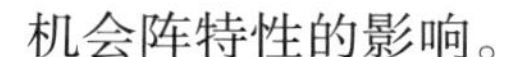

机会阵特性的影响。

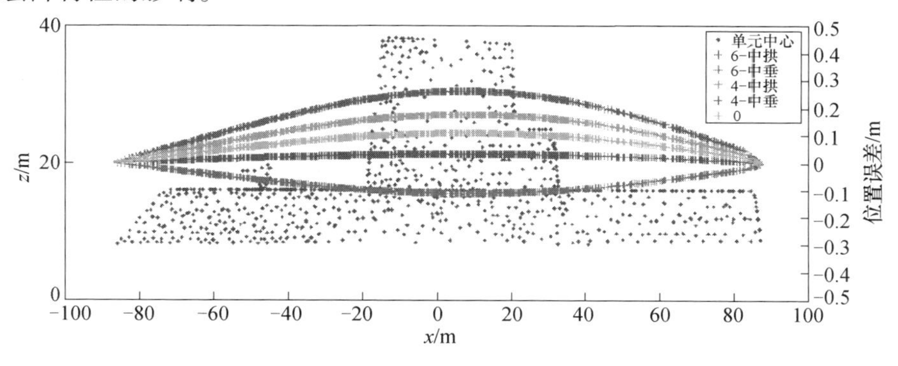

图 5.26　不同海况条件下的 DD(X)船体挠度估计(见彩图)

5.5.4　仿真分析

仿真由两部分组成,在第一部分,将相位误差的预估效果与 DD(X)舰载机会阵产生的仿真方向图进行比较。在第二部分,船体挠度数据被用来生成可能会在 DD(X)上遇到的相位误差。这便于在更加真实的条件下对雷达性能进行估计。

表 5.5　数字采样量化和位置误差对方向图增益和副瓣电平的影响

	理论		仿真	
	四位数学采样误差	$\sigma_{\Phi}=0.5$rad 位置误差	没有误差	4 位采样误差和 0.1λ 位置误差
增益损失	-0.06dB	-1dB	0dB	-0.63dB
最大检测距离	1988km	1785km	2000km	1863km
平均功率(用于补尝增益损失)	514W (2.8%)	791W (58%)	500W (0%)	667W (33%)
旁瓣电平	-28.9dB	-28.0dB	-29.5dB	-29.0dB

表 5.5 总结了数字化和位置误差对方向图增益和副瓣电平的影响。仿真是在垂直向为 10°($\theta_S=80°$)的侧向扫描($\phi_S=90°$)。仿真结果和理论预测非常接近。使用 4 位数字采样量化并假定 10cm 的位置误差,可以获得 -0.63dB 的增益衰减和 -29dB 的平均副瓣电平。增益衰减使得理论最大探测范围从 2000km 减小到 1863cm。为了弥补增益的衰减,需要将发射功率由 500W 增加到 667W。0.1λ 的位置误差相对于 $\sigma_{\Phi}=0.5$rad 的容限具有更好的增益特性。这是因为在三维阵列当中,位置误差均匀分布于 x,y 和 z 三个坐标上,等效 RMS 位置误差在每个坐标轴上是 0.0577λ = 0.36rad。相比于平均副瓣电平的

增加，增益损失更加明显。因此在以下部分，将更加详细地研究增益损失的影响。

在这个仿真的第二部分，船体挠度数据用来生成可能在DD(X)上遇到的相位误差。这样可以在更加真实的环境下估计雷达的性能。图5.27显示，增益损失在海况4级情况下为-0.056dB，和最差的海况6级情况下为-0.070dB。增益损失为什么很小，甚至是在位置误差大于20cm（0.2λ）时也很小，通过式(5.42)可以得出结果。

$$\delta\boldsymbol{\Phi}_n = k(\sin\theta\cos\phi\Delta x_n + \sin\theta\sin\phi\Delta y_n + \cos\theta\Delta z_n) \tag{5.42}$$

船体挠度主要会导致高度误差 Δz_n，但是对于在垂直向为10°（$\theta = 80°$）的侧向扫描，由于余弦调制作用会使得相位误差的作用变小。图5.28表示方向图增益与垂直方向扫描角度的关系。在垂直扫描方向为30°（$\theta = 60°$）情况下，会产生大于-0.25dB的增益损失。但是对于BMD应用，在远距离的目标可能在地平线附近，垂直方向为0°～10°。所以随着垂直方向角度的增加，增益损失影响效果是一个不用关注的问题。

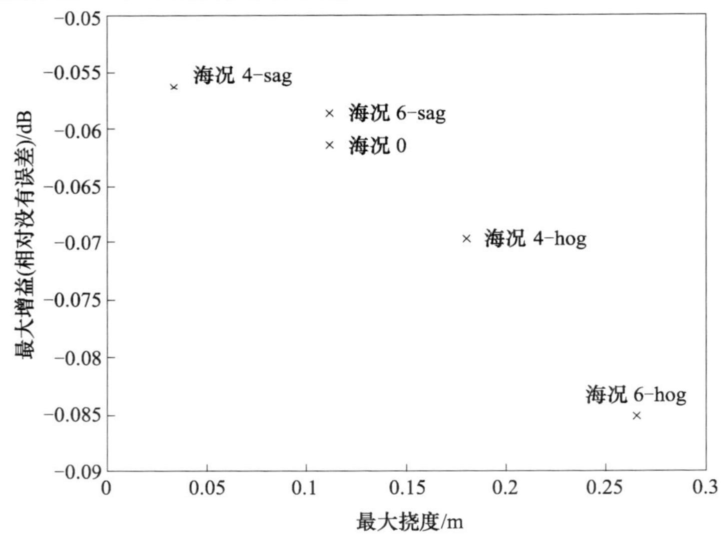

图5.27　不同海况条件最大增益相对于无误差增益

最后，获得一组机会阵雷达的性能曲线。图5.29显示了机会阵在动态情况下使用的数据，该情况考虑了在不同海况条件下船体挠度的影响，以及四位同步移相器的使用。一个500W平均发射功率的雷达系统，在海况6级情况下，对于一个$10m^2$目标，将获得最大为1990km的探测范围。与没有误差的条件相比，这仅仅有0.5%的损失；或者是在同样的条件下，增加2%的平均发射功率就能够达到最大2000km的探测范围。

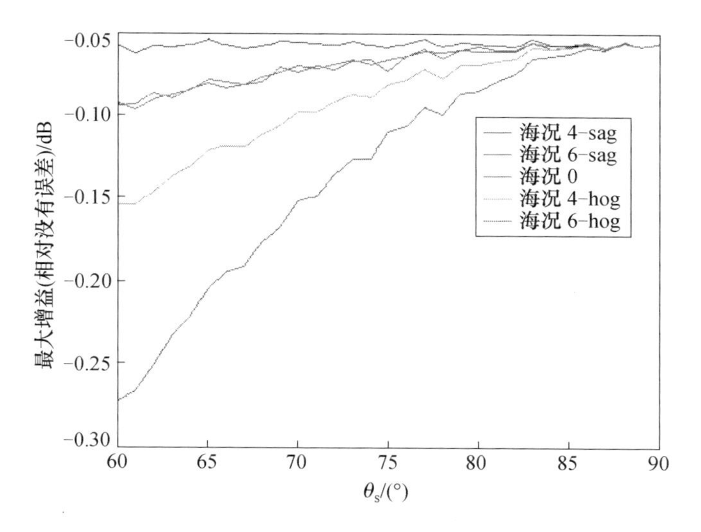

图 5.28　最大增益和扫描角度 θ_S 的关系曲线(见彩图)

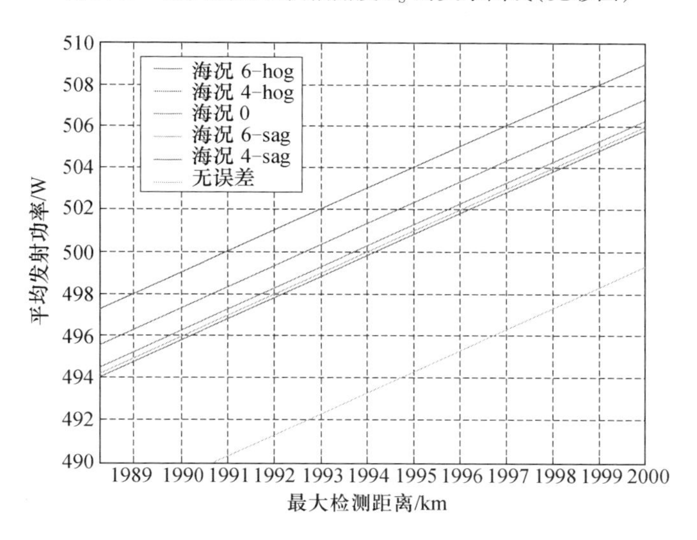

图 5.29　机会阵不同海况下的性能曲线(见彩图)

本节表明可以通过采用商业的位置定位系统方案解决在机会阵雷达中阵元的位置定位问题。在相对良好的传输条件下,大部分系统可提供厘米级的精度,对于 1m 的工作波长和 0.1λ 位置误差容限来说,这是可以忽略不计的。通过常规的船体挠度曲线外推至 DD(X),可以获得一组机会阵雷达的特征曲线。曲线显示了在动态情况下机会阵雷达的工作性能,该情况考虑了在不同的海况条件下船体挠度的影响,以及四位同步移相器的使用。分析结果表明,对于一个 VHF 或是 UHF 频段的机会阵雷达来说,用来矫正船体挠度的动态影响的位置定位方案并不是十分必要的，位置定位系统的复杂性和额外成本对于提高雷达性能作用不大。

参考文献

[1] 吴曼青. 收发全数字波束形成相控阵雷达关键技术研究[J] 系统工程与电子技术, 2001,23(4):45-47.

[2] 龙伟军,王暐,王查散. 光纤传输在数字阵雷达中的应用[J]. 现代雷达 2008,30(10):57-60.

[3] Frankel M Y, Esman R D. True time-delay fiber-optic control of an ultra-wideband array transmitter/receiver with multi-beam capability [J]. IEEE Transactions on Microwave Theory, 1995, 43(6): 2387-2394.

[4] Loke Y. Sensor synchronization geolocation and wireless communication in a shipboard opportunistic array [D]. California: Naval Postgraduate School, 2006.

[5] 斯科尔尼克. 雷达手册[M]. 王军,林强,米兹中,等译. 北京:电子工业出版社,2001.

[6] Adams R T. Beam tagging for control of adaptive transmitting array [J]. IEEE Trans. Ante. Prop. , Mar. 1964, 12: 224-227,

[7] Yoke Y C. Receive channel architecture and transmission system for digital array radar [D]. California: Naval Postgraduate School, 2005.

[8] Kocaman I. Distributed opportunistic beam forming in a swarm UAV network [D]. California: Naval Postgraduate School, 2008.

[9] Jenn D, Yong Loke, Matthew Tong, et al. Distributed phased arrays with wireless beamforming [C]. Pacific Grove: 2007 41st Asilomar Conference on Signals, Systems and Computers (ACSSC'07). IEEE, 2008:948-952.

[10] Yen E C. Wirelessly networked opportunistic digital phased array: System analysis and development of a 2.4GHz demonstrator [D]. California: Naval Postgraduate School, 2006: 1-70.

[11] Skolnik M. Systems Aspects of Digital Beam Forming Radar[C]. NRL Report: NRL/MR/5007-02-8625, June. 200:1-35.

[12] Zatman M. Digitization requirements for digital radar arrays [C]. IEEE Radar Conference, 2001:163-168.

[13] Fontana R J, Gun S J. Ultra-wideband precision asset location system[C]. IEEE Coef. on Ultra Wideband Systems and Technologies, 2002:147-150.

[14] 龙伟军. 机会阵雷达概念及其关键技术研究[D]. 南京:南京航空航天大学,2011.

[15] 龙伟军. ODAR 无线传输与自适应同步方法初探[J]. 现代雷达,2009,(8):131-135.

[16] Steinberg B D. Principles of Aperture and array system design [M]. JohnWiley&Sons, Inc. , 1975:308-316.

[17] 孟凡秋. 雷达信号光纤传输系统[J]. 光通信研究,1999,(5):19-22.

[18] Lee Eu An, Dorny C N. A broadcast reference technique for self-calibrating of large antenna phased arrays [J]. IEEE Transactions on Antennas and Propagation, 1989, 37(8):1003

-1010.

[19] Grahn M. Wirelessly networked opportunistic digital phase array: Analysis and development of a phase synchronization concept [D]. California: Naval Postgraduate School, Sep. 2007.

[20] Willis N J. Bistatic Radar[M]. Boston: Artech House, 1991.

[21] Wang W Q, Cai J Y. Antenna Directing Synchronization for Bistatic Synthetic Aperture Radar Systems [J]. IEEE Antennas and Wireless Propagation Letters. 2010, 9(2): 307-310.

[22] Espeter T, Walterscheid I, Klare J, et al. Synchronization Techniques for the Bistatic Spaceborne/Airborne SAR Experiment with Terra SAR-X and PAMIR[C]. Boston, USA: Proc. of the IEEE International Geoscience and Remote Sensing Symposium, 2007: 2160-2163.

[23] Ling L, Zhou Y Q, Li J W, et al. Synchronization of GEO Spaceborne-Airborne Bistatic SAR [C]. Boston, USA: Proc. of the IEEE International Geoscience and Remote Sensing Symposium, 2008: 1209-1211.

[24] Weib M. Synchronization of bistatic radar systems[C]. Anchorage, USA: Proc. of the IEEE International Geoscience and Remote Sensing Symposium, 2004: 1750-1753.

[25] Wang W Q, Ding C B, Liang X D. Time and phase synchronization via direct-path signal for bistatic synthetic aperture radar systems[J]. IET Radar Sonar & Navigation, 2008, 2(1): 1-11.

[26] Howland P E, Maksimiuk D, Reitsma G. FM radio based bistatic radar[J]. IET Radar, Sonar and Navigation, 2005, 152(3): 107-115

[27] Weib M. Time and frequency synchronization aspects for bistatic SAR[C]. Ulm, Germany: Proc. of EUSAR, 2004: 395-398.

[28] Zhang S K, Yang R L. Analysis of oscillator phase noise effects on bistatic SAR. Proc. of 6th European Conference on Synthetic Aperture Radar[C]. Dresden, Germany: 2006: 7-10.

[29] Krieger G, Younis M. Impact of Oscillator Noise in Bistatic and Multistatic SAR[J]. IEEE Geoscience and Remote Sensing Letters, 2006, 3(3): 424-428.

[30] Johnsen T. Time and frequency synchronization in multistatic radar Consequences to usage of GPS disciplined references with and without GPS signals[C]. Proc. of IEEE National Radar Conference, 2002: 141-147.

[31] Younis M, Metzig R, Krieger G. Performance Prediction of a Phase Synchronization Link for Bistatic SAR [J]. IEEE Geoscience and Remote Sensing Letters, 2006, 3(3): 429-433.

[32] Droste S, Ozimek F, Udem T, et al. Optical-frequency transfer over a single-span 1840 km fiber link[J]. Physical Review Letters, 2013, 111(11): 1-2.

[33] Pirster D, Bauch A, Breakrion L, et al. Time transfer with nanosecond accuracy for the realization of international atomic time[J]. Metrologia, 2008, 45(2): 185-198.

第6章 机会阵雷达阵列技术

6.1 引言

传统雷达设计时,通常首先设计满足探测威力的一定功率孔径的雷达系统,再考虑与承载雷达系统运输平台的匹配,如宙斯盾(AEGIS)系统和预警机雷达。机会阵雷达概念的提出改变了长期以来雷达与平台设计相对独立开展的传统理念,强调雷达与结构一体化设计,采用"孔径结构"(Aperstructure)设计理念。孔径结构是指平台结构有多大,雷达孔径理论上就可以作多大;另外一层涵义是雷达的孔径即平台的结构,二者融为一体。近年来一些新兴的天线阵列技术为实现机会阵雷达孔径结构理念提供了重要的技术基础,如共形承载天线技术、阵列结构感知技术和阵列结构集成技术等。

共形承载结构设计将多种功能系统参与平台结构设计一体化,比如多功能飞机结构(MAS)既可以用做多用途的机身结构,又具有足够的力学刚强度,用做满足飞机气动性和机动性的力学承载要求。这样的共形承载机身结构不仅提升了雷达的探测能力和飞机的气动性能,而且降低了终身维护成本,是机会阵雷达阵列设计可供采用的重要技术。

阵列结构感知技术通过在平台结构上安装各种传感器,实现对结构变形的感知用以补偿天线阵列的相位,结构状态感知通过采用具有反馈控制能力的结构状态感知系统,使飞机成为活的有机体,通过对传感器的反馈控制,可以实现信号交换、放大、供电和逻辑控制等一系列功能。飞行传感器还可以感知压力,确定临界点位置和翼弦表面压力,并感知气流切变。

阵列结构集成技术通过采用薄膜电子技术实现机会阵雷达共形结构中的感知与汇流功能、有源器件的集成、分布式逻辑控制等。通过直写工艺将电子元器件和电路系统加工成共形、柔性的结构功能表面。

可重构天线阵列技术是机会阵雷达的重要潜在应用技术,可重构天线能够根据雷达任务需求实时重构天线的特性,宜于实现机会阵雷达多种作战场景和作战任务需求。6.3 节对可重构天线阵列工作原理和研究状况进行了介绍,按共功能可以分为频率可重构天线、方向图可重构天线、极化可重构天线以及混合可重构天线。

6.2　孔径结构阵列技术

6.2.1　共形承载天线结构

6.2.1.1　概念与特点

飞机机身制造材料从织物、木材到金属的转变使飞机性能获得提升,同样,多功能飞机结构的采用有可能从根本上改进军用飞机的性能。将机身结构和功能系统集成一体,并对结构一体化进行实时监控,通过改变总体和局部形状,使飞机可以在整个电磁频谱上收发信号、产生并存储电力、提供弹道防护的能力。相比之下,分开进行机身和功能系统的设计、生产和维护的方法,MAS 可以减少更多重量、体积和信号特征的问题。多功能飞机结构使得飞机的设计围绕任务需求设计而非平台限制进行[1]。

四十年来国外开展了大量 MAS 研发项目,MAS 的潜在优势逐步得到显现。文献中最常提到的3类 MAS 包括:结构健康状况监视、形状控制和共形承载天线结构(CLAS)。

CLAS 是一种多功能飞机结构。CLAS 指的是飞机承载结构、飞机蒙皮通常采用碳纤增强复合材料制造,结构中还包含射频收发装置。CLAS 可以通过改进现有机身实现,也可以在新平台中植入,比起传统叶片、线形和碟形天线,CLAS 可以大大降低重量、体积、阻力和信号特征,还可以提供改进的电磁性能、抗损伤能力和结构效率。但是,CLAS 的设计、制造、鉴定和终身维护比非一体化的要复杂得多。如果使用共形非承载天线(CNLA),一些 CLAS 性能优势可以较低的成本和复杂度实现。

通常大多数飞机结构按功能系统(如状况监视、电磁波收发、电缆线路、热管理、电力存储、装甲和武器)独立进行分析、设计、制造、操作、维护和支持。这种方法降低了复杂度,但使飞机变重并限制了性能,虽然进行了大量的改进,但优化提升性能的范围在缩小。如果假设很多功能系统可以参与结构一体化,那么类似地,机身某些结构部分也可以实现某些功能,如防弹装甲的很多组成部分具有足够的力学刚强度,可用做承载结构。这样一来,多功能飞机结构(MAS)成了多用途的机身结构,这样的机身结构不仅提升了飞机的性能,而且降低了终身维护成本,而不是作为一个必须额外附加的重量。

CLAS 是将现有天线,特别是飞机外模线(OML)突出的叶片、线形天线,替换成具有如下特点的机身结构(常为蒙皮):①支撑主要的结构负荷;②与 OML

吻合;③可实现现有天线的收/发功能。CLAS 可以减少阻力,具有降低重量和信号特征并提升电磁性能的潜力,CLAS 具有如下优势:

1）阻力减小

共形天线优点之一是阻力减小,天线可以是承载的也可以是非承载的。显然,将外装天线替换为 OML 平齐天线可以减小阻力。大多数军用飞机,比如图 6.1中的飞机,都是外装天线,AP－3C 有多达 100 个,F/A－18 有超过 70 个。

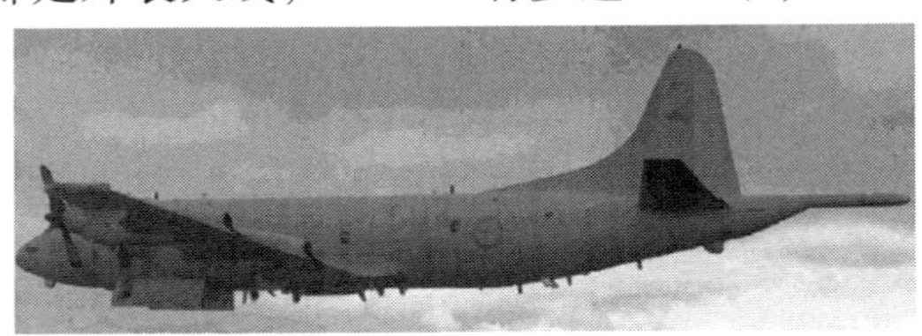

(a) ADF AP-3C

(b) ADF F/A-18

图 6.1　突出 OML 的大量天线

大型天线结构,如反射面天线或阵面天线,通常被安置在天线罩中。虽然天线罩可以保护天线免受气流影响,从而减少阻力,但载机形状的气动性能因此大受影响。主要实例如图 6.1、图 6.2 所示,机载预警和控制(AEW&C)上的“顶帽”多功能电扫阵(MESA)、E－3 机载警戒和控制系统(AWACS)上的雷达圆盘罩或 RQ－4 全球鹰上的凸鼻天线。显然,如果这些天线罩可以缩小尺寸或完全去掉,飞机性能会有很大提升。

2)电磁性能提升

天线尺寸约为电磁波波长的 1/2,因此,一个 50cm 天线收/发的电磁波波长约为 100cm(30MHz),要获得更高的频率(更短的波长),可以将天线分成较小的单元,但是要得到较低的频率(较长的波长),只有增加天线长度。通过缠绕和盘旋可以在不大幅增加面积的前提下增加天线长度,但这种方法有其局限性。

过去的 60 年,通信和雷达系统总的发展趋势是高频方向,数据传输率和角分辨力有了很大的提升。二次大战前,大多数天线都是线缆型的,频率不超过 VHF 波段,最高 300MHz。20 世纪 40 年代微波辐射源的发明使频率提高到几个吉赫。从 20 世纪 50 年代到 60 年代,工作频率提高到几十吉赫,8～10GHz 的 X 波段最为常见。70 年代出现了高速处理器,独立的天线单元可以被组合成阵列,系统性能有了显著提高。今天最强大的雷达系统就是阵列系统。最近,研究兴趣转向了穿地雷达和树叶穿透雷达,它们工作在 VHF 波段(几百兆赫),可以

(a) 波音737-700 AEW&C

(b) 波音E-3 AWACS

(c) 诺斯罗普·格鲁曼RQ-4全球鹰

图 6.2　具有大型天线罩的飞机

识别建筑物区域的目标,已有实用系统开发出来,但它们需要大天线。使用阵列可以改进这些系统,但这会进一步增加系统尺寸。

大多数军用飞机最大天线尺寸在 1m 左右。如:全球鹰 Satcom 的反射面天线直径为 1.2m,战机上的有源电扫阵列(AESA)跟踪雷达(F-15 的 APG-63、F-22的 AN/APG-77、F/A-18E/F 的 APG-79、F-16 Block 60 的 EA-18G 和 APG-80、F-35 JSF 的 APG-81)的天线直径约为 0.9m。这些尺寸是折中考虑通信/跟踪系统性能和可用体积的结果。

CLAS/CNLA 技术有可能在根本上改变天线和天线阵列的形状和尺寸。目前的技术是将阵列单元集中在机鼻中的平面阵上,如果将阵列单元分布于整个飞机,高频 X 波段 AESA 系统的性能可能得到根本改进。将较大的 VHF 单元分布于机腹可以实现低频雷达阵列的部署。

显然,增加如穿地雷达这样的新功能可以产生很大的作战优势。但对现有系统的特性进行简单的改进也是有益的。如一架 F/A-18 上的 CLAS 验证机的语音无线电通信距离有 5 倍提升。这对地面部队有很大好处,因为这样可以在更远的距离直接与飞机通信。比如:可以在相对安全的地方协调对敌攻击或在更远的位置进行语音协助。

有研究称[2]一个 CLAS 可以替代多个传统天线,10 个左右适当分布于机身的多功能孔径可以替代现有飞机上的所有天线,有文献甚至称仅需 9 个多功能孔径就可以实现,对此需要说明,9 个孔径中某些孔径实际包含装在同一嵌板上的多个分立天线。但是,主要原理还是成立的,对现有军用飞机上的 70~100 个外装天线,有可能用数量少得多的平镶孔径替代。

为了达到以上三段文字所述的目标,还有两个重要方面需要研究。首先,必须大幅提高每个天线的宽带性能，这样，数量较少的 CLAS/CNLA 可以覆盖现有大量天线的频段和辐射方向图。另一点是信号处理方面的难题，目前，很少有单个天线连接多个处理系统的情况，但多功能孔径需要每个天线连接 5～10 个处理系统。即使有文献报道有 1 个天线用于 2 个处理系统的进步，但要实现这一目标还有一段距离。

3）信号特征减少

减少从 OML 突出的天线数量一定可以减小飞机的雷达截面积（RCS）。要使飞机低可见或极低可见，共形天线是必要条件但不是充分条件。除天线外还有很多方面可用于减小飞机 RCS，包括 OML 的形状、雷达反射结构（包括埋于雷达透波结构下方的结构）的方向、蒙皮间断（嵌板连接、螺钉孔和外装部件）的方向和外表面的材料特性等。这些因素表明，将突出的天线简单地替换为 CLAS/CNLA 不足以使传统飞机低可见或极低可见。

为了使飞机低可见或极低可见，对 CNLA/CLAS 的曲率及天线和周围蒙皮的不平和缝隙，必须严格控制容差，目前还没有关于这种平齐容差的公开文献，但有一篇文章称，加工 F－35JSF 复合材料蒙皮内表面的打磨机的精度可达 50μm。平齐容差是否需要这么小还不清楚，但远小于 1mm 是有必要的。

飞机使用接近 40 年时，保持容差具有很大挑战。除了着陆和机动时“正常的”机身变形导致的误差变大，损坏和维修的影响也须考虑。修复损坏的复合材料黏合蒙皮的传统方法是：去除损坏部分，填充空洞，在缺损区域铆接或黏接双层贴合板。这种类型的 OML 修复的影响通常被忽略，因为双层贴合板相对较薄（几个毫米），对飞行质量通常没有不利影响。但是，对于低可见/极低可见飞机的信号特征要求，情况不是这样，需要开发新的维护和修理方法来满足严格的平齐容差。对于飞机结构，开发新的方法已经十分困难，更不用说 CLAS，因为除了结构限制，还需满足电磁性能的限制。

CLAS 的局限性主要体现在如下几方面。

1）设计复杂

显然，CLAS 设计比机身和天线分开设计要复杂得多。结构工程师运用力学和材料工程原理设计机身，而电气工程师运用射频光电子原理设计天线。CLAS 设计中，各领域的设计需求都会限制其他领域的设计。因此，不能使用传统方法。

虽然 CLAS 的分析和设计远比单独的结构或天线的分析和设计复杂，但不少研发机构具有 CLAS 的设计经验。与大多数复杂的工程系统一样，比起系统的设计，支持和维护改装或新装 CLAS 所需的专业技术水平要低得多。可以预计，合格的结构和通信工程师在经过充分的训练之后，应能维护这些将来可能要使用的系统。

长远来看,随着 MAS 技术的成熟,通过提高集成水平,会有附加功能加入系统。比如传输电力和数据的电线和同轴电缆可被 CLAS 内嵌导体替代。这又会进一步提高系统的复杂度和分析、设计、制造、验证、运行和终身维护所需的专业技术水平。

2）天线辐射方向图匹配

不同的天线应用需要不同的辐射方向图。如目标跟踪需要聚焦波束而测向需要整个半球的一致覆盖。设计中有很多天线概念可用,天线设计是电气工程中发展良好的领域。大量描述天线概念和设计的期刊文献指出,共形天线的设计在很大程度上可以复制出几乎所有叶形覆铜振子和大多数其他常用飞机天线的辐射方向图。但是,几乎可以确定,这些新天线的辐射方向图不能精确匹配现有天线的辐射方向图,因为 CLAS 的结构和材料与原有天线不同。因此,任何用 CLAS/CNLA 改装的系统都需要重新校准。

辐射极化是一个重要参数,定义为收/发信号的电场向量相对于地面的方向。对于垂直极化信号,电场向量与地面垂直。偶极子天线的极化(如典型叶片天线的极化)与偶极子平行。这样,飞机上垂直安装的偶极子天线(比如沿着机翼或机身的上或下表面)将收/发垂直极化的信号。简单地安装一个与 OML 平齐的偶极子天线(因而将叶片偶极子转变成 CNLA)不能复制该天线的方向图,因为极化方向可能与原来不同。

克服这一局限性的一种方法是,保持偶极子原来的方向(与 OML 垂直),但将天线嵌入机身并在天线上方安置一个 RF 透明的窗。按照这种方法,外装叶片天线可被转变成 CNLA。一些商用共形天线就是这样的。虽然这样可以保持天线功能并产生共形 OML,但其效率通常较低,因为:①透过窗收/发信号有功率损耗;②信号必须透过窗进入/发出,视场受限;③机身结构需要额外的加固以支撑较大的天线罩;④机内空间因 CNLA 罩而减少。

效率较高的方法是使用真正的 CLAS 结构,虽然这种天线概念需要重新校准,例如:槽天线与线天线的电特性是互补的,因此,一个平面内的槽线可以代替一个外装偶极子。微带天线可以产生垂直、水平、左手环、右手环极化,这可被用来匹配(至少逼近)许多现有天线的极化特性和辐射方向图。

6.2.1.2　工作原理

传统的机身机构零部件众多,非常复杂,走线较为杂乱。如图 6.3 所示,MAS 电子结构系统的机身由少数模块化的部件构成,包括子系统功率管理、传感器和数据走线,减少了制造成本和系统重量,如图 6.4 所示。

共形承载式天线是满足大口径需求的重量轻且低成本的解决方案,能在小型飞机上实现高性能的雷达。其较低的风阻能提高平台的续航能力和速度。该技术还能融合 RCS 缩减技术。

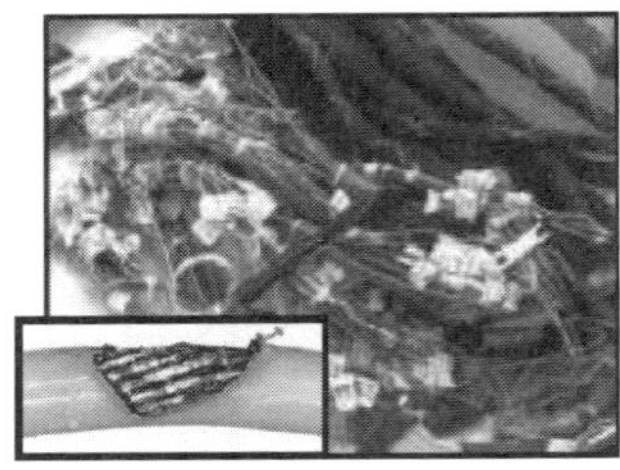

图 6.3　传统飞机机体与电路走线图(见彩图)

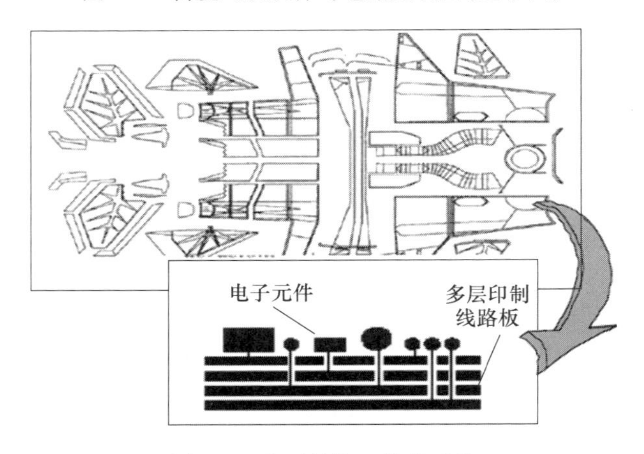

图 6.4　电子结构一体化系统

传统的非承载式腔体的安装需要支撑结构,而解决方案是将天线功能集成到结构中,而天线结构是承载式的,即 CLAS。CLAS 提高增益,减小空气阻力、系统尺寸和重量,并实现多功能飞机的系统概念,如图 6.5 所示。

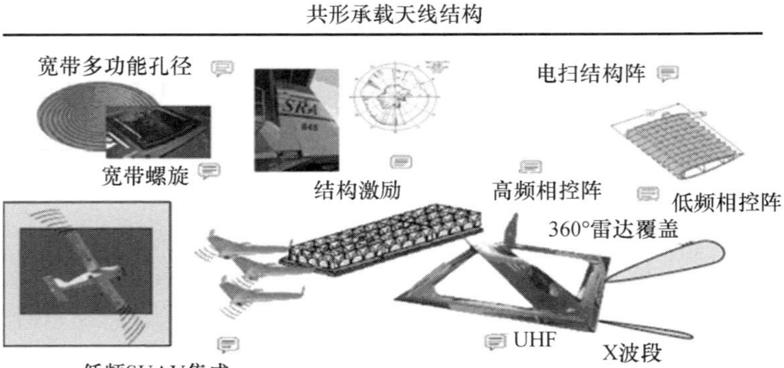

共形承载天线结构

宽带多功能孔径

宽带螺旋

结构激励

电扫结构阵

高频相控阵

低频相控阵

360°雷达覆盖

低频SUAV集成

UHF

X波段

HALE上的大孔径

图 6.5　共形承载天线结构

CLAS 验证机和实验室测试样机具有蜂窝板的形式。典型设计见图 6.6。特定的 CLAS 部件的细节配置可能不同于图 6.6,但基本部件和概念仍适用。CLAS 须支撑巨大的结构负荷,因此,理想情况下,嵌板的外蒙皮由高强度材料制成,如碳纤增强聚合物甚至高强度铝合金。但这些材料屏蔽电磁辐射,因此,通常在内蒙皮上加工一个浴缸形状的凹陷,这样的优势是:①使结构连续从而支撑结构负荷;②为天线部件提供安置空间。

CLAS 通常包括以下部件[3],如图 6.6 所示。

1）盖板

CLAS 的外表面与飞机 OML 平齐。外表面可以包含辐射单元,但辐射单元通常由一个盖板保护。盖板须能透过 RF 辐射,因此常由玻璃或石英纤维复合材料制成。控制盖板的厚度(毫米级)和距辐射器的距离(半波长级),应使盖板的传导损耗降至最低。盖板的刚度应比承载蒙皮低,否则二次折弯会降低疲劳寿命并产生负重变形而影响天线性能。

2）辐射单元

辐射单元或辐射器常用厚约 15μm 的电镀铜胶片制成。选用铜是因为铜的导电率高,但铜的密度很大,而且嵌入复合结构中的铜的耐久力还没得到验证。其他密度更小、兼容性更好的导体可能也是可以接受的辐射器材料。辐射器的形状和尺寸是确定天线电磁性能的关键参数。形状可以是规则的(圆形、方形、矩形)也可以是不规则的(螺旋状、槽状、L 形、U 形和杉树状),尺寸接近工作波长的 1/2(K 波段为毫米(mm),X 波段为厘米(cm),UHF 为几十个厘米(cm),VHF 为米(m))。大多数 CLAS 辐射器与飞机 OML 在同一平面,大概是为了使天线厚度最小。对于特定的应用,所有满足体积/尺寸限制并能产生所需辐射方向图的方向都可考虑。

3）介质基板

辐射器通常被电镀在介质基板上。基板的介电常数和厚度是关键参数,因为它们决定了馈源和辐射器之间的耦合度。这两个参数都可通过现代制造工艺精确控制。

最简单的馈电方法是将辐射器直接与一根进入的同轴电缆的中心线相连。一些 CLAS 设计中,通过耦合辐射器下方单元(通常为孔径或补片)辐射的能量,给辐射器间接馈电。在这些设计中,介质基板和承载面板之间有若干附加层,它们的绝缘基底上有各种馈电单元。

4）隔离心

在黏接飞机结构中,承载面板(蒙皮)之间夹有一层蜂窝或泡沫心。这种结构在力学上十分有效,因为蒙皮支撑负荷(蒙皮位于结构的表层,蒙皮在这里具有最大的力学优势),而低密度夹心使蒙皮稳定并在蒙皮间传导剪切力。大多数有报道的 CLAS 使用蜂巢结构,因为它比泡沫结构的密度小且电磁损耗小。在一些 CLAS 设计中,如果使用的是间接馈电,辐射器和盖板之间、馈电单元之间会有蜂窝结构的附加层。

5) 承载面板

材料通常为 CFRP 的承载面板与芯层粘在一起。面板上有浴缸形状的凹陷,辐射部件位于凹陷中。如果面板有足够的导电能力,它还可以作为接地面使用。

6) 吸波材料

一些天线设计会产生很大的后瓣(电磁能量方向朝后),这时,会在 CLAS 的背面粘贴电磁损耗很大的介质材料,以吸收不需要的辐射。介质材料通常是带有吸波粒子的低密度泡沫。

7) 吸波器盘

一个轻质、非承载容器,容纳吸波材料。

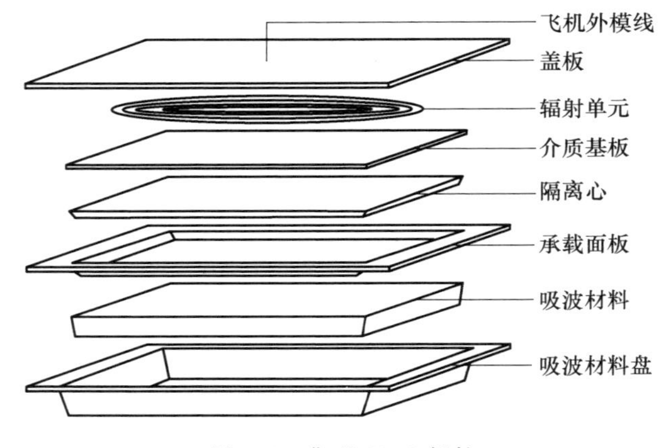

图 6.6　典型 CLAS 部件

6.2.1.3　应用实例

CLAS 研究的最终目标是为操作人员实现 CLAS 所具有的优点,传感器飞机项目(SensorCraft)是重要的美国空军研究项目,以下两段文字可以概括研究的结果。第一段描述 USAF SensorCraft 项目,第二段是 2006 Farnborough 航空展上的评论文章。

重点研发下一代 ISR UAV。该项目始于 1999 年,计划 2010 年左右研制出一台 UAV 样机,2020 年左右开始生产。如图 6.7 所示,SensorCraft 是一种亚声速(350 节)、高空(60000 英尺)、续航能力(>40h)UAV,配装的传感器使其能够执行宽频谱空对空和空对地 ISR 任务。传感器将包括几百兆赫的 UHF 雷达、

1 ~20GHz 的跟踪雷达和红外/光学传感器。实现 SensorCraft 性能目标的一个关键技术是 CLAS。一体化设计将使这些传感器成为机翼的一部分而不是固定在机身上的“寄生”载荷。

2006 Farnborough 航空展上宣称,“下一代无人战斗机的发展正远离波音(X -45)、洛克希德·马丁(Polecat)、罗斯洛普·格鲁曼(X -47)的提案。”……“共形有源电扫阵雷达和小电源供电使无人战斗机小到导弹尺寸。尺寸减小使得 UAV 更难被探测,因而可以更加接近关键目标并用高能微波脉冲进行破坏。这种包裹着的新型雷达具有多种功能,确保其可以作为传感器、精确目标定位系统和定向能量武器使用,因而无人机无需携带导弹或炸弹”。

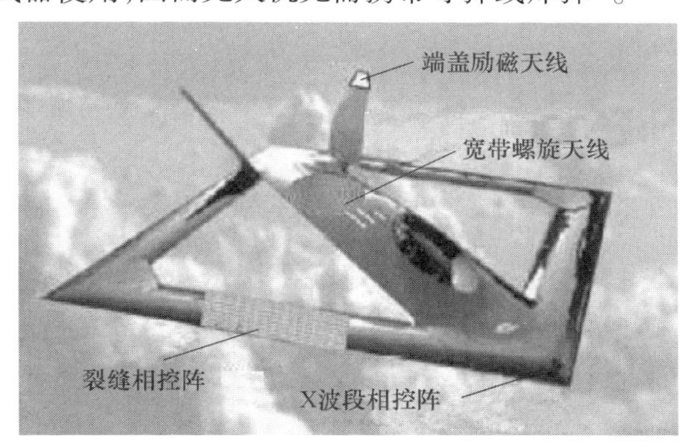

图 6.7　传感器飞机概念图(见彩图)

6.2.2　阵列结构感知技术

6.2.2.1　依靠感知的飞行

依靠感知的飞行(图 6.8)通过主动感知环境实现飞行过程,依靠感知的飞行包含以下因素:①能大幅度提高设计中控制和分析建模的经验模型;②发现不能被精确分析的现象;③提升气动、结构和控制的效率;④减少不安全因素(由于载荷不确定);⑤减少飞行器定型时间和成本。为此,需要以下手段实现“依靠感知的飞行”:①结构上嵌入传感器、管线和有源芯片;②减少传感器伸出到气流中的部分;③最小化对结构性能的冲击;④提高传感器和相关电子设备的可靠性;⑤将管线数量、长度、重量和功率损耗减至最小;⑥将数据吞吐量减至最小;⑦高效处理传感器数据的方法;⑧识别气动和机身响应特征的关键点;⑨交换和路由算法;⑩理解如何使用新传感器和控制器参数;⑪制造多功能结构的有效方法;⑫直接喷写、激光转印等工艺。

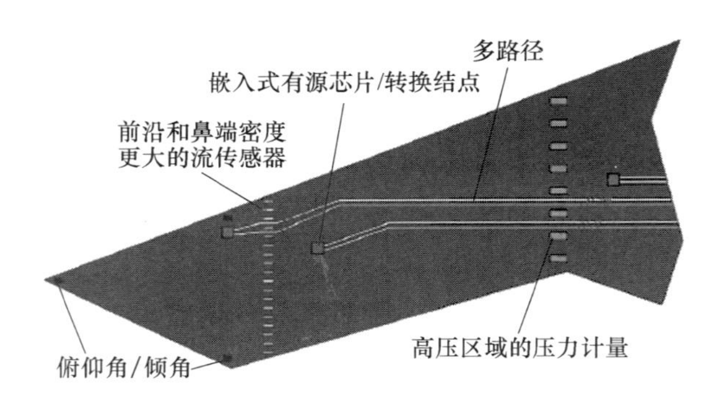

图 6.8　依靠感知的飞行

6.2.2.2　嵌入式的变形感知

形变传感器是共形天线相位补偿的需要。变形感知需要嵌入式传感器技术和算法,需要绘制应力变形图。图 6.9 为一种光纤布拉格光栅传感器的形变测量原理,光纤是由两种不同折射率的心和包层组成的,心的折射率大于包层。光纤光栅传感技术是利用测量环境(如结构内部的应力、应变和温度等)对光纤的影响,将所探测的物理量转化成光束波长变化的一种新一代光学测试技术。光纤传感器具有质量轻、直径细、柔韧性好、可绕性强、耐腐蚀、抗电磁干扰、测量精度高等优点,同时,可以在同一根光纤上布置许多传感点,构成分布传感系统,因此非常适用于实现对大型复杂航空结构的智能检测,能够实现位移、应力、温度等 70 多种物理量检测。光纤可埋入材料中或粘贴于结构表面,不影响飞行时的空气动力学性能,能实时、充分地提供机翼形状信息。由于光纤光栅测试系统具有质量轻、精度高、柔性大、耐腐蚀、可靠性高等优势,特别适合于大展弦比低翼载柔性无人机的机翼变形测量。

图 6.10 为由于平台形变造成的波束形状劣化和指向偏差,通过形变传感器可实时测出形变,然后通过天线的相位补偿算法可以对共形承载结构天线进行校准。

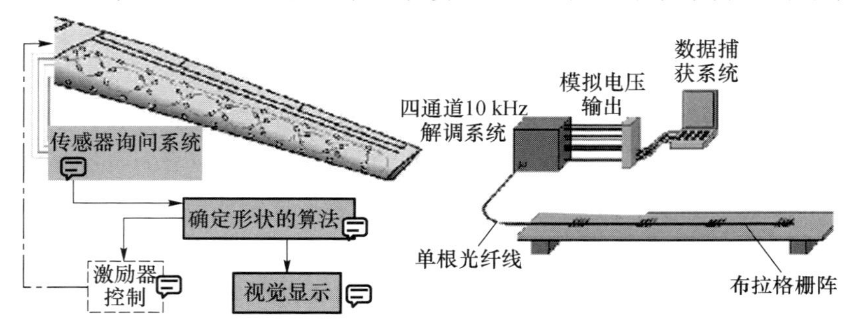

图 6.9　光纤布拉格传感器

图 6.10　弯曲(影响波束形状和指向)

6.2.2.3　结构状态感知

结构状态感知概念如图 6.11 所示。通过神经/贝利斯网络训练飞机,从而使无人机能在飞行器的极限边界工作。利用此系统,可以控制机身的疲劳程度、延长机身寿命,还能简化武器和油料的确认过程,降低风险因素,在损伤和炮弹撞击后提供载荷均衡。具有反馈控制能力的结构状态感知系统,使飞机成为“活”的飞机机体。通过对传感器的反馈控制,它可实现交换机、放大器、供电、逻辑等控制功能。

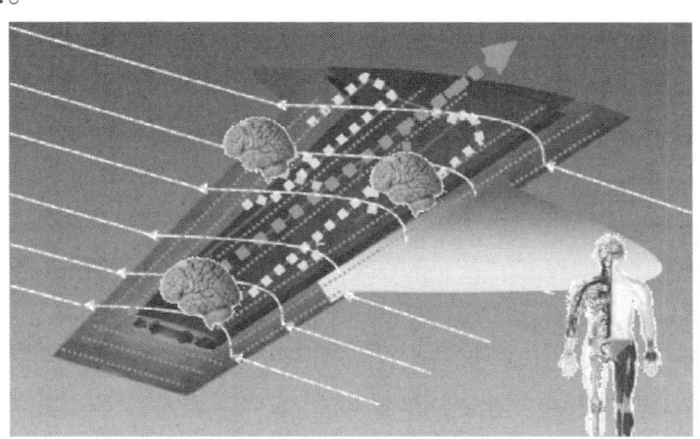

图 6.11　结构状态感知概念(见彩图)

6.2.2.4　空气动力感知

通过空气动力感知系统(图 6.12),可以实现飞行中空气动力特性重构功能,可以最大化机翼效用,实现多点优化,扩展分层气流到 HALE 飞机 55% ~ 75% 的翼弦,感知阵风并均衡载荷。飞行传感器可以实现感知压力,确定临界点位置和翼弦表面压力,并感知气流切变。

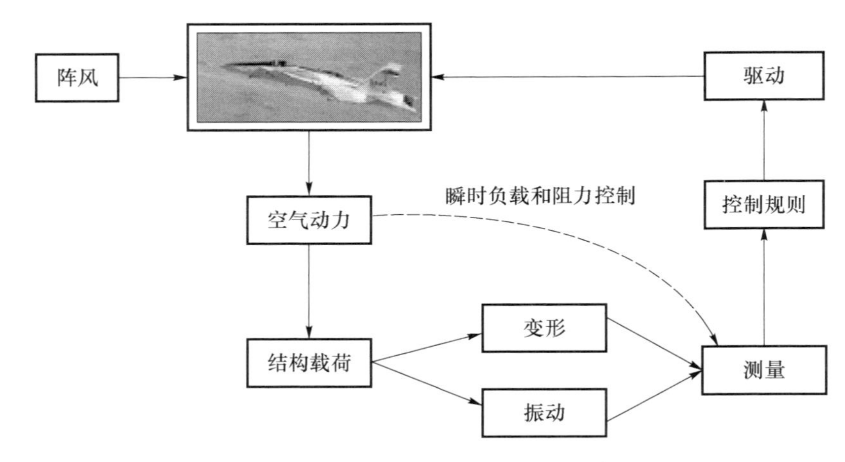

图 6.12　具有反馈控制的空气动力感知

6.2.3　阵列结构集成技术

6.2.3.1　薄膜式电子器件

薄膜电子技术能够实现孔径结构中的感知与汇流功能、有源器件集成、分布式逻辑控制等功能。如图 6.13 所示,通过采用各向异性导电膜(ACF)实现各种传感器阵列之间的高密度互联。ACF 是一种同时具有黏接、导电和绝缘三种功能的高分子材料,能够用于电子器件封装和高密度互联。由于其具有无铅、互连间距小、封装密度高、成本低等显著优点,在微电子封装领域得到了广泛应用。目前主要通过热压黏接工艺来实现各向异性导电膜互连芯片和基板相对于传统的锡焊工艺,它具有黏接温度低、高密度、窄间距的连接能力,环保、可与不同的基板连接及黏接设备简单等优点,被越来越广泛地应用在各类电子器件集成技术领域,能够较好地满足飞行器传感器、控制器等集成电子器件的封装与互连要求。图 6.14 为通过激光技术印刷蚀刻半导体电路工艺,在阵列结构集成的轻薄化技术应用中具有潜力。

如图 6.15 所示,孔径结构中嵌入了各种传感器阵列用以感知结构的参数变化和环境信息,通过智能化的神经网络实现对雷达波束指向控制。实时延迟线阵列(TTD)用以补偿大型天线阵列孔径渡越带来的相位误差,光纤传感器用以实时感知孔径结构的物理形变,结合材料张力、平台高度和温度等信息优化目标波束所需的补偿相位,通过人工神经网络来计算和灵活重构目标波束,并实现波束指向控制。

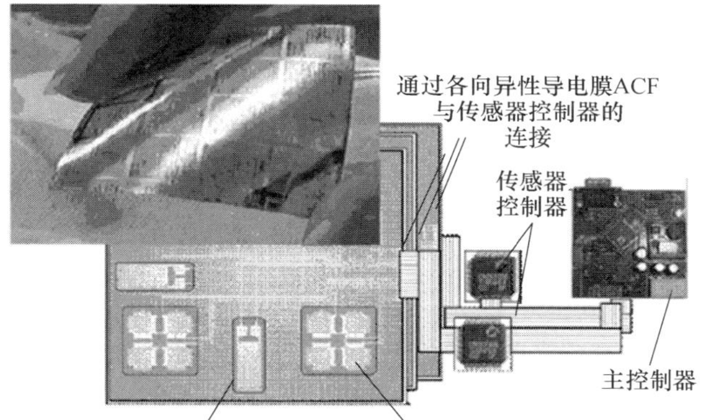

图6.13　薄膜电子器件与传感器

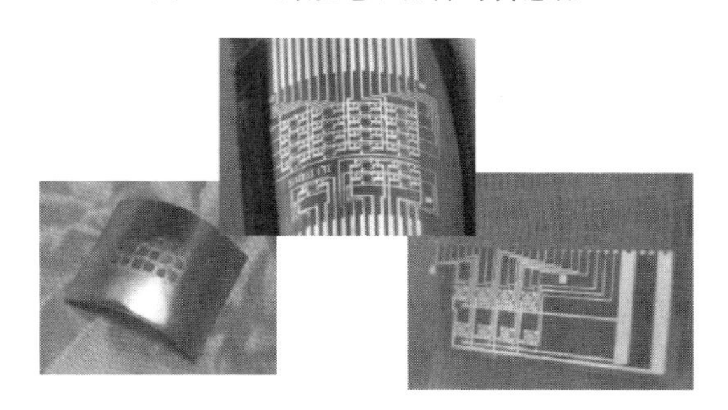

图6.14　激光转印半导体(见彩图)

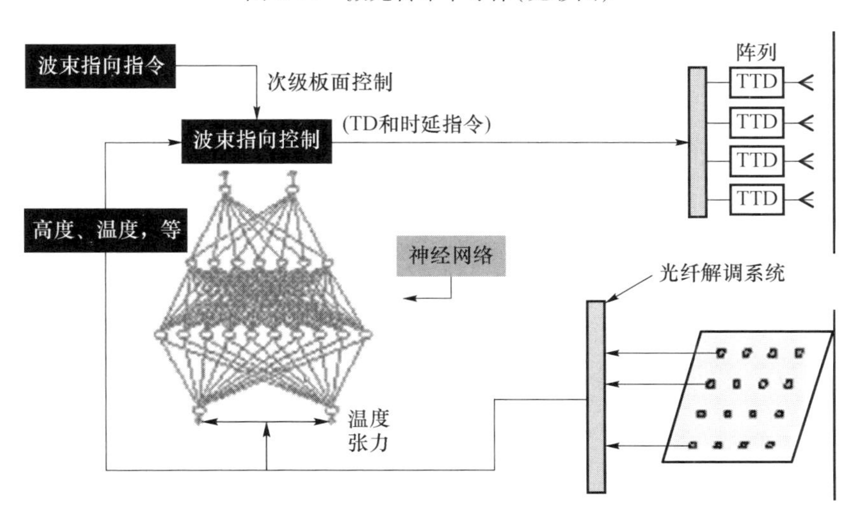

图6.15　传感器阵列

6.2.3.2 直写工艺技术

通过直写工艺可以加工共形、柔性电子器件。该工艺能实现 5 ~ 100μm 的加工精度,可以在室内环境实现,而不需要真空环境。该工艺可以采用多种材料的沉积,包括半导体和介质的复合体,例如银等导电金属、电阻和压电材料。加工成本较经济,可实现大面积处理。直写工艺能用于多种基材,包括塑料、金属、陶瓷、玻璃和纺织物,以及薄膜和复合结构,如图 6.16 所示。

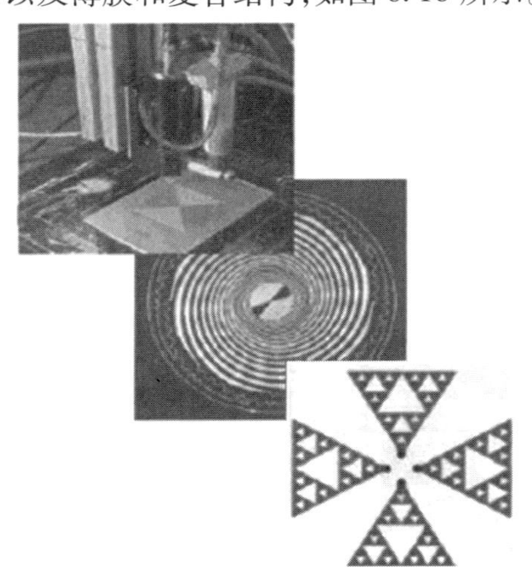

图 6.16 直写印刷

6.3 可重构天线阵列技术[4]

早在 1981 年,天线工程师们就开始利用接地探针来改变天线的谐振频率和极化方式的研究[5],但这种方式的重构并不是可以电子控制的。1982 年,Bhartia 博士提出并设计了利用变容二极管来连续调节贴片天线的谐振频率[6]。根据我们所了解的内容,这是关于可重构天线最早的研究工作。1999 年,12 所知名院校、研究所和公司参加了由美国国防高级研究项目中心实施的“可重构孔径(RECAP)”项目[7]。之后,大量关于可重构天线的研究相继发表在天线与微波领域的期刊与会议论文集中。这其中,国外大学及研究机构的论文占大多数。国内也有部分大学开展了可重构天线的研究。按照可重构天线的功能,这些研究可以分为如下四类:第一类是频率可重构天线;第二类是极化可重构天线;第三类是方向图可重构天线;第四类是频率和极化,或者是极化和方向图,又或者是频率和方向图混合方式可重构天线。而按照可重构的方法不同,又可以分为电子器件可重构、机械可重构及改变天线的材料特性三大类。现有文献介绍了多种不同的电子器件来重构天线的性能，如 pin 二极管开关、FET 开关、光学开关、射频微机电系统（RF - MEMS）、变容二极管等。本节根据可重构天线的功能，对现有的文献分类介绍，为机会阵雷达可重构天线阵列探寻技术途径。

6.3.1　频率可重构天线

天线的工作频率必须能够随着所分配的频谱的变化而动态变化，从而来满足系统工作频率动态分配的要求。天线频率的可重构是为了增加天线带宽。那么，为什么不选择超宽带天线呢？超宽带天线可以工作在宽频范围内，但是，在某个给定的时间里，系统可能只需要工作在宽频范围中的一个较小的频带内。因为超宽带天线能够同时覆盖若干个较窄的频带，它就无法滤除在某个工作频带以外其他相邻频带内的杂波，系统为此就需要嵌入高性能的滤波器来排除干扰。而频率可重构天线与超宽带天线相比，可看作窄带频率可调天线，它兼有滤波器的功能，会自动排除工作频带以外的噪声干扰，这样就大大降低了系统对滤波器的要求。此外，对于超宽带天线，其天线的辐射特性，如增益、方向图，在整个频带内变化较大。而频率可重构天线的一个重要特征就是在所有的工作频带内，辐射特性基本保持不变。

频率可重构天线的工作频率在一定的频带范围内具有连续或离散可调能力，同时天线的辐射方向图，极化特性基本保持不变。按照频率重构的方式，这类天线又可分为频率连续可调和频率离散可调两类。重构天线工作频率的方法有：加载开关、加载变容二极管、改变天线的机械结构及改变天线的材料特性。目前，频率可重构天线的种类有微带贴片天线、平面振子天线、平面倒 F 天线（PIFA）和微带缝隙天线等。我们根据这个分类，对现有的文献加以分别介绍。

文献[6,8 - 13]提出的是在微带贴片天线上加载变容二极管来实现频率连续可调的一类天线。通过在微带贴片天线的幅射边加载变容二极管，天线的有效电长度会发生变化，从而改变天线的谐振频率。最初，频率调节的范围可以达到 1.1 ~ 1.2（频率比例）[6-8]。通过增加二极管的数目，这个比率可以达到 1.6[9]。值得注意的是，即便在微带贴片的非辐射边加载变容二极管，也可以实现天线频率可重构的功能[10,11]。如图 6.17（a）所示，文献[11]提出的是一种高增益部分反射面频率可重构天线。利用变容二极管改变每个反射单元的相位，天线的谐振频率就可以实现连续可调。文献[13]采用双端口差分馈电的方式，在微带贴片天线上加载了三对变容二极管，使天线的频率调节比率达到了 2（图 6.17（b））。文献[14]提出的是在微带贴片天线上加载 pin 二极管来实现频率离散可调的一类天线。其原理与加载变容二极管类似，均为改变天线的有效电长度来调谐天线的谐振频率。

(a) 反射面频率可重构天线

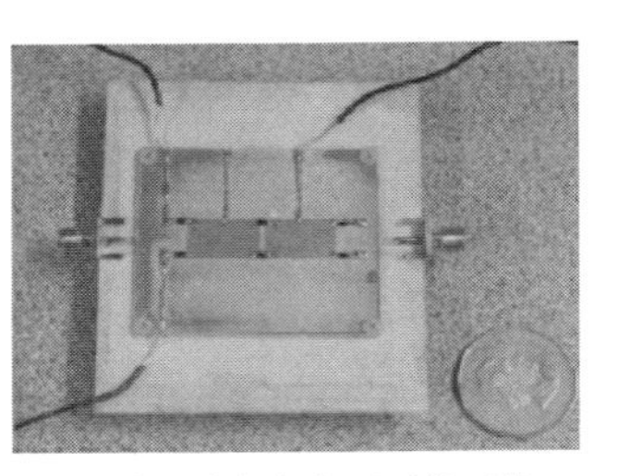

(b) 差分馈电频率可重构天线

图 6.17 频率可重构天线(见彩图)

文献[15 - 18]是一类在振子或单极子上加载变容二极管或者是 pin 开关来实现频率可调的天线。这类天线的特点是可以将辐射体的一部分作为电子器件的直流偏置引线,从而在很大程度上避免了直流引线对天线阻抗特性和辐射方向图的不利影响[15,18]。文献[72]应用光学开关改变振子天线的谐振长度达到可重构天线频率的目的,开关由红外激光二极管控制。采用这种开关,不需要任何直流偏置电路,从而降低了直流引线对天线的影响。但是,由于开关的导通需要外加红外激光二极管的照射,加载这种开关的天线在与无线系统集成及电子控制方面都有很大难度。文献[19]提出一类在 PIFA 上实现双频带频率可重构的方法,其中每个频带均可独立调节,使用的是变容二极管,而文献[20]使用的是 pin 二极管。

微带缝隙天线也为实现单频带或多频带可重构提供了一个很好的平台。这类天线也是通过加载开关或变容二极管来改变缝隙的有效电长度,来调谐天线的谐振频率。虽然在微带缝隙天线的基础上比较容易实现频率可重构而且可以实现的频率比高达 3.52,但是其增益比较低,尤其在低频处,增益常常小于 0dB。所以,此类天线只适用于对天线效率要求不高但需要较宽频带的系统。此外,利用微带缝隙,还可以实现双极化频率可调天线。文献[21]介绍的是单极化或双极化频率可重构天线。天线的基本结构是一个环形微带缝隙天线。当用一个端口馈电时,通过加载变容二极管,就可以对天线的谐振频率进行重构,如图 6.18(a)所示。当利用两个互相正交的端口分别馈电时,天线就能工作在水平和垂直两种极化方式,如图 6.18(b)所示。并且,每一种极化方式均可使用变容二极管进行频率调节。

另外,RF - MEMS 开关也常常应用到频率可重构天线设计中。文献[22]和[23]分别将 RF - MEMS 开关应用到贴片天线和缝隙天线中,实现了频率的可重构。RF - MEMS 的优点是损耗较小,但现有的 RF - MEMS 开关的可靠性不高。此外,通过改变机械结构和改变材料特性也可以对天线的频率进行重构。由于通过这两种方式来改变天线的谐振频率通常会影响天线的辐射特性,并且很难集成在无线通信系统中,所以,对这类天线的研究相对较少。

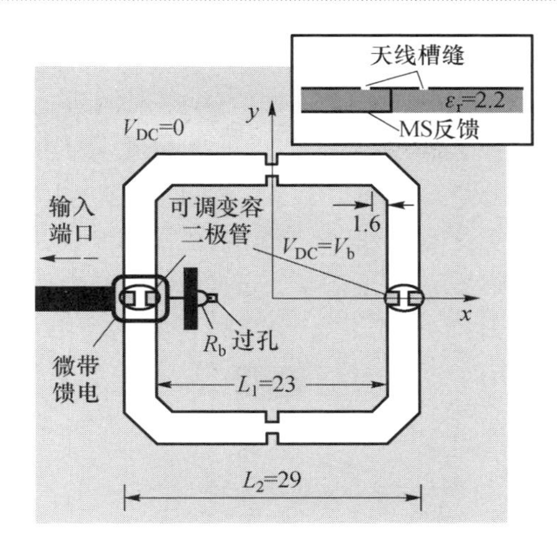

(a) 单一极化频率可重构微带缝隙天线

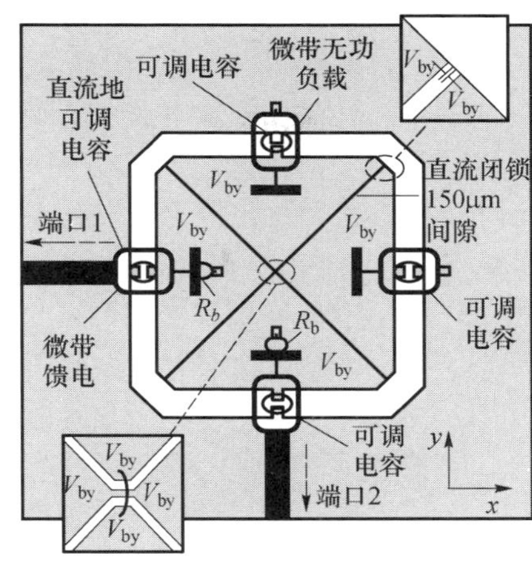

(b) 双极化频率可重构微带缝隙天线

图6.18　极化频率可重构微带缝隙天线

6.3.2　极化可重构天线

极化可重构天线能够在工作频率和辐射方向图不变的情况下,改变自身的极化特性。目前,极化可重构天线大体分为三类:极化正交的两种线极化之间的切换;两种圆极化之间的切换;圆极化与线极化之间的切换。极化可重构的主要困难在于,在实现极化可重构的同时要保持天线的频率特性的稳定。目前绝大部分的研究工作集中在前两种极化的可重构,相对较少的文章是介绍圆极化与线极化之间的可重构。其中的原因是,圆极化是由两个正交简并的线极化模产生的,其输入阻抗与激励出线极化的单一谐振模式有很大的不同,所以,在同一副天线上,圆极化与线极化很难工作在相近的谐振频率。

文献[24,25]介绍了两种正交线极化可重构天线。这类天线一般有两个谐振频率相同、极化正交的线极化工作模式。通过使用开关器件选择不同极化的工作模式,从而使天线能在两个正交的线极化之间切换。文献[26]介绍的是圆极化可重构天线。目前,由于微带天线从结构上更容易实现圆极化,所以圆极化可重构天线设计基本都是基于微带天线。通常,单个微带天线实现圆极化辐射最常用的两种方法是微扰法和正交馈电法。其原理都是在单个天线上激励出两个等幅正交的线极化模式,通过控制开关使两个模式间的相位差在±90°之间切换,这样,天线就能够在左旋和右旋圆极化之间进行切换。

文献[27]提出的是一类圆极化与线极化之间切换的可重构天线。在一个微带贴片天线的4个切角处加载了4个pin二极管。通过控制二极管的导通,天线能分别产生圆极化与线极化两种模式。两种极化模式工作频带重叠的部分为2.5%。文献[28]采用微扰法,在一个方形闭环微带缝隙天线上实现了圆极化与线极化的可重构。但是,在这篇文章中,pin二极管是用金属线来代替的,文中并没有给出直流控制电路的设计。文献[29]设计了一个圆形微带贴片天线,并通过圆形缝隙耦合馈电,实现了圆极化与线极化的可重构,如图6.19所示。两种极化的重叠频带为2.2%,并且由于天线是加工在间隔为5mm的两层介质板上,天线高度较大,这增加了将天线集成在紧凑的无线通信系统的难度。文献[30]提出一个孔耦合微带贴片极化可重构天线,它能在两种正交的线极化和圆极化之间切换。文中所提出的天线应用了两个端口进行馈电,并且加载了8个pin二极管,这使天线结构和直流馈电网络变得复杂。

(a) 正面

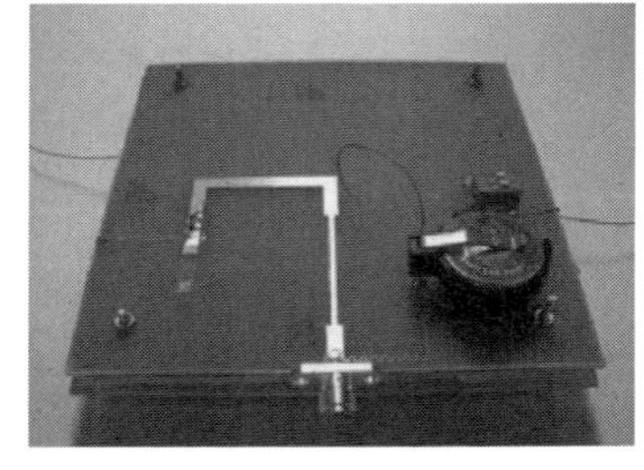
(b) 反面

图6.19　圆形贴片极化可重构天线(见彩图)

通过分析现有文献,可以看出在极化可重构天线方面,虽然有一些设计能够实现圆极化与线极化之间的切换,但他们都存在重叠带宽小、直流馈电网络复杂、天线高度较大等问题。

6.3.3　方向图可重构天线

方向图可重构天线是指在保持天线频率和极化特性参数不变的情况下,对辐射方向图具有重构能力的天线。由于天线辐射结构上的电流分布直接决定了天线辐射方向图的特性,为了设计具有特定方向图的可重构天线,天线设计者必须选择所需要的各种电流分布,以及在它们之间切换的方法。这种电流与辐射方向图之间的对应关系使得在保证频率特性不发生很大改变的前提下获得方向图重构特性变得十分困难。但是,通过一些巧妙的设计也能够实现具有较好频率一致性的方向图可重构天线。这其中包括选择特定的天线结构,如反射面天线或寄生耦合天线,这类天线的输入端与天线结构的重构部分有着较好的隔离,这就允许天线的阻抗特性不随方向图的重构而发生较大改变。另外的一种常用方法就是利用补偿的方法或是提供可调节的阻抗匹配电路来保持频率特性的稳定。目前文献报道的方向图可重构天线主要通过以下三种重构机制实现:调节天线的电特性、改变天线的机械结构以及改变天线的材料特性。我们主要针对第一种重构机制进行了研究，下面对基于这种方法的方向图可重构天线进行介绍。

通过调节天线的电特性是重构天线辐射方向图的一种常用方法。它包含四种基本方法，一是利用寄生单元，并对天线寄生单元进行电方式调谐；二是通过开关来选择众多辐射单元中的一个或若干个；三是仿照阵列天线的方式调节；四是通过改变天线的工作模式来改变天线的辐射方向图。

第一种是基于空间位置距离很近的驱动和寄生单元之间的耦合。虽然在设计上只采用一点馈电，但天线却具有类似阵列的辐射性能。单元间的耦合的变化就可以改变驱动和寄生单元上的电流分布，从而实现对辐射方向图的重构。这种方式的优点在于驱动单元与重构单元相互隔离，从而易于维持天线频率特性的稳定。这种重构方式可以通过多种多样的拓扑结构来实现。

1978 年，Harrington 提出一种寄生振子阵列天线[31]。如图 6. 20(a)所示，一个振子天线由一组加载了可调电抗元件的寄生振子天线所环绕。改变加载在每个寄生天线的电抗值就会导致寄生和驱动天线上电流分布的变化，从而改变波束的辐射方向。基于这一设计，有相当数量的可重构寄生阵列天线的设计报道出来[32-35]。基于微带的可重构天线也可以利用加载了开关或电抗调谐元件的寄生单元获得重构性能。文献[36]提出的是基于微带贴片天线的寄生阵列。通过改变寄生微带贴片上的感应电流，寄生贴片就会产生类似八木天线阵列中“反射器”或“指向器”的作用，从而天线阵列就能够改变其主瓣方向。基于相似的原理，由 Zhang 等人提出的可重构微带寄生阵列，如图 6. 20(b)所示[37]。天线由一个条状激励贴片和两个与之平行的相隔一定距离的寄生单元构成。寄生单元的有效电长度可以通过 pin 二极管或变容二极管来改变，相应的寄生单元表面电流的幅度和相位随之改变。最终，天线阵列的主瓣方向在一个平面内可以随着寄生单元长度的变化而改变。

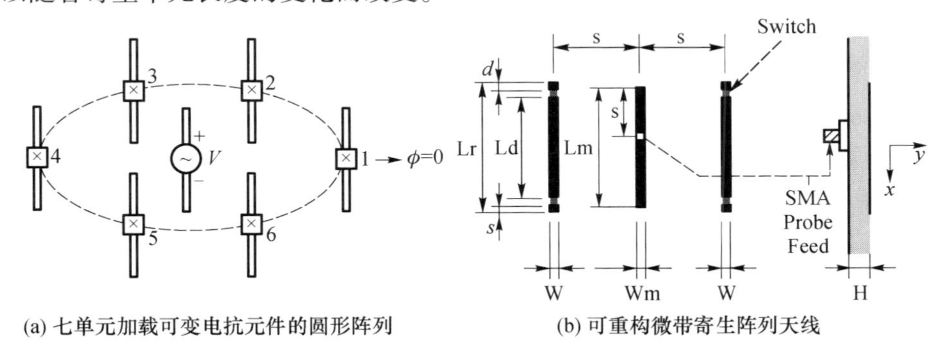

(a) 七单元加载可变电抗元件的圆形阵列　(b) 可重构微带寄生阵列天线

图 6. 20　可重构寄生阵列天线

第二种是通过开关来选择不同的辐射单元，从而达到波速扫描的功能。如

图6.21(a)所示,文献[38]提出了一个具有4个L型微带缝隙单元的方向图可重构天线。4个微带缝隙与中央同轴馈电是通过pin二极管连接的。通过控制pin二极管的状态就可以选择不同的L型缝隙辐射体的组合,从而实现波束在一个平面的360°扫描。文献[39]在一个金属腔体的8个面上分别槽刻出8个条状缝隙,并且在每个缝隙中央加载pin二极管,天线由插入立方体一个角的探针激励,如图6.21(b)所示。当缝隙上所加载的二极管截止,天线通过该缝隙辐射电磁波。当二极管导通,缝隙被短路,缝隙所在平面可视为金属面时,天线停止从该缝隙辐射。通过控制开关状态,就可以得到一系列组合,从而使天线能辐射3种分布在4π的立体角范围内不同的方向图。

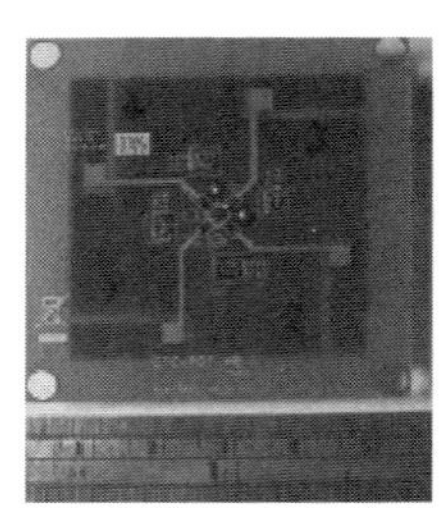

(a) L型微带缝隙可重构天线

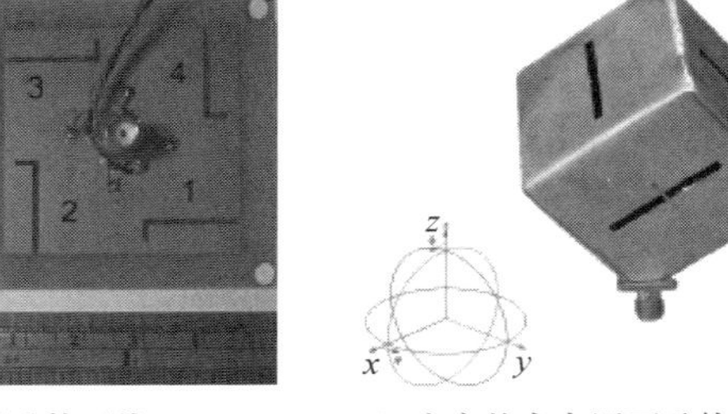

(b) 立方体方向图可重构天线

图6.21 方向图可重构天线(见彩图)

第三种是仿照阵列天线的工作方式,即通过对阵列中天线单元的相位信息进行重构,来达到波束扫描的目的。这种方式与传统的相控阵天线相比,它的优点是可以省去价格昂贵的移相器,降低了成本。目前,基于这一方法的研究工作主要集中在应用阵列单元的相位可以调节的反射面阵列。它的基本思想就是通过利用变容二极管或者RF-MEMS二极管来改变反射面阵列中每个单元的反射相位,从而整个阵列就可以实现一定范围内的波束扫描。

第四种是通过改变天线的工作模式来改变辐射方向图主瓣的最大辐射方向。文献[40]在一个微带螺旋天线上,利用RF-MEMS开关的工作状态来改变微带螺旋的工作长度,进而改变天线的工作模式,使其能够在端射方向图和边射方向图之间切换。文献[41-43]提出了一类微带贴片天线,它们在天线的特定位置加载短路探针,并用开关器件将探针与天线辐射体相连。通过控制加载的pin二极管,就可以改变天线的工作模式,从而天线的远场方向图能够在边射波束和斜射波束(方向图在边射方向有一个零点)之间切换。文献[41]应用了双端口馈电,若要对天线的方向图进行电子控制,必须还要设计额外的包含开关的匹配电路。文献[42,43]利用pin二极管开关,它们均需要直流馈电电路对开关进行控制。

6.3.4　可重构天线应用

频率可重构天线能工作在多个频段,从而等效地增加了天线的工作带宽。它主要应用于需要支持多个通信标准的单一无线通信设备,如手机、便携式计算机等。也可以应用于舰船、飞机、卫星等大型载体。这些载体往往需要多副天线来实现通信、导航、警戒等目的。采用可重构天线可以大大减少搭载其上的天线的数量,降低费用,实现良好的电磁兼容。

极化可重构天线在现代通信系统中有很多重要的作用。利用极化正交的天线技术来实现频率复用,可以使卫星通信系统的容量增倍。在 MIMO 通信系统中,极化可重构天线可以降低子信道之间的相关性,提高系统的信道容量。此外,无线电波信号的多径衰落效应对目前许多无线通信系统的通信质量造成严重的威胁。而天线极化分集技术已被用来减弱由多径衰落所产生的信号损耗。

方向图可重构天线在无线通信系统中,有着一些和极化可重构天线相似的作用。如,提高 MIMO 通信系统的信道容量,减弱多径衰落的影响。此外,方向图可重构天线还可以在单一天线结构上实现波束扫描;也可以根据信道的特性,动态地调整天线主瓣的方向,提高接收机信噪比,达到节约功率的作用。

目前,关于可重构天线的研究工作大部分集中在天线设计环节,而对其在无线通信系统中的应用研究较少。随着技术的发展以及对大容量高速率通信的需求,研究者们发现利用天线极化和方向图多样性的分集接收和发射可以降低系统中子信道的相关性,从而提高系统的容量,可重构天线正是可以提供这种多样性的一类天线。

参考文献

[1] Air Force Research Laboratory. Transforming the future of warfare with unmanned air vehicles [J]. AFRL Horizons Technical Articles Online, VA0209, September, 2002.

[2] Lockyer A J, Alt K H, Kudva J N, et al. Conformal load-bearing antenna structures (CLAS): Initiative for multiple military and commercial applications[C]. SPIE Conference on Smart Structures and Materials, SPIE Volume 3046, San Diego, California, USA, 4 – 6 March 1997:182 – 196.

[3] Alt K H, Lockyer A J, Coughlin D P, et al. Overview of the DoD's RF Multifunction Structure Aperture (MUSTRAP) program[C]. SPIE Conference on Smart Structures and Materials, SPIE Volume 4334, Newport Beach, California, USA, 5 March 2001: 137 – 146.

[4] 秦培元. 可重构天线的研究及其在 MIMO 系统中的应用[D]. 西安:西安电子科技大学, 2011.

[5] Schaubert D H, Farrar F G, Sindoris A, et al. Microstrip antennas with frequency agility and polarization diversity[J]. IEEE Trans. Antennas Propag., Jan. 1981. 29(1):118 – 123.

[6] Bhartia P, Bahl I J. Frequency agile microstrip antennas[J]. Microwave Journal, Oct, 1982: 67 – 70.

[7] Smith John K. Reconfigurable program (RECAP)[R]. DARPA. 1999.

[8] Waterhouse R, Shuley N. Full characterisation of varactor-loaded, probe-fed, rectangular, microstrip patch antennas [J]. IEE Proc. Microw. Antennas Propag., Oct. 1994 141, No. (5): 367 – 373.

[9] Bhuiyan E, Park Y H, Ghazaly S El, et al. Active tuning and miniaturization of microstrip antennas[J]. IEEE Antennas Propag. Soc. Int. Symp., 2002 (4): 10 – 13.

[10] Nishiyama E, Itoh T. Dual polarized widely tunable stacked microstrip antenna using varactor diodes[C], in 2009 IEEE Int. Workshop Antenna Tech. (i WAT 2009), Mar. 2009: 1 – 4.

[11] Weily A R, Bird T S, Guo Y J. A reconfigurable high-gain partially reflecting surface antenna[J]. IEEE Trans. Antennas Propag., 56(11) Nov. 2008: 3382 – 3390.

[12] White C R, Rebeiz G M. A differential dual-polarized cavity-backed microstrip patch antenna with independent frequency tuning[J]. IEEE Trans. Antennas Propag., 58 Nov. 2010, (11): 3490 – 3498.

[13] Hum S V, Xiong H Y. Analysis and Design of a Differentially-Fed Frequency Agile Microstrip Patch Antenna[J] IEEE Trans. Antennas Propag., Oct. 2010, 58(10): 3122 – 3130.

[14] Yang F, Rahmat-Samii Y. Patch antennas with switchable slots (PASS) in wireless communications: Concepts, designs, and applications[J]. IEEE Antennas Propag., Feb. 2005, 47: 13 – 29.

[15] Jung C W, Kim Y J, Flaviis F De. Macro-micro frequency tuning antenna for reconfigurable wireless communication systems [J]. Electron. Lett., Feb. 2007, 43(4).

[16] Zhang C, Yang S, El-Ghazaly S, et al. A low-profile branched monopole laptop reconfigurable multiband antenna for wireless applications [J]. IEEE. Antennas Wireless Propag. Lett., 2009, 8: 216 – 219.

[17] Panagamuwa C J, Chauraya A, Vardaxoglou J C. Frequency and beam reconfigurable antenna using photo conducting switches [J]. IEEE Trans. Antennas Propag., Feb. 2006, 54(2): 449 – 454.

[18] Qin P Y, Weily A R, Guo Y J, et al. Frequency reconfigurable quasi-yagi folded dipole antenna[J]. IEEE Trans. Antennas Propag., Aug. 2010, 58(8): 2742 – 2747.

[19] Oh S K, Yoon H S, Park S O. A PIFA-type varactor-tunable slim antenna with a PIL patch feed for multiband applications [J]. IEEE Antennas Wireless Propag. Lett., 2007, 6: 103 – 105.

[20] Komulainen M, Berg M, Jantunen H, et al. A frequency tuning method for a planar inverted-F antenna [J]. IEEE Trans. Antennas Propag., Apr. 2008, 56(4): 944 – 950.

[21] White C R, Rebeiz G M. Single and dual-polarized tunable slot-ring antennas[J]. IEEE Trans. Antennas Propag., Jan. 2009, 57(1): 19 – 26.

[22] Erdil E, Topalli K, Unlu M, et al. Frequency tunable microstrip patch antenna using RF MEMS technology[J]. IEEE Trans. Antennas Propag., Apr. 2007, 55(4): 1193-1196.

[23] Caekenberghe K Van, Sarabandi K. A 2-bit Ka-band RF MEMS frequency tunable slot antenna[J]. IEEE Antennas Wireless Propag. Lett. ,2008, 7: 179-182.

[24] Weily A R, Guo Y Jay. An aperture coupled patch antenna system with MEMS-based reconfigurable polarization [C]. International Symposium on Communications and Information Technologies, Oct. 2007: 325-328.

[25] Poussot B, Laheurte J M, Cirio L. Diversity gain measurements of a reconfigurable antenna with switchable polarization[J]. Microwave Opt. Technol. Lett., December 2007, 49(12): 3154-3158.

[26] Yang F, Rahmat-Samii Y. A reconfigurable patch antenna using switchable slots for circular polarization diversity [J]. IEEE Microw. Wireless Compon. Lett., Mar. 2002, 12(3): 96-98.

[27] Sung Y J, Jang T U, Kim Y S. A reconfigurable microstrip antenna for switchable polarization [J]. IEEE Microw. Wireless Compon. Lett., Nov. 2004, 14(11): 534-536.

[28] Dorsey W M, Zaghloul A I. Perturbed square-ring slot antenna with reconfigurable polarization [J]. IEEE Antennas Wireless Propag. Lett., 2009, 8: 603-606.

[29] Chen R H, Row J S. Single-fed microstrip patch antenna with switchable polarization[J]. IEEE Trans. Antennas Propag., Apr. 2008, 56(4): 922-926.

[30] Wu Y F. A reconfigurable quadri-polarization diversity aperture-coupled patch antenna, IEEE Trans. On Antennas and Propagation, March 2007, 55(3) Part 2: 1009-1012.

[31] Harrington R F. Reactively controlled directive arrays[J]. IEEE Trans. Antennas Propag., May 1978, 26: 390-395.

[32] Schlub R, Thiel D V, Lu J W, et al. Dual-band six-element switched parasitic array for smart antenna cellular communications [J]. Electron. Lett., Aug. 2000, 36(16): 1342-1343.

[33] Schlub R, Lu J, Ohira T. Seven-element ground skirt monopole ESPAR antenna design from a genetic algorithm and finite element method[J], IEEE Trans. Antennas Propag., Nov. 2003, 51(11): 3033-3039.

[34] Ohira T, Iigusa K. Electronically steerable parasitic array radiator antenna [J]. IEEE Trans. IEICE, Nov. 2003, 51(11): 3033-3039.

[35] Thiel D V. Switched parasitic antennas and controlled reactance parasitic antennas: A systems comparison [C]. in Proc. IEEE Antennas and Propag. Society Int. Symp., 2004.

[36] Preston S L. Electronic beam steering using switched parasitic patch elements [J]. Electron. Lett., Jan. 1997, 33(1): 7-8.

[37] Zhang S G, Huff H, Feng J, et al. A Pattern reconfigurable micro strip parasitic array [J]. IEEE Trans. Oct. 2009, Antennas Propag. 52(10): 2773-2776.

[38] Lai M I, Wu T Y, Wang J C. Compact switched-beam antenna employing a four-element slot

antenna array for digital home applications[J]. IEEE Trans. Antennas Propag., Sep. 2008. 56(9): 2929-2936.

[39] Sarrazin J, Mahe Y, Avrillon S, et al. Pattern reconfigurable cubic antenna[J]. IEEE Trans. Antennas Propag., Feb. 2009, 57(2): 310-317.

[40] Huff G H, Bernhard J T. Integration of packaged RF MEMS switches with radiation pattern reconfigurable square spiral micro strip antennas[J]. IEEE Trans. Antennas Propag., Feb. 2006, 54: 464-469.

[41] Yang S L S, Luk K M. Design a wide-band L-probe patch antenna for pattern reconfigurable or diversity applications [J]. IEEE Trans. Antennas Propag., Feb. 2006, 54(2): 433-438.

[42] Liu W L, Chen T R, Chen S H, et al. Reconfigurable microstrip antenna with pattern and polarization diversities[J]. Electron. Lett., Jan. 2007, 43(2): 77-78.

[43] Chen S H, Row J S, Wong K L. Reconfigurable square-Ring patch antenna with pattern diversity[J]. IEEE Trans. Antennas Propag., Feb. 2007, 55(2): 472-475.

[44] Grau A, Romeu J, Lee M J. A dual-linearly-polarized MEMS-reconfigurable antenna for narrowband MIMO communication systems [J]. IEEE Trans. Antennas Propag., Jan. 2010, 58(1): 4-17.

[45] Cetiner B A, Akay E, Sengul E, et al. A MIMO system with multifunctional reconfigurable antennas[J]. IEEE Antennas Wireless Propag. Lett., Dec. 2006, 5: 463-466.

[46] 陶宝祺. 智能材料与结构[M]. 北京:国防工业出版社. 1997:298-336.

[47] 刘航,朱自强等. 自适应翼型的气动外形优化设计[J]. 航空学报,2002,23(4): 289-293.

[48] Callus Paul J. Conformal load-Bearing antenna structure for Australian defence force Aircraft [R]. Australia: DSTO Platforms Sciences Laboratory, AR-013-860, March 2007:1-40.

第7章 机会阵雷达工程应用

7.1 引　言

本章将在前面有关机会阵应用概念与应用技术研究基础上，以近年来美国海军提出的用于弹道导弹防御和反隐身的机会阵雷达为例，从系统总体的角度，介绍系统的作战原理和技术要求，并以此为基础分析机会阵雷达系统的关键性能参数，如天线增益、T/R 组件、总发射阵列功率、脉冲积累数目、天线综合效率、接收机噪声带宽、噪声系数、雷达系统虚警概率、检测概率、工作频率选择等。此外围绕机会阵雷达的工程应用问题，对如下方面进行了论述，如雷达参数灵敏度分析、T/R 组件冷却方案、搜索方向图选择、电子攻击（EA）能力、舰船形体畸变弯曲影响、阵列天线的对准与校准、动态补偿、顶层天线阵列布局规划，系统可靠性、可维护性、可用性（RM&A）与经济成本考虑等[1]。作为一项庞大而复杂的系统工程，机会阵雷达的作战要求、系统参数和研发能力是相互制约的，因此本章将考虑诸多相互矛盾的关系，从中进行折中分析，为机会阵雷达的工程应用奠定基础。

7.2 反导反隐身机会阵雷达

机会阵雷达作为一种雷达新体制，可广泛应用于各种作战平台和作战场景，美国海军在提出机会阵雷达概念的同时，将机会阵雷达用于弹道导弹防御和反隐身，这也是机会阵雷达众多应用领域中的一种。在该应用中，机会阵单元密布于舰船周身，工作于 VHF/UHF（甚高频/超高频），相比于搜寻弹道导弹的 S 波段雷达，机会阵雷达能够提供更远的搜索能力。

机会阵雷达能够实现美国海军弹道导弹防御任务（BMD），包括远程搜索、检测、跟踪和初步识别外大气层的弹道导弹。能够增加可供利用的作战决策时间和提供更早的目标跟踪信息以引导其他传感器工作，所以将大大超过现有的地基和舰载雷达最大的作用距离，提供动态可移动的预警能力以改善作战性能，由此增加了作用和重复作用目标的机会,提高了整体的杀伤率。这种远程搜索能力将会降低目前用于 BMD 的宙斯盾平台的负荷,以便使宙斯盾平台能集中到更近距离的空中防御任务中去。机会阵雷达可以远程搜索、检测和跟踪各种各样的弹道导弹,引导在全面联合作战管理指挥和控制网络中的其他组织的探测器或系统。雷达将在目前尚未被现有探测器充分覆盖的大面积陆地或海洋空间上提供早期的弹道导弹发射检测。装备机会阵雷达的舰船将被部署到最有可能检测威胁目标发射的地方。早期的检测和跟踪增加了整体作战时间,提供了更多时间用于决策、武器分配以及指挥整个 BMD 系统上的武器作战。早期检测需要将雷达前置部署,使得弹道导弹在推进段和上升段作战过程中就能够被发现,那时威胁目标速度比较慢、目标点比较大且更易于被发现。同时,早期的检测、跟踪和引导也会通过其他 BMD 系统一起改善作用性能。通过灵活部署装备有机会阵雷达的舰船,也可以在中段和末段进行威胁目标的搜索、检测和跟踪,并引导 BMD 系统在飞行中段或末段与威胁作战。在这个频段上工作的机会阵雷达,还可以搜索、检测和跟踪隐身目标。在一个相对安全保险的作用范围内,就能够引导武器系统提前对隐身目标发起攻击。机会阵雷达还有一个好处是能够提供视距(LOS)或 SATCOM(通信卫星)链的 VHF/UHF 通信。

7.2.1 作战任务

机会阵雷达被假定为如下两个作战任务。第一个是被前置部署在假定的威胁国家附近或者可以搜索到弹道导弹发射的地区。第二个是后置部署在本土防御阵地,舰载机会阵雷达用于检测海基发射的威胁目标,如来自潜艇或水面舰船的潜在威胁。前置部署的情况可能把舰船推进到不利于自己生存的位置上,检测和作战之间时间极短,导弹拦截系统或激光器的发射器应当尽可能靠近威胁目标发射的位置,且作战相应速度要快。这个位置接近威胁目标意味着舰船更易受到攻击。舰船可能遭受反舰巡航导弹(ASCM)和其他空中、水面、水下的威胁。舰船被部署和被长期安置在那里以提供站点式的监视。舰船/雷达通常同其他的 BMD 单元联合作战。这些单元可能是提供末段防御的爱国者(Patriot)或宙斯盾(Aegis)平台。当发射远程弹道导弹时,固定在阿拉斯加或者美国大陆(CONUS)的 BMD 将在支持地基拦截器或其他作战方式过程中被引导来支持中段跟踪。图 7.1 是来自美国海军研究机构撰写的机会阵雷达反导作战视图,其将中国大陆和朝鲜作为了假想敌国,布置了两艘舰载机会阵雷达分别用于前基反导和美国大陆的本土防御。

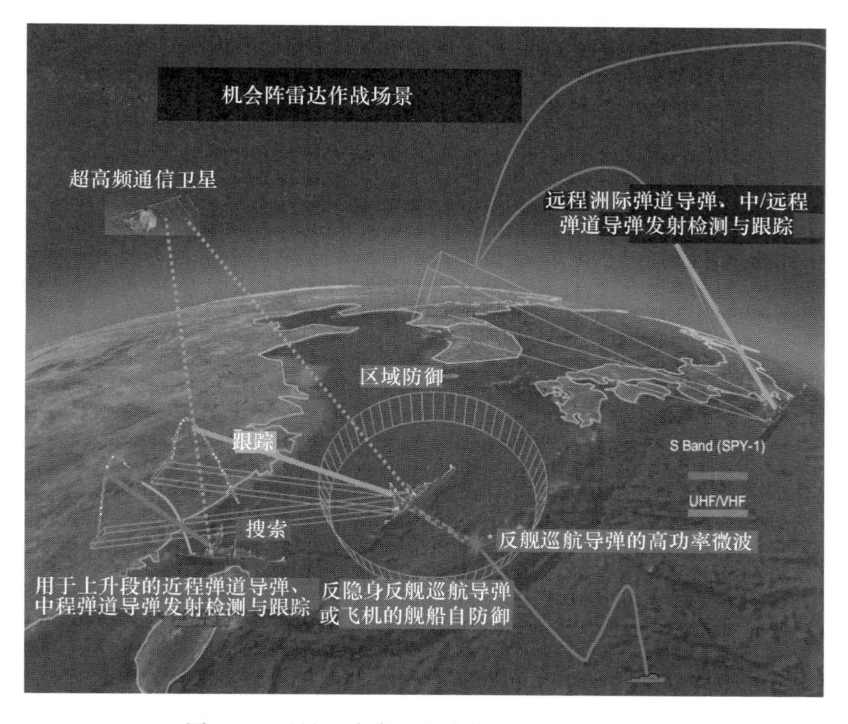

图 7.1　反导反隐身机会阵作战视图(见彩图)

7.2.2　作战场景

如图 7.1 所示的作战视图,下述为反导反隐身机会阵雷达可能的应用场景:

(1) 机会阵雷达前置部署靠近发射点,并引导 S 波段或其他用于中段或末段的探测器作战。

(2) 机会阵雷达前置部署靠近发射点,通过自身武器作战,引导武器控制探测器(WCS)。

(3) 机会阵雷达部署在后方,前置 S 波段探测器作战过程中接收来自机会阵雷达的引导信号。

(4) 机会阵雷达部署在本土防御计划的范围内,以检测潜艇或发射弹道导弹的敌方水面舰船。

7.2.3　辅助功能

机会阵雷达具有多种辅助功能,比如电子攻击(EA)或电子战(EW),通过使用电磁形式或者定向能攻击敌方人员、设备或装备,以降低、压制或破坏敌方战斗能力。EA 包括采取阻止或降低敌人有效利用电磁波谱的行动,例如干扰和欺骗形式的电子对抗措施(ECM)和用电磁、光学或者定向能作为主要破坏性机制的武器,如电磁脉冲(EMP)武器、激光武器、射频武器、粒子束武器。这里将主要论述运用在机会阵雷达设计中的干扰和欺骗形式的电子对抗措施。

用于对抗敌方通信的两种电子攻击是干扰和欺骗。干扰也被认为是“隐蔽或伪装”,它能在敌方用于通信的频率内传播高电平辐射,目的就是通过约束敌方信息的接收,压制 UHF 工作的卫星通信系统。欺骗或“伪造”模仿信号至敌方雷达,尽可能地扰乱敌人的系统。为做到这些,机会阵雷达将需要监视敌方雷达发射的信号并模仿那些信号,然后传回敌人的接收机。

机会阵雷达平台主要的威胁将是反舰巡航导弹(ASCM),ASCM 有各种引导模式,例如差分全球定位系统(GPS)、主动制导、半主动制导、热寻的、TV 制导或红外寻的。如果这些引导模式中的任何一种被阻止或欺骗,ASCM 就会有丢失目标的可能。

如果机会阵雷达仅是一个工作于 VHF/UHF 频段的雷达,就不具备发射和接受其他频率信号的能力,所以不太可能作为一种良好的欺骗式 ECM 平台。如果面对法国制造的飞鱼反舰导弹,这样的 ASCM 使用 X 波段主动制导,其频谱在机会阵雷达范围之外,就不能有效地使用欺骗干扰。

基于雷达技术参数研究发现,机会阵雷达将有能力产生超过 500kW 的峰值输出信号。如整个功率能被定向到一个较近距离上(与机会阵雷达典型搜索距离相比)的来袭 ASCM,则机会阵雷达就就能产生一个非核电磁脉冲(NNEMP)。为了能达到 ASCM 最佳耦合的脉冲频率特征,需要在机会阵雷达发射单元和天线之间增加波形电路和/或微波发生器。

当 NNEMP 耦合到现有 ASCM 电子系统时,引入到系统中的破坏性电流和电压浪涌将导致系统故障。信号功率和信号脉冲是驱动 NNEMP 信号的有效动力。相对来说,高频率比低频率更为有效,比如高频的微波信号比低频的 VHF 或 UHF 信号效果会更加明显。

作为自身防御平台的一部分或者短距离进攻,机会阵雷达不但需要有能力定向高能量,还需要有能力有效地发射 NNEMP。由于机会阵雷达的带宽有限,要成为能产生电子战干扰或欺骗这样的 ECM 平台,机会阵雷达就需要进一步改善设计。但是如果知道敌人的通信是工作于 VHF 或 UHF 频谱,则机会阵雷达就会是有效的 ECM 平台。

此外作为一项辅助功能,机会阵可以开发无线通信功能,可实现阵面单元与信号处理机之间、平台与平台之间的无线通信。

7.2.4 关键性能参数

根据机会阵雷达的作战场景,开展机会阵雷达系统设计之前需要进一步明确机会阵雷达关键性能参数,并定义这些参数的门限值和期望的目标值。机会阵雷达性能需要满足下面的指标要求:检测距离、检测概率、截获概率、跟踪精度、可靠性、可维护性及可用性。详细的技术参数如表 7.1 所列。

表 7.1　机会阵雷达系统的关键性能参数

关键系统特性	属性	研发门限值	期望目标值
检测	检测距离/km	748	1000
	检测概率	0.90	0.95
截获	跟踪概率	0.90	0.95
跟踪精度	方位角/(°)	±0.5	±0.2
	俯仰角/(°)	±0.5	±0.2
	距离/km	±0.5	±0.2
	速度/$m \cdot s^{-1}$	±100	±80
可靠性	平均无故障时间(硬件)/h	(U)130	(U)130
	平均无故障时间(软件)/h	(U)25	(U)25
可维护性	平均改正维修时间(硬件)/h	(U)2	(U)2
	平均更正维修时间(软件)/s	(U)18	(U)18
	每 24h 预定维修时间/h	(U)2	(U)2
	恢复时间(最大时间)(预期维修)/min	(U)10	(U)10
	恢复时间(最大时间)(系统测试)/min	(U)3	(U)3
有效性	弹道导弹防御任务有效性	(U)0.9	(U)0.9

1）检测距离

机会阵雷达系统应该具备检测从弹道导弹目标返回信号的能力,该目标有 $10m^2$ 的 RCS,移交距离为 748km,在那里机会阵雷达可能引导 S 波段雷达与威胁目标交战,其信噪比足以超过接收机灵敏度门限。这里假定弹道导弹目标在 UHF 波段 RCS 为 $77m^2$,在 VHF 波段 RCS 为 $146m^2$。

2）检测概率

机会阵雷达系统对弹道导弹目标在 748km 的距离上有 0.9 的检测概率。

3）跟踪概率

机会阵雷达系统对弹道导弹目标在 748km 的距离上有 0.9 的跟踪概率。

4）跟踪精度

截获周期结束时，机会阵雷达应能提供目标的位置和速度信息。方位角和俯仰角精确到 ±0.5°内，距离精确到 ±0.5km 内，速度精确到 ±100m/s 以内。

5）可靠性、可维护性和可用性

机会阵雷达系统应能满足可靠性、可维护性及可用性阈值要求，如系统硬件和软件的平均作战任务无故障时间 MTBOMF；平均作战任务故障更正维修时间；每 24h 预定维修恢复时间，如预期维修和系统测试时间；弹道导弹防御任务有效性等。

7.2.5 系统技术参数

7.2.5.1 技术参数假定与计算

为了定量分析机会阵雷达系统性能，需要建立机会阵雷达系统技术参数，通过雷达方程进行技术描述。雷达方程由表示雷达特性、目标和作战环境的特征参数组成。借助雷达方程，机会阵雷达技术参数可以运用于作战性能的评估和优化。

式(7.1)是信噪比条件下的雷达方程。方程中的 S/N 是无量纲的，而不是分贝(dB)。

$$\frac{S}{N}=\frac{P_t G A_e \sigma n E_i(n)}{(4\pi)^2 k_b T_0 B_n F_n R_{max}^4} \tag{7.1}$$

式中：P_t 为发射功率；G 为天线增益；A_e 为天线有效孔径；σ 为目标雷达截面积；n 为脉冲积累数目；$E_i(n)$ 为集成效率；k_b 为玻耳兹曼常数；T_0 为标准温度；B_n 为接收机噪声带宽；F_n 接收机噪声系数；R_{max} 为雷达最大作用距离。

方程(7.2)是 S/N 与 P_D、虚警率(P_{FA})之间的关系式，式中，S/N 的单位是 dB。

$$\frac{S}{N}=\frac{(\lg P_{FA}-\lg P_D)}{\lg P_D} \tag{7.2}$$

联立式(7.1)和式(7.2)可得式(7.3)，这个方程是雷达参数分析的基础，机会阵雷达应用中允许动态调整雷达参数，这样检测概率和距离等都是可变的，通过函数的形式表示出来。

$$\frac{(\lg P_{FA}-\lg P_D)}{\lg P_D}=\frac{S}{N}=10\times\lg\left(\frac{P_t G A_e \sigma n E_i(n)}{(4\pi)^2 k_b T_o B_n F_n R_{max}^4}\right) \tag{7.3}$$

机会阵雷达根据作战场景不同选择机会阵雷达工作模式并优化系统参数，通常情况下，美国海军用 S 波段雷达在搜寻模式下使用大量资源来搜索弹道导弹，实际上雷达能够在比自身最大搜索距离还远的情况下跟踪目标。机会阵雷达可以给 S 波段雷达系统提供优势支撑，即通过扩展搜索能力来检测弹道导弹并引导 S 波段雷达系统在超出其自身搜寻距离外的距离处跟踪目标。

首先用式(7.3)对 S 波段雷达进行分析以确定由机会阵雷达引导在怎样的最大距离上能精确跟踪弹道导弹。S 波段雷达的检测概率 P_D 与距离的参数曲线可以用不同 RCS 下的图表表示。因为在 S 波段频率下假想的弹道导弹预计的 RCS 为 $10m^2$(假设视角为 88.46°)，等效于相同视角下 UHF 波段的 $77m^2$ 和 VHF 波段的 $146m^2$，所以由生成的图中可以分析出在什么距离对该 RCS 值 S 波段雷达会有 0.5 的检测概率。得出的距离便是机会阵雷达到 S 波段雷达想要得到的跟踪移交距离。

参考对 S 波段雷达的分析，可以用相同的方法分析机会阵雷达的能力，分析结果表明机会阵雷达应该能够在与 S 波段雷达交接距离上以 0.90 的检测概率跟踪假想的弹道导弹。通过推导距离与 P_D 联立的方程式可以得到机会阵雷达系统中的关键性能技术参数。调整机会阵雷达的雷达参数可以满足系统需求，且保证所用参数是切实可行的。

表 7.2 中的参数用于机会阵雷达和 S 波段雷达计算仿真，表中列出的机会阵雷达值是机会阵雷达技术参数假定值。

表 7.2　机会阵雷达系统仿真的技术参数

参数	描述	值
P_{max}	发射功率/W	500kW(VHF、UHF)、4MW(S 波段)
σ	目标雷达截面积/m^2	146(VHF)、100、77(UHF)、10、1、0.1
n	脉冲积累数目	1
$E_i(n)$	集成效率	1
k_B	玻耳兹曼常数(J/K)	1.3806503×10^{-23}
T_0	标准温度/K	290
B_n	接收机带宽/Hz	23kHz(VHF)、44kHz(UHF)、4MHz(S 波段)
F_n	接收机噪声系数	$1\times103/5=6$dB
P_{FA}	虚警概率	0.01
f	雷达发射频率/MHz	216(VHF)、420(UHF)、3×10^3(S 波段)
η	天线合成效率	0.7
n	单个波束的天线单元数	3411
λ	波长/m	1.3879(VHF)、0.7138(UHF)、0.0999(S 波段)

（续）

参数	描述	值
A_e	天线有效孔径	是 n 和 η 的函数。 1193.85(VHF & UHF)、17.5(S 波段)
G	天线增益	是 A_e 和 λ 的函数。 38.9dB(VHF)、44.7dB(UHF)、43.4dB(S 波段)
S/N	基于单个脉冲检测所需的信噪比	不能直接计算。是 R_{max} 的函数
R_{max}	雷达最大作用距离或检测距离/m	可变参数
P_D	检测概率	可变参数

7.2.5.2 系统计算与仿真

基于上面这些假定值，计算仿真得到机会阵雷达引导 S 波段雷达跟踪弹道导弹目标的交接距离是 748km。在这个距离上，S 波段雷达对 RCS 为 $10m^2$ 的目标检测概率 P_D 为 0.5（图 7.2）。

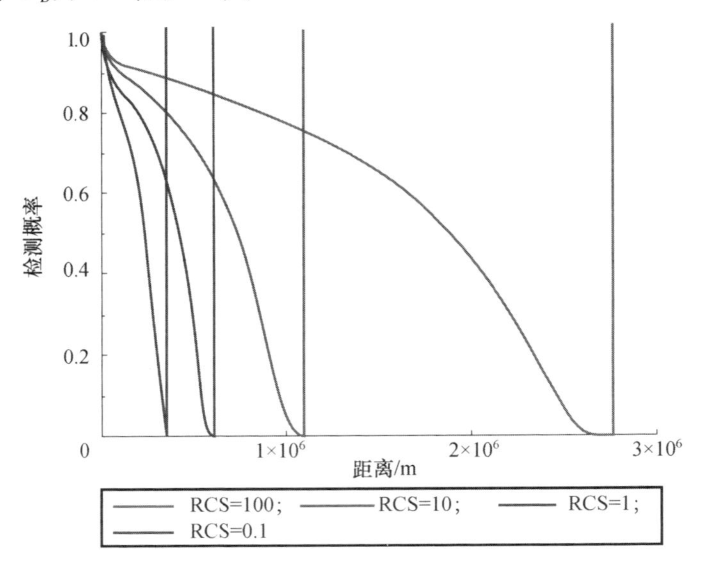

图 7.2 S 波段雷达计算仿真的交接距离（见彩图）

使用表 7.3 中的参数对弹道导弹目标不同 RCS（VHF 下 RCS 为 $146m^2$、UHF 下 RCS 为 $77m^2$）计算，结果显示机会阵雷达在 VHF 和 UHF 频段上在距离 748km 处仍能达到 0.90 以上的检测概率。图 7.3 和图 7.4 表示了机会阵雷达系统预期的性能、VHF 和 UHF 的检测概率 P_D 与距离的仿真结果。

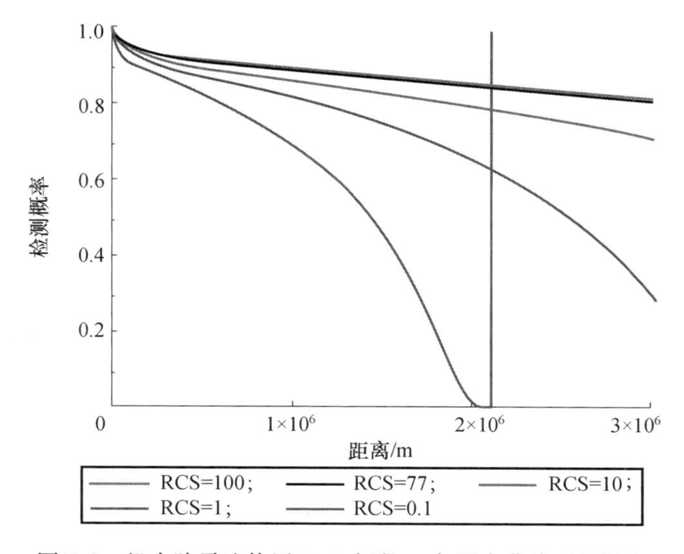

图 7.3　机会阵雷达使用 UHF 频段 P_D与距离曲线(见彩图)

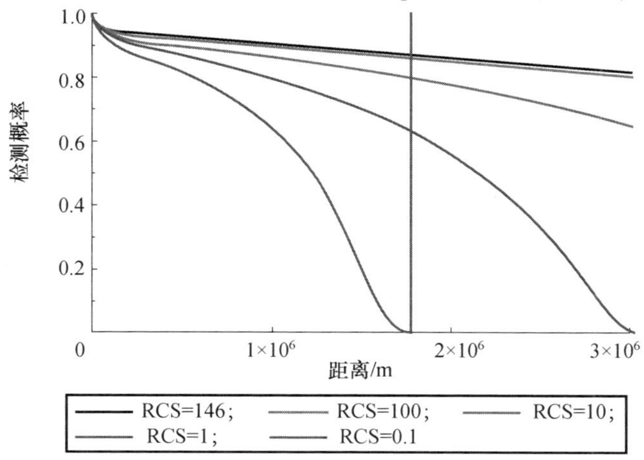

图 7.4　机会阵雷达使用 VHF 频段信号 P_D与距离曲线(见彩图)

7.2.5.3　参数影响分析

通过技术参数对机会阵雷达系统影响效果分析,能够更好地设计出满足机会阵雷达系统性能的技术参数。比如在交接距离处分析机会阵雷达功率、增益及单元数目与检测概率的关系,可以发现较小的技术参数调整是否能够提升系统的性能。

1）功率影响分析

通过对功率与检测概率的计算仿真可以看到,发射功率 P_T的增长并不会显著提高机会阵雷达检测性能，如图 7.5 所示，功率增长超过几十千瓦对检测概率仅有少许影响。为了检测概率 P_D有 1%~2% 的增长，机会阵雷达的功率将必须提升到难以实施的级别上。功率参数值保守估计为 500kW，考虑到机会阵单元数目众多，系统可能有能力以很高的功率辐射，增加功率，能够一定程度上增加雷达的检测概率 P_D。

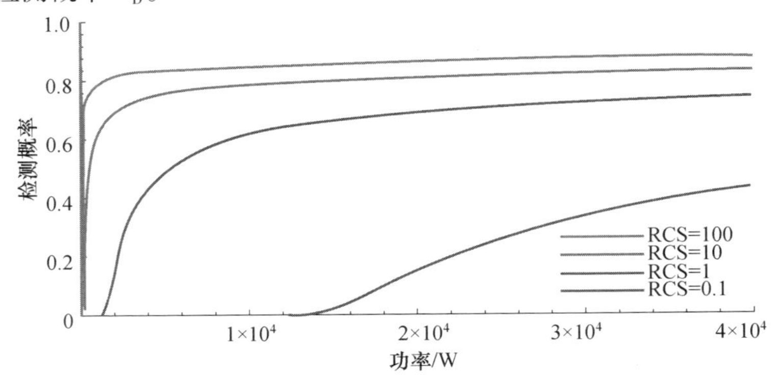

图 7.5　UHF 雷达在 748km 移交距离处的 P_D与功率曲线(见彩图)

2)增益影响分析

通过对增益与检测概率的计算仿真可以看到，增益的增长能够显著提高机会阵雷达性能，如图 7.6 所示，增益约增加 10dB，就有能力提供机会阵雷达检测性能几个数量的增加。因此，通过提高增益来改善机会阵雷达性能是一个有效的途径。

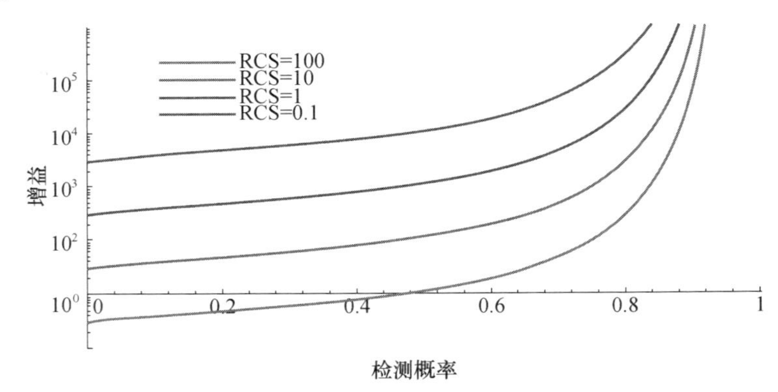

图 7.6　VHF 雷达在 748km 移交(Hand off)距离处的增益与 P_D曲线(见彩图)

3) 单元数目影响分析

由于增益 G 是波长 λ 和天线有效孔径 A_e的函数，而在 VHF 和 UHF 波长 λ 是固定的，所以需进一步分析 A_e。因为单元尺寸固定，所以 A_e依靠于阵列上的单元数量。图 7.7 显示工作于 VHF 频段的机会阵雷达，P_D随单元数目的增加而提高。因此，对机会阵雷达系统而言，通过大量增加有效单元数目可以可获得一定的性能得益。

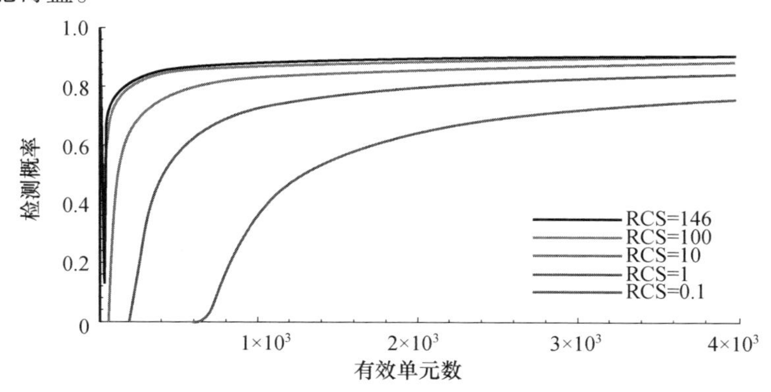

图 7.7　VHF 雷达在 748km 距离处 P_D与单元数曲线（见彩图）

7.3　工程应用分析

机会阵雷达涉及诸多工程应用技术问题，本节将就其中阵列天线的集成度与单元互耦效应、T/R 组件的冷却方法、搜索方向图选择、舰船曲率影响、阵列的对准与校准和动态补偿方法等问题进行分析。

7.3.1　集成度与单元互耦效应

传统相控阵雷达多采用周期阵列。用于弹道导弹防御和反隐身的机会阵雷达采用孔径结构概念，孔径结构为非周期性阵，因为舰体的上层结构使得物理上难以在整个舰船的结构上实现均衡的周期性阵列，而且空间上将天线单元集成起来也是不切实际的，代价可能极其昂贵。

为了定义机会阵雷达的功率、峰值功率、雷达波束的形状和天线效率这样的雷达参数，需要制定机会阵雷达系统 T/R 单元密度要求。典型的周期性阵列设计为尽可能地消除栅瓣影响而又有较窄的波束宽度，通常单元间距小于 0.5λ 。

机会阵单元间距的固有缺点是互耦效应。互耦效应发生在邻近的天线单元之间。耦合可能通过辐射发生，来自于表面路径、馈线结构的路径，或由于阻抗失配产生的天线终端反射。互耦效应的影响包括辐射方向图的失真和单元增益的变化。互耦效应可用耦合系数 c_{mn} 来描述，耦合系数说明由于来自第 m 个单元的电流流入到第 n 个单元的电流之间的关系。式(7.4)显示了各向同性单元间的耦合系数。

$$c_{mn} = \frac{\sin(kd_{mn})}{kd_{mn}} \tag{7.4}$$

式中：d_{mn} 表示第 n 个单元与第 m 个单元之间的距离。

图 7.8 表示耦合系数与天线单元间隔的关系。观察耦合系数 c_{mn} 公式会发现其实就是一个简单的 sinc 函数。因此，互耦效应的影响是随单元间的距离波动的，耦合系数曲线是随单元间隔增加而减小的。理论上可以计算互耦效应的影响并进行补偿。实际上耦合系数是不容易测量的，其随扫描角变化且不易控制，尤其对于大尺寸孔径阵列，因为尺寸太大而不能在可控的环境中测试。减小互耦效应影响的最好方法是增加天线单元间的距离，采用稀疏方式工作。

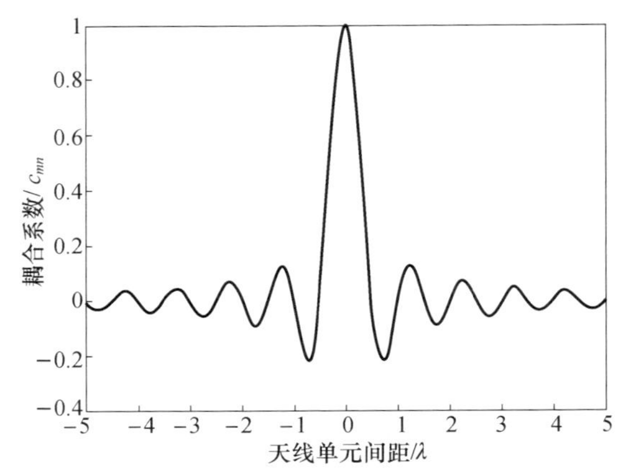

图 7.8　耦合系数与天线单元间距曲线

7.3.2　T/R 组件冷却方法

机会阵雷达系统的 T/R 组件的辐射元件会产生大量的热量，为保持系统正常工作，需要研究组件冷却技术。目前有许多不同的方法可以从 T/R 组件上转移热量，但最佳的方法取决于温度与应用公差、对系统整体性能的影响和可靠性要求。表 7.3 提供现有技术条件下的各种冷却方法的优缺点比较。从表中数据可以看出，最实用的 T/R 组件冷却方法是结合散热器、风扇和热电制冷器的各自优势。称这种组合为“热电制冷系统”。图 7.9 详细描述了热电制冷系统设计。

热电装置自身是半导体材料制成的固态热泵，并且没有活动部件。热电装置被制造成模块形式，一系列 p 型和 n 型半导体单元结沉积在陶瓷基片上。在冷接点处，当电子从 p 型单元的低能级穿越到 n 型单元的高能级时，热量被电子吸收。直流（DC）电源提供了电子通过系统的能量。在热接点处，当电子从 n 型高能级单元运动到 p 型低能级单元时，释放的能量被驱散给散热器。典型的热电制冷模块包含多达数百个结点并且能够抽取大量热量来降低 T/R 组件温度。被抽取的热量正比于流过热电器的电流数量，从而可能进行精确的温度控制（ <0.01°C）。通过反转电流，热电器可用于加热器件而不是冷却器件。这在变化的周围环境中必须精确控制一个物体的温度时是很有价值的。这些热电制冷器件的尺寸从 2mm 到 62mm，通过组合使用多个热电器可以实现更大的冷却效果。热电器因为在小区域范围内抽吸了大量热量，所以需要加装散热片与风扇来将热量扩散至周围环境中。对于机会阵雷达的 T/R 组件，热电冷却系统是维持稳定工作温度最实用的方法。

表 7.3　不同制冷方法优缺点比较

制冷方法	优点	缺点
热电制冷器	能用于任何方位（全向）； 尺寸小； 没有活动部件； 可在下围冷却； 有温控系统； 热容量大； 与散热片、冷板与热管兼容	需要直流（DC）电源； 对大型电子系统不适用； 冷却密度小于 10W/cm
风扇/风机	成本低； 安装灵活	需要空气交换，可能有尘土与湿气； 对高功率器件无效； 不能冷却上围物体
散热片	成本低； 安装灵活	不能冷却上围物体； 无温控系统
液体冷凝板	尺寸小； 热扩散效率高	不能冷却上围物体； 无温控系统； 可能会泄露； 液源不易获得
导热管	可靠性高； 尺寸优势	不能冷却下围； 无温控系统
压缩机制冷	可冷却大量热量； 可在下围冷却； 有温控系统	维护不便，可靠性不高； 尺寸较大； 噪声大； 安装不灵活

正如图 7.9 所示，热电设备放置在两片散热器之间。一个散热器放置在 T/R 组件里边而另一块则放在外面置于周围的空气中。当电流流过热电装置

时,里边的散热片是冷的,允许它吸收附在其上的空气热量。附加在内部的风扇可以流通空气来减小外壳的温度梯度,增加热电设备的效率。当热量从外壳中被吸收时,靠近热端面的散热器温度增加,周围的空气从热的散热器中吸收热量。在冷的一面,热端面的风扇将会大大增加热电设备的性能和效率。外壳的温度可以通过简单的开关温度调节装置或精确控制器调整热电的输入功率,这取决于T/R组件的温度。此外,用排流口或嵌入式的吸收材料与灯芯式结构来完成冷凝去除。用加强型空气对流的热电系统其热阻范围为每$10cm^2$在8K/W与100K/W之间。因为热电系统具有温度控制能力而又不需要液体对流,小尺寸的热电冷却器减小了机会阵雷达系统的整体重量和尺寸,提高了整体系统模块化和可运输性,降低了成本,因此建议使用热电系统来冷却T/R组件。

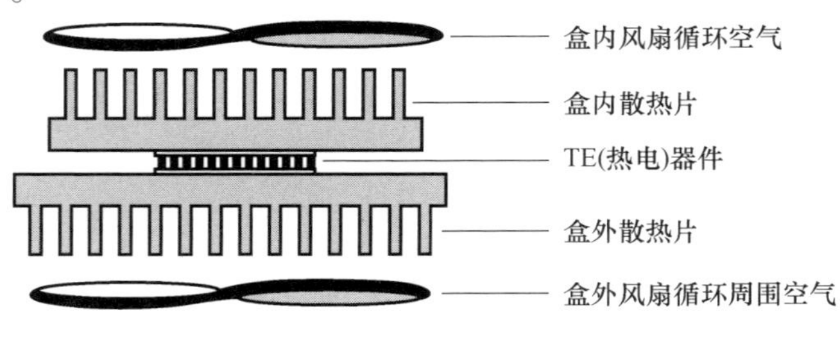

图7.9　热电冷却原理

7.3.3　搜索方向图选择

舰载机会阵雷达的天线单元大多数在船的左舷和右舷上,所以有必要确定船的方向以便于阵列的一面对准需要扫描的区域。这将使得波束最大范围地扫描,覆盖最大面积的区域。以这种方式定位舰船位置,允许最大数目单元对波束起作用并将波束宽度减到最小而增加跟踪精度。

机会阵雷达最主要的任务是搜索、检测和跟踪如洲际弹道导弹(ICBM)和潜射弹道导弹(SLBM)这样的威胁,所以需要研究搜索和跟踪方向图的最优组合。当搜索从地平线或地球表面上"弹出"的ICBM和SLBM时,典型的搜索雷达将花费大约一半的时间产生所谓的"监视篱笆"。监视篱笆通常俯仰角为3°。图7.10和图7.11展现了篱笆搜索扫描方向图以及篱笆搜索是如何引导雷达突破篱笆平面的目标的。

篱笆搜索对检测"弹出的"地表水平面的目标起到了很好的作用,但是机会阵雷达监视地平线上方区域必须要有其他的搜索波束。立体搜索是360°搜索波束,覆盖传感器周围所有的区域,直至超出定义的距离。这种体搜索非常适宜于空中防御(AD)任务中,那里空中所有的区域都应该被监视到。这种类型的

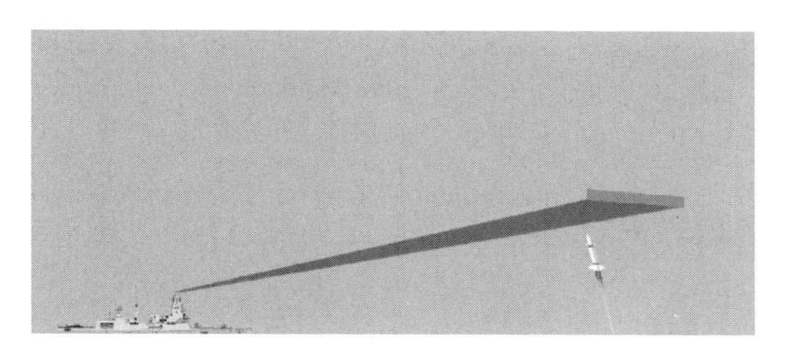

图 7.10　机会阵雷达篱笆搜索波束

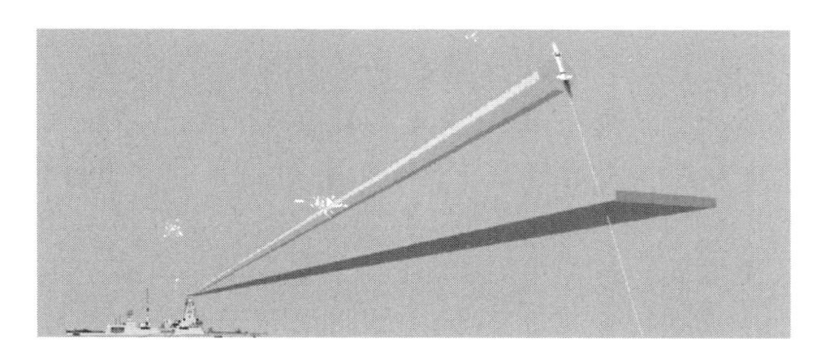

图 7.11　机会阵雷达篱笆搜索转跟踪波束

搜索可以有效地对抗多种威胁,只要那个威胁在立体搜索覆盖的区域内且能被雷达检测到(即有足够大的 RCS 而且对传感器而言不太快)。立体搜索的缺点是需要大量的雷达资源来覆盖整个区域,与篱笆搜索相比较,花费较多的时间来完成搜索波束。同时,为减小完成搜索所需要的时间,需要减小雷达检测距离来减少搜索空间。这对 BMD 任务中需要的远程性能有影响。

扇区搜索类似于立体搜索,除了距离、支承面、俯仰范围被定义外,其能有效地在有限的和确定的区域上创建立体搜索。与立体搜索比较,扇区搜索可以在敌方威胁有望出现的地域内进行以减小所需资源。有了额外的可用资源,将可能执行一个或多个扇区搜索同时也可执行篱笆搜索。

当转换为跟踪模式时,如图 7.11 所示,通常启用圆锥形单脉冲扫描来对付目标威胁。如果在执行圆锥形单脉冲扫描时目标在扫描轴上,则反射信号的强度依然保持不变或逐渐随距离的改变而改变。如果目标稍微偏离扫描轴,则反射信号的幅度将会随着扫描速率改变。基于反射信号的幅度,雷达可以调整波束方向来保持目标在扫描中心内以持续跟踪目标。

成功的检测是使整个 BMD 系统有效工作的前提。检测的难题是必须覆盖巨大的空间以确保可靠的监视,这需要实施专门的搜索技术。建议机会阵雷达使用的搜索波束选择包括篱笆网、扇区搜索和立体搜索的组合。一旦检测到目标,建议转换到锥形扫描来保持跟踪。

7.3.4 舰船曲率影响

机会阵雷达 T/R 单元分布在整个载体表面和内部,由于各种建筑,环境和功能参数的变化,载体平台易遭受弯曲,形成曲率变化。载体弯曲将影响到这些 T/R 单元的位置对齐,从而影响波束形成,造成雷达检测性能下降,跟踪精度变差。作为机会阵雷达工程应用技术研究的组成部分,弄清造成载体面形弯曲的原因,并对其分类,制定详细的误差预算方案和开发各种潜在补偿算法显得尤为重要。

海洋作战条件下,舰船需要弯曲来防止无法忍受的由舰船结构带来的压力积累,舰船曲率显示了两点间的相对旋转运动,并且能导致位于两点间的单元角度误差。在传统的战斗系统配置中,这会导致在各种战斗系统单元间产生静态误差和动态误差。这些误差通过系统误差预算进行计算和处理,而非用补偿来消除或减小。它的影响可以通过系统用闭环跟踪、大波束宽度照射和接近目标中心的作战方式来降低。随着作用距离增加,这些误差可能变得无法忍受。机会阵雷达是一个非传统的探测器,舰船曲率将对单元间距和校准产生影响。单元间距与校准会造成 T/R 单元的相位差异而影响整个系统的性能。

舰船曲率误差通常定义为两个战斗系统单元间未补偿的相对角度与补偿校准好的角度差异。每艘船上的战斗系统要对准到基线。另外,当舰船被认为存在误差时,这种校准可能贯穿舰船的整个生命周期。校准是一个非常耗时耗力的过程,很昂贵且难以完成。战斗系统校准是夜间或早晨在太阳热量影响测量之前在码头上完成的。曲率被分解为发生在很长一段时期内的静态误差和在作战期间不断变化的动态误差。

1) 静态误差因素

(1) 阳光照射:太阳能显著地影响舰船曲率。在清晨或傍晚时间,如果太阳仅仅照射船体的一面,它将加热船体,相对于没有暴露在阳光中的一面,它会引起膨胀。阳光照射甚至能产生单元间几弧度分的变化。阳光照射的总量、阴影、船的材料、膨胀、照射时间都对变化起作用。

(2) 载荷:舰船需要大量的物资来工作,包括武器、燃料、食物储备、备件、人员及相关原料。随着舰船工作不断消耗燃料和其他原料,会引起重量分布变化。通常当舰船装载到总重量的 90% 时进行舰船校准。

(3) 温度:与阳光照射类似,空气和海水温度变化引起船体材料的热胀冷缩会影响舰船校准。

(4) 碰撞:碰撞被分为永久性弯曲或引起的扭曲,例如大的海浪造成的碰撞、与其余的船或码头的撞击,或附近的爆炸。碰撞引起的弯曲能被测量与补偿。

(5) 稳定的风引起的载体曲率变化。

(6) 校准测试时存在的人为误差,仪器误差和可能导致静态误差的不适当方法。

2) 动态误差因素

(1) 波浪:海情是描述造成船体弯曲负荷最常见的参数。海情是能引起舰船扭曲和转矩的风速、海浪大小和海浪周期的标准测量。船的长度和横梁、相对海水的速度和方向以及它的高度和建筑材料以及结构将最终决定在负荷下的弯曲度。

(2) 摇摆:船的摇摆可由很多因素引起,如工作设备或海况引起的作战环境变化。

(3) 机动:转动速度和加速度将造成船体的扭转负荷。

3) 曲率对校准的影响

舰体上不同位置曲率影响是不一样的,从船的设计上看,如船的材料、尺寸、长度、横梁、重量、高度和船体类型等,都对船的整体或某个特定位置的硬度或弹性有影响。船体上面的建筑物放置离船中央越远,弯曲灵敏度越大;复合材料比传统的金属壳体可能有不同的弯曲影响。校准误差将会有下面两种主要影响,如图 7.12 所示。

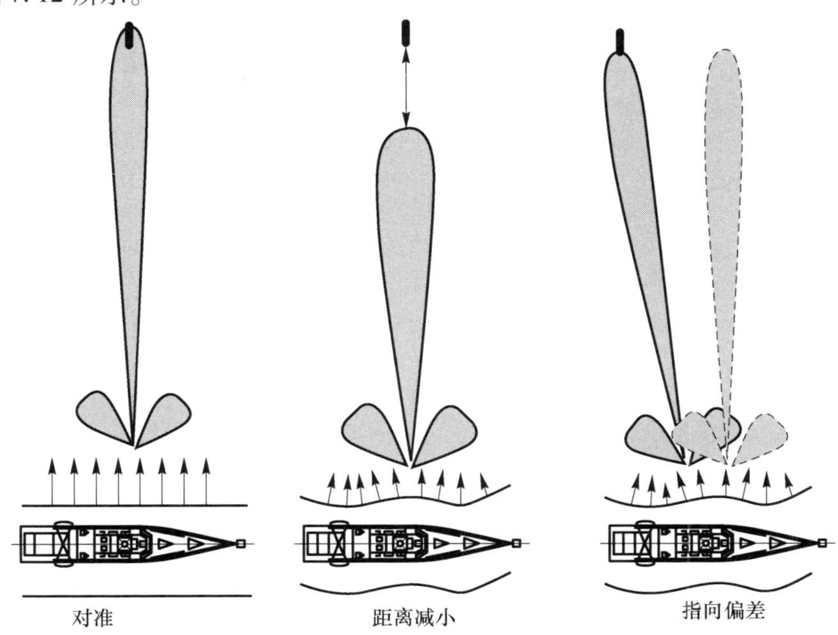

图 7.12 舰船曲率对波束形成和检测距离的影响

(1) T/R 单元位于相对位置外,造成相位误差,减小天线增益,降低检测和跟踪性能。

(2) 天线与船的对准参考点受到影响，引起偏差，导致天线与其他探测器和天线截面间的失配。这可能导致跟踪目标丢失以及单元或阵面间移交性能变差。

7.3.5 阵列的对准与校准

机会阵雷达这样的大型天线阵列，通常会随时间自然弯曲，因此需要一个有效的校准方法来确定天线单元的位置以提供精确的数字波束形成。文献[2]描述了一种能够运用于机会阵雷达的广播式参考技术。该技术测量每个单元相对于许多参考信标的相位。同时也描述了自相关技术，一个单元或一些单元发射信号用于阵列的自检。

完成机会阵成千上万单元的物理测量和校准的成本和时间高得惊人。港内或固定点的动态校准是雷达系统需要的。相对机会阵雷达船，使用位置已知的参考信号将需要研发特别的设备，整个雷达需要对信号可视，这在大多数海军港口可能不实用。在海军基地附近，便携式的校准系统是一种选择，但需要船是航行的，这将容易遭受在校准过程中来自海水的曲率影响。另外需考虑机会阵雷达对其他探测器的校准。信标阵列最有可能工作在 VHF/UHF 频段内。空间共点的其他频率系统和光学参考物可以对齐到其他探测器。舰载电子系统评估设备利用通用雷达移动目标转发器作为航空服务的补充，可以作为一个可重复的测试工具来瞄准舰船帮助对齐。

7.3.6 动态补偿

机会阵一旦对准了，多种不同的方法可提供动态补偿。自动激光跟踪具可高精度地测量三维坐标系里的目标位置。舰船曲率可以利用许多激光单元和船体目标上的反射光来动态测量曲率。在船体的某些部分需要足够多的激光系统。但大部分地方的曲率需要算法和处理来推断。

作为一种位置测量探测器，差分 GPS 的使用已经被淘汰。微型环型激光陀螺仪可以放在船上来测量三维旋转。陀螺仪的数据可与参考平面相比较来确定弯曲的区域。目前，船上有两个陀螺仪来测量船的摇晃、倾斜和偏航。当船在航行时，两个陀螺仪将显示出差异变化。这个差异是由舰船曲率、硬件校准，或者陀螺仪内部的电子漂移引起的。

Loke[3]开发了石英速率传感器(QRS)在检测角速率方面的潜在应用。通过为三轴线集成三个陀螺仪，并结合时钟，可以确定类似如上所述的陀螺仪所测的角位移。它们具有体积小、成本低的优点，Loke 的设计在当时被认为是一个不够成熟的方案，但现在是可行的选择。

测量曲率的传感器需要研发硬件和软件。在机会阵雷达系统上,需要安装体积小、成本低的探测器。软件需要收集、关联和解释来自传感器的数据,并转化成动态补偿的校准数据。

工作在较长时间范围内的陀螺仪很可能要经历误差漂移。一种可能减小漂移的方法是研发陀螺仪和激光器的混合系统。激光器可以被用来量化和周期性移除偏差。

机会阵雷达要求增加距离和任务来支持BMD场景,很可能引起比现在的系统更严重的误差预算。建议进一步研究减小误差的方法。

总之用于弹道导弹防御和反隐身的机会阵雷达是美国海军研究生院最初提出机会阵雷达概念时的重要应用领域,涉及前面论述的关键理论问题外,还存在诸多应用技术难题。本章介绍机会阵雷达的作战原理、作战场景、辅助功能、技术要求和关键性能参数指标等。围绕工程应用问题,提供了技术参考。机会阵雷达最主要的任务是搜索、检测和跟踪弹道导弹,所以需要研究搜索和跟踪方向图的最优组合,搜索波束设计中建议采用篱笆搜索波束,篱笆搜索对检测"弹出的"地平面的目标起到了很好的作用,但是监视地平线上方区域必须结合扇形搜索和体搜索等波束形式;T/R组件冷却方案比较中,给出了各种冷却方法的优缺点,最后针对机会阵特点建议采用热电冷却装置结合风扇的方法,可实现冷却系统高效率、小型化并降低经济成本;机会阵除了常规战术功能外,还可以实现电子攻击和电子对抗,本章介绍了其实现原理和局限性;机会阵雷达T/R单元分布在整个载体表面和内部,由于各种建筑、环境和功能参数的变化,载体平台易遭受弯曲,形成曲率变化,从而影响雷达系统的波束形成和工作性能,本章分析了造成曲率弯曲的静态和动态因素,介绍了阵列的对准与校准,针对静态误差和动态误差给出不同的补偿方法。

参考文献

[1] Bacchus C, Barford I, et al. Digital Array Radar for Ballistic Missile Defense and Counter - Stealth Systems Analysis and Parameter Tradeoff Study[R], California: Naval Postgraduate School, Sep. 2006.

[2] Lee Eu An, Dorny C N. A broadcast reference technique for self - calibrating of large antenna phased arrays [J]. IEEE Transactions on Antennas and Propagation, 1989, 37(8): 1003 - 1010.

[3] Yong L. Sensor synchronization geolocation and wireless communication in a shipboard opportunistic array [D]. California: Naval Postgraduate School, Mar. 2006.

主要符号表

A	方位角;信号幅度;天线面积
B	带宽(信号,系统)
B_3	3dB 带宽
B_e	能量带宽
B_n	等效噪声带宽
BT	带宽时宽积
C_h	机会测度
C_r	可信性测度
c	光速
D	天线口径;脉冲压缩倍数
d	天线单元间距
E	仰角;电场强度
F_h	噪声系数
F_S	采样频率
f	信号频率
f_0	中心频率
f_d	多普勒频率
f_H	最高频率
f_L	最低频率
G	天线功率增益
G_r	天线接收增益
G_t	天线发射增益
h	高度
K	波数;常数
L	长度
N_0	噪声功率
P	功率
$\bar{P}$	平均功率

$\hat{P}$	峰值功率
P_{in}	输入功率
P_{out}	输出功率
P_{r}	概率测度
P_{r}	接收功率
P_{t}	发射功率
R	距离
$\mathbb{R}$	实数集
S	散射参数
$S(t)$	复信号
T_{R}	脉冲重复周期
T_{s}	系统噪声温度
t	时间
$U(f)$	信号频谱
$U(\omega)$	信号角频率谱
v	速度
W	权系数
β	均方根带宽
Δ	分辨力;偏差
ΔA	方位分辨力
ΔE	仰角分辨力
ΔR	距离分辨力
$\Delta\theta$	俯仰角度差
$\Delta\phi$	方位角度差
$\Delta\varphi$	相位差
δ	误差
η	效率
Φ_n	阵元 n 相对于在原点的参考阵元的相移
φ	信号相位
ϕ	波束指向方位角
Λ	可测集
λ	电磁波波长
θ	波束指向俯仰角
σ	标准偏差;目标散射面积
σ_{A}	方位均方根误差

σ_E	仰角均方根误差
σ_R	距离均方根误差
$\sigma_{\dot{R}}$	速度均方根误差
τ	脉冲宽度
$(\Omega, \mathscr{A}, P_r)$	概率空间
ω	信号角频率

缩略语

3 – D	Three Dimensional	三维
A/D	Analog-to-Digital Converter	模/数转换器
AAR	Abdicative Analogical Reasoning	溯因类比推理
ABF	Analog Beamforming	模拟波束形成
ACA	Ant Colony Algorithm	蚁群算法
ACF	Anisotropic Conductive Film	各向异性导电膜
ADBF	Adaptive Digital Beamforming	自适应数字波束形成
AESA	Active Electronically Scanned Array	有源电扫阵列
AF	Array Factor	阵列因子
AG	Accelerating Gradient	加速梯度
AI	Artificial Intelligence	人工智能
AMRFC	Advanced Multifunction Radio Frequency Concept	先进多功能射频概念
AOA	Angle of Arrival	到达角度
APC	Adaptive Pattern Control	自适应方向图控制
ASCM	Anti-ship Cruise Missile	反舰巡航导弹
AWACS	Airborne Warning and Control System	机载警戒和控制系统
BMD	Ballistic Missile Defense	弹道导弹防御
BPCM	Bidirectional Phase Center Moving	双向相位中心运动
CAD	Computer Aided Design	计算机辅助设计
CD & CM	Chance Discovery and Chance Management	机会发现和机会管理
CFAR	Constant False Alarm Rate	恒虚警率
CFRP	Carbon Fiber Reinforced Polymer	碳纤维增强复合材料
CLAS	Conformal Load-bearing Antenna Structure	共形承载天线结构
CNLA	Conformal Non-Load-bearing Antenna	共形非承载天线

COTS	Commercial off the Shelf	商业货架产品
CPP	Carrier Point Positioning	载波点定位
DAR	Digital Array Radar	数字阵雷达
dB	Decibels	分贝
DBF	Digital Beamforming	数字波束形成
dBm	Decibels Relative to 1 Milliwatt	分贝毫瓦
DC	Direct Current	直流
DDBF	Distributed Digital Beamforming	分布式的数字波束形成
DDC	Direct Digital Down Conversion	直接数字下变频
DDS	Direct Digital Synthesizer	直接数字合成
DM	Data Mining	数据挖掘
DMI	Direct Matrix Inversion	直接矩阵求逆
DOA	Direction of Arrival	波达方向
DOF	Degree of Freedom	自由度
DRFM	Digital RF Modulation	数字射频模块
DSD	Difference Steepest Descent	差分最陡下降
DTR	Digital Transmitter and Receiver	数字收发组件
DWDM	Dense Wavelength Division Multiplexing	密集波分复用
EA	Electronic Attack	电子攻击
ECM	Electronic Counter Measure	电子对抗措施
EDFA	Erbium-doped Optical Fiber Amplifier	掺铒光纤放大器
ELINT	Electronic Intercept	电子截获
EMI	Electromagnetic Interference	电磁干扰
EW	Electronic Warfare	电子战
FET	Field Effect Transistor	场效应管
FIR	Finite Impulse Response	有限冲击响应
FL	Fuzzy Logic	模糊逻辑
FMCW	Frequency Modulated Continuous Wave	调频连续波
FSO	Free Space Optical	自由空间光通信
GaAs	Gallium Arsenide	砷化镓
GA	Genetic Algorithm	遗传算法

GPS	Global Positioning System	全球定位系统
HALE	High Altitude Long Endurance	高空长航时
HEL	High Energy Laser	高能激光
HPA	High Power Amplifier	高功率放大器
I/Q	In-phase and Quadrature Phase	同相/正交
ICBM	Inter-continental Ballistic Missile	洲际弹道导弹
IRBM	Intermediate Range Ballistic Missile	中程弹道导弹
ISR	Intelligence Surveillance and Reconnaissance	情报/监视/侦察
JPALS	Joint Precision Approach and Landing System	联合精密渐近和着陆系统
JSF	Joint Strike Fighter	联合战斗攻击机
KEI	Kinetic Energy Interceptor	动能拦截弹
LFM	Linear Frequency Modulation	线性调频
LMS	Least Mean Square	最小均方值
LNA	Low Noise Amplifier	低噪声放大器
LO	Local Oscillator	本振
LOS	Line of Sight	视距
LPI	Low Probability of Interception	低截获
LSFE	Least Square Fitness Estimation	最小二乘适应度评估
MAS	Multifunction Aircraft Structure	多功能飞机结构
MDA	Missile Defense Agency	导弹防御局
MEMS	Micro-elctro-Mechanical System	微机电系统
MESA	Multifunction Electronically Scanned Array	多功能电扫阵
MFA	Multi-Function Array	多功能阵列
MHz	Megahertz	兆赫兹
MIMO	Multi-input and Multi-output	多输入多输出
MIRFS	Multi-function Integrated Radio Frequency System	多功能综合射频
MLH	Maximum Likelihood Ratio	最大似然比
MMSE	Minimum Mean Square Error	最小均方误差
MNV	Minimum Noise Variance	最小噪声方差
MRBM	Medium Range Ballistic Missile	中程弹道导弹

MSINR	Maximum Signal to Interference-plus-noise Ratio	最大信干噪比
NN	Neural Network	神经网络
NPS	Naval Postgraduate School	海军研究生院
OA	Opportunistic Array	机会阵
OASR	Opportunistic Array Surveillance Radar	机会阵监视雷达
ODARBC	Opportunistic DAR for BMD and Counter-stealth	用于弹道导弹防御和反隐身的机会阵雷达
OFDM	Orthogonal Frequency Division Multiplexing	正交频分复用
OML	Outer Mould Line	(飞机)外模线
ONR	Office of Naval Research	海军研究办公室
PA	Phased Array	相控阵
Pd	Probability of Detection	检测概率
Pfa	Probability of False Alarm	虚警概率
PIFA	Planar Inverted-F Antenna	平面倒 F 天线
PLL	Phase Locked Loop	锁相环
PSO	Particle Swarm Optimization	粒子群优化
QRS	Quartz Rate Sensor	石英速率传感器
RCS	Radar Cross Section	雷达散射截面
RECAP	Reconfigurable Aperture Program	可重构孔径项目
RF	Radio Frequency	射频
RM&A	Reliability Maintainability Availability	可靠性、维修性和可用性
RMSE	Root Mean Squared Error	均方根误差
RSS	Received Signal Strength	接收强度
RTD	Resonant Tunneling Diodes	共振隧穿二极管
SA	Simulated Annealing	模拟退火
SLBM	Submarine Launched Ballistic Missile	潜射弹道导弹
SMI	Sample Matrix Inversion	采样矩阵求逆
SNR	Signal to Noise Ratio	信噪比
SRBM	Short Range Ballistic Missile	近程弹道导弹
T/R	Transmitter and Receiver	收/发组件

TABU	Tabu Search	禁忌搜索
TD	Time Delay	时间延迟线
TDOA	Time Difference of Arrival	到达时间差
TOA	Time of Arrival	到达时间
TOF	Time of Flight	飞行时间
TTD	True Time Delay	实时延迟线
UAV	Unmanned Aerial Vehicles	无人飞行器
UHF	Ultra High Frequency	超高频
UPCM	Unidirectional Phase Center Moving	单向相位中心运动
UWB	Ultra Wideband System	超宽带系统
VAS	Variable Aperture Sizes	可变口径尺寸
VHF	Very High Frequency	甚高频
WLAN	Wireless Local Avea Network	无限局域网
WNOAR	Wireless Networked Opportunistic Array Radar	无线网络化机会阵雷达

(a)

(b)

图 1.1　AEGIS AN/SPY－1 和 DDG1000

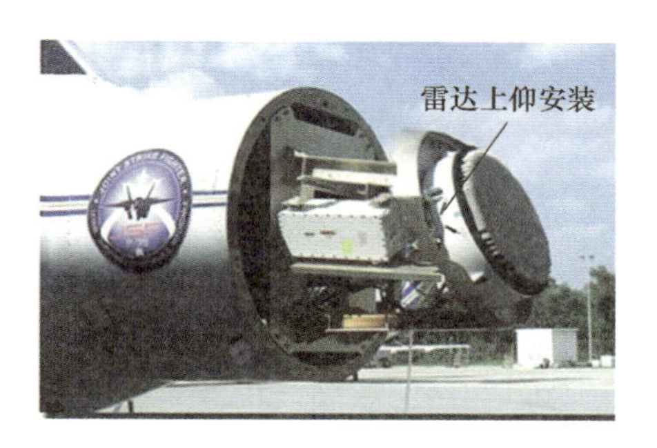

图 1.2　F－35 飞机 APG－81 雷达

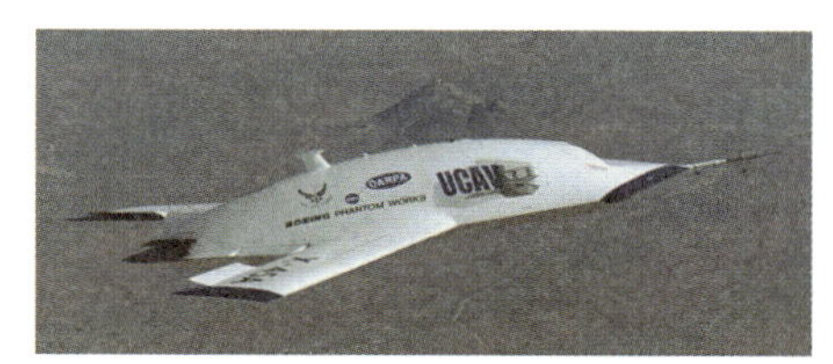

(a) X-45A

(b) X-43

(c) X-47B

(d) X-51

图 1.3　未来作战平台形态

图 1.4 综合化设计的 F-35 天线孔径布置

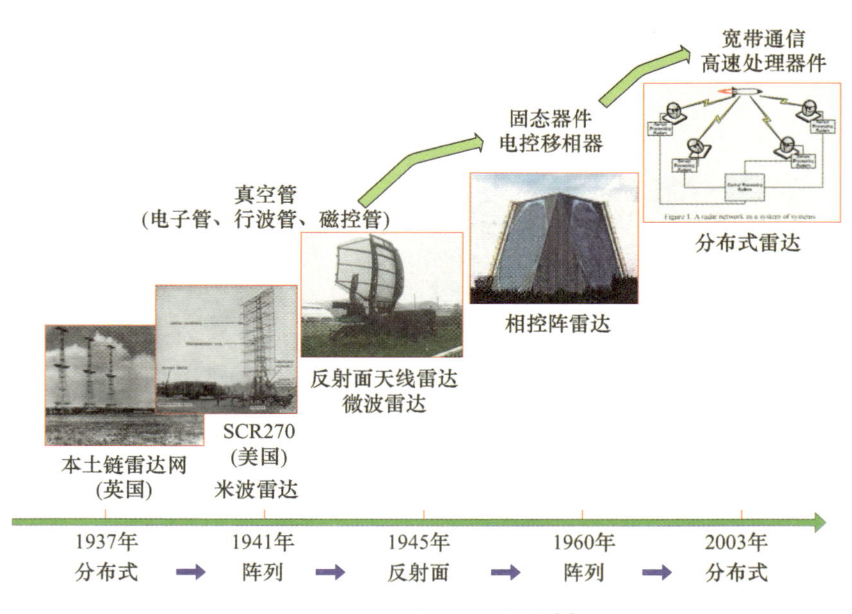

图 1.5 雷达阵列发展趋势[1]

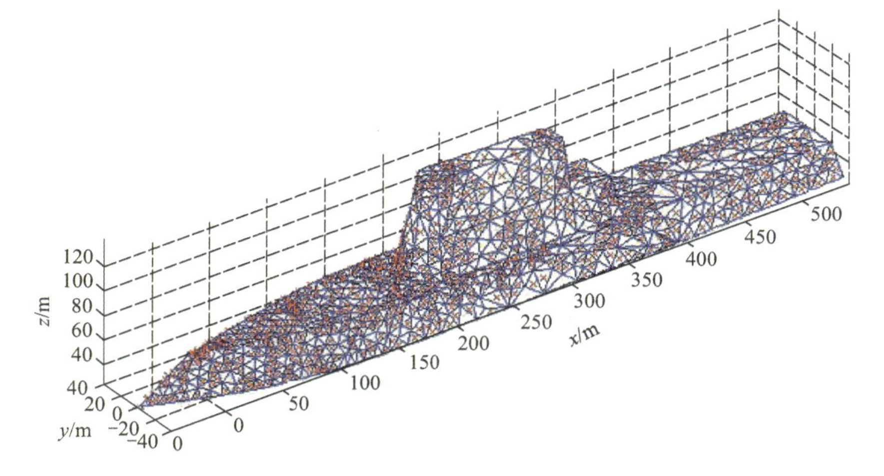

图 1.7　密布 DD(X)的机会阵单元[4]

(a) 美国宙斯盾雷达

(b) 以色列“费尔康”预警机雷达

图 2.1　以雷达为核心的作战系统

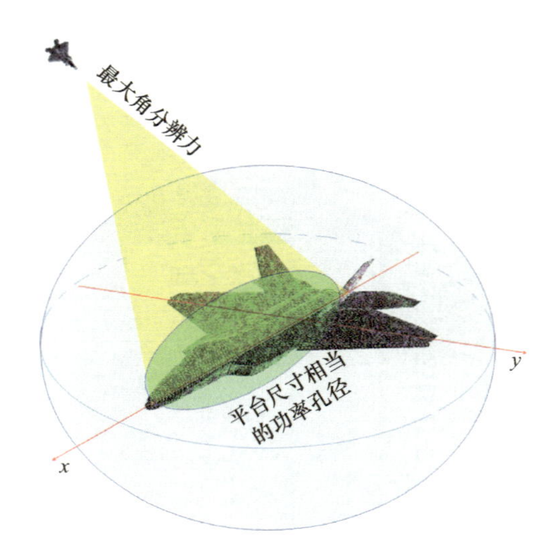

图 2.2　机载机会阵雷达概念图

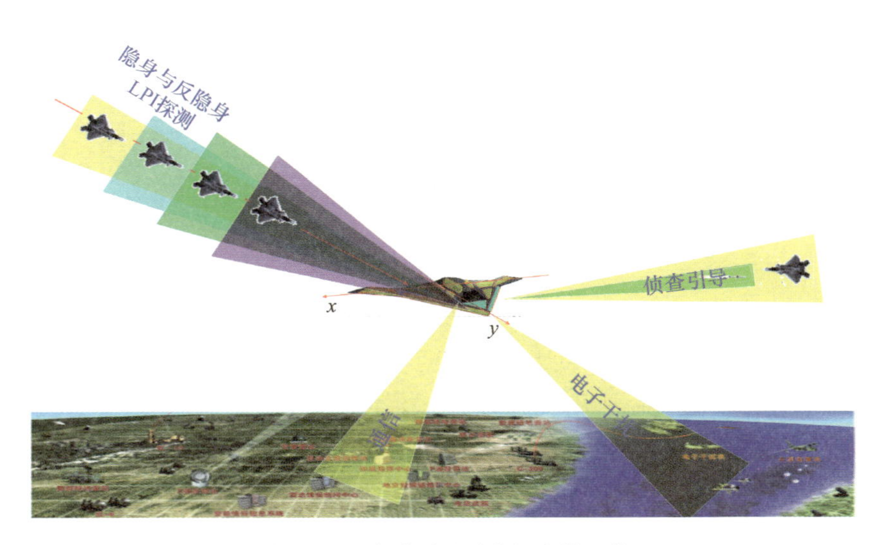

图 2.3　机会阵雷达动态机会性工作

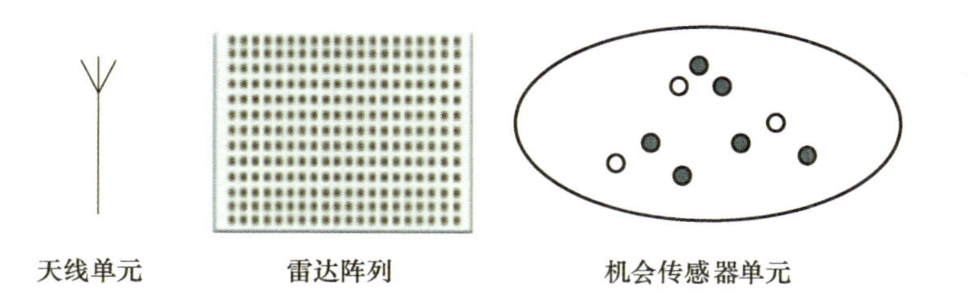

图 2.4　机会单元的几种形式

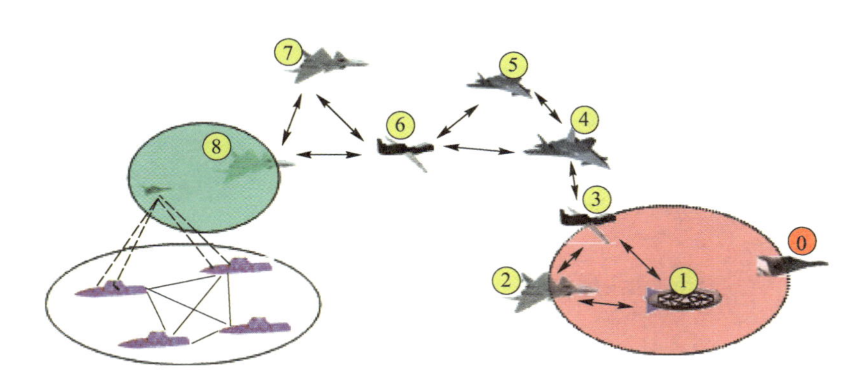

图 2.5　广义机会阵雷达

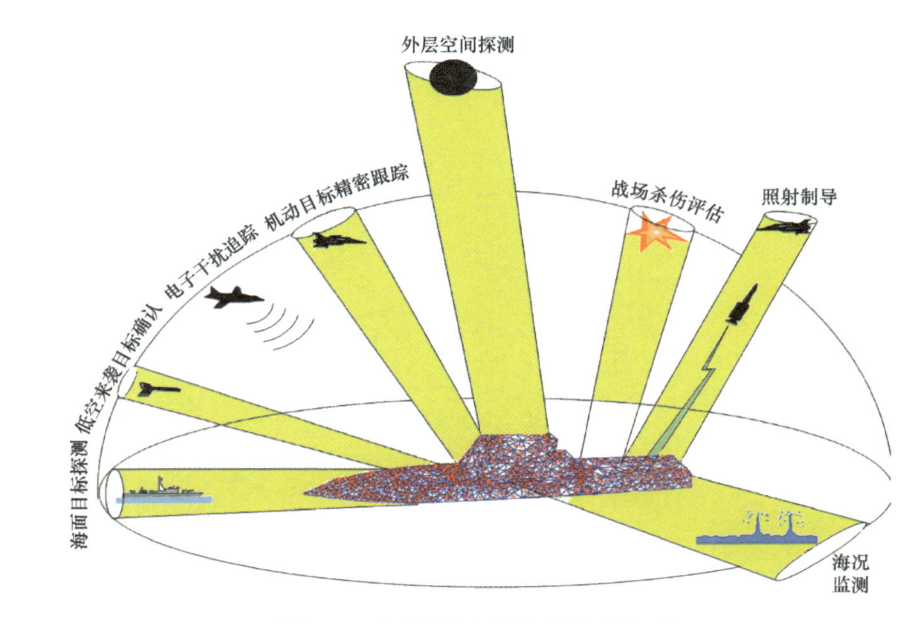

图 2.6　多功能机会阵雷达分区域工作

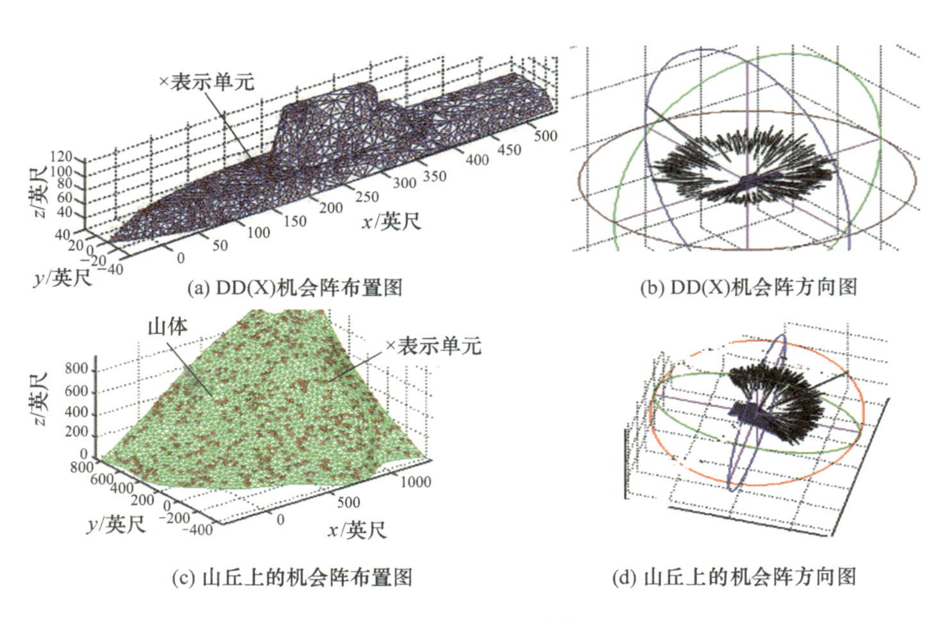

(a) DD(X)机会阵布置图　(b) DD(X)机会阵方向图

(c) 山丘上的机会阵布置图　(d) 山丘上的机会阵方向图

图 2.7　机会阵应用平台和方向图[25]（1 英尺 =30.48cm）

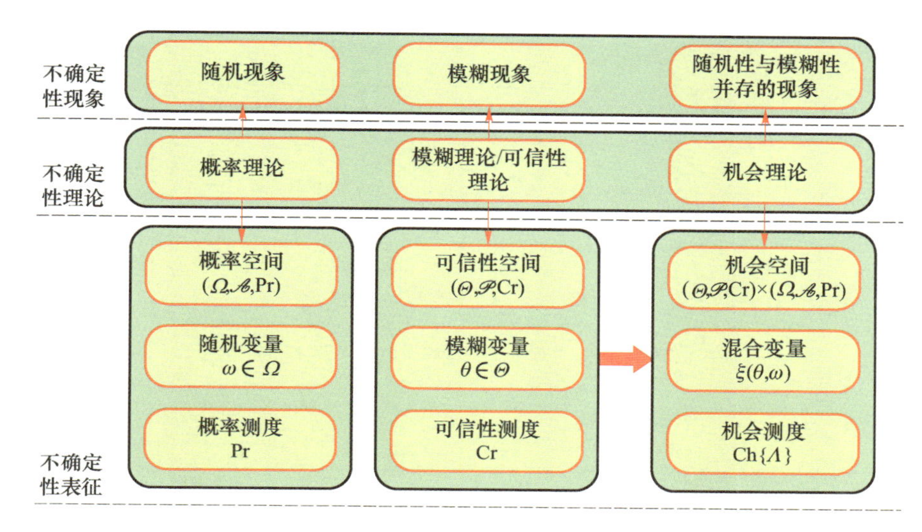

图 2.10　机会的数学原理与机会理论

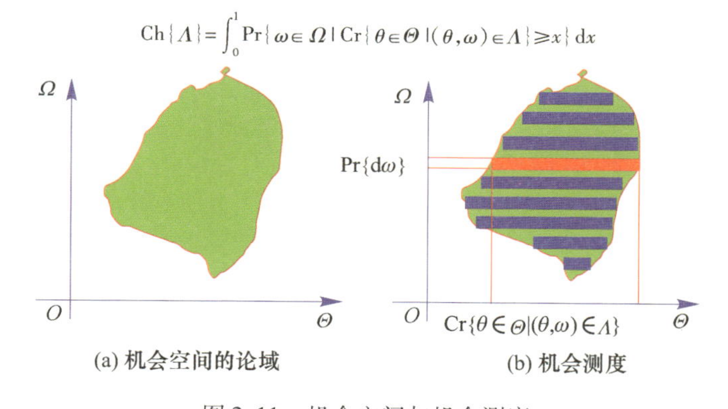

图 2.11　机会空间与机会测度

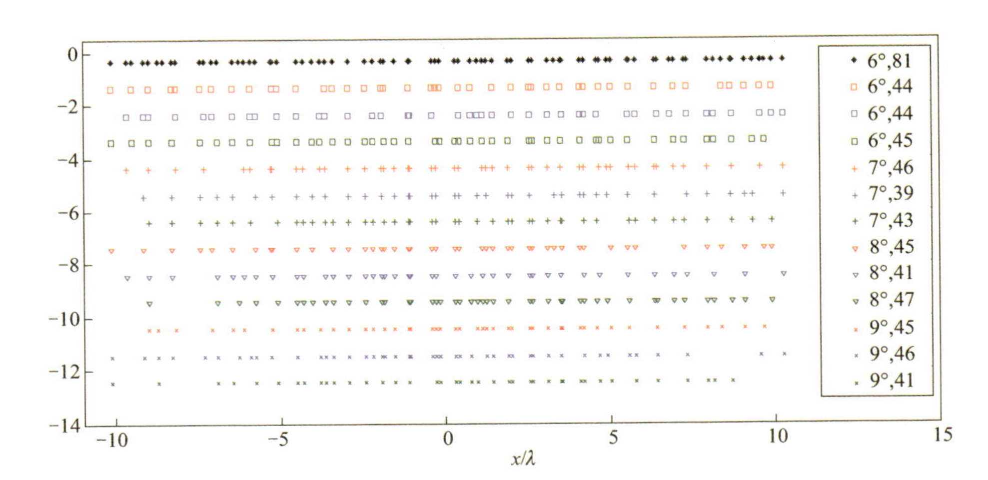

图 3.22　优化前后天线单元分布图

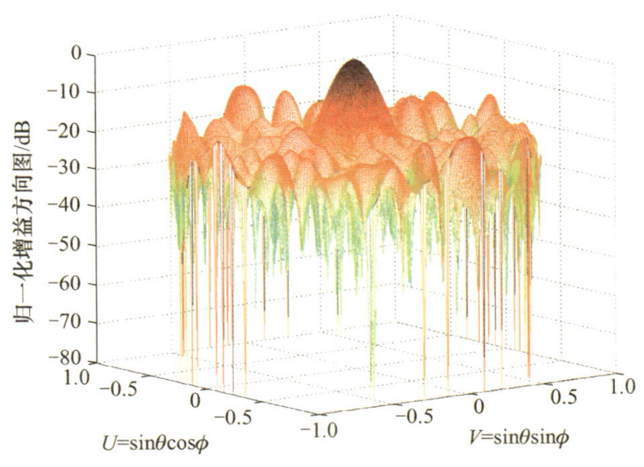

图 3.26　优化前 110 支天线波束综合图

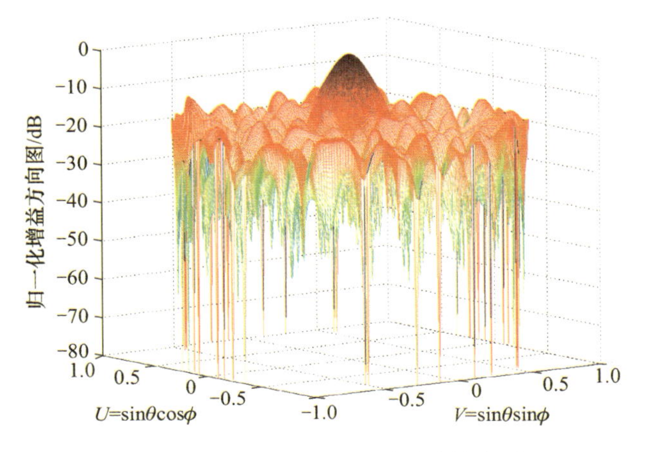

图 3.28 优化后 71 支天线波束综合图

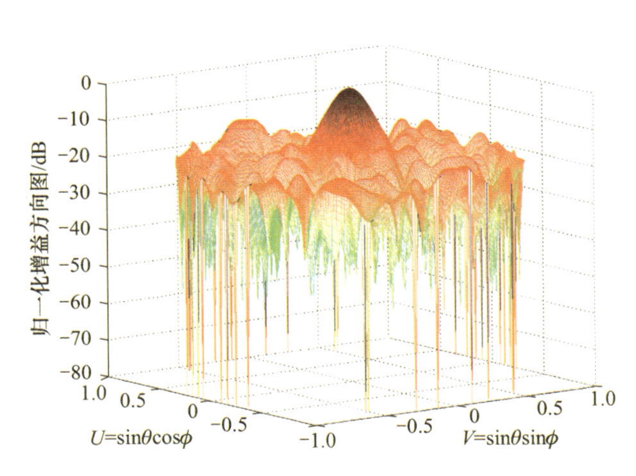

图 3.30 优化后 78 支天线单元波束综合图

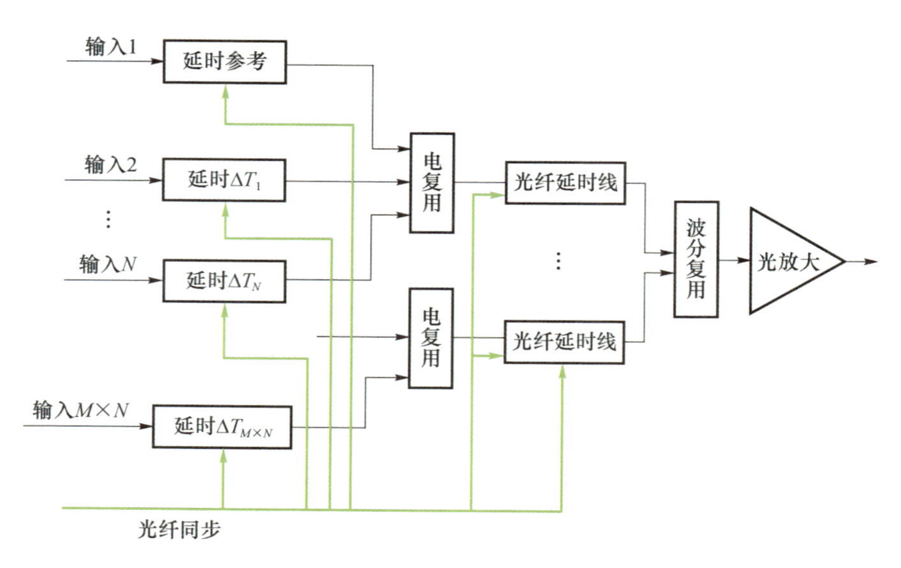

图 5.4　光纤层级化同步设计

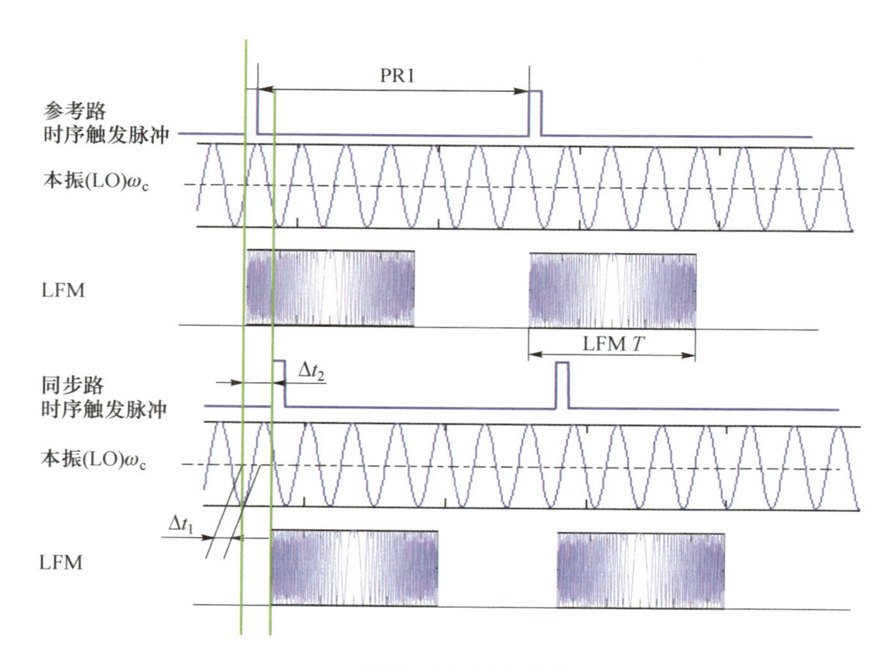

图 5.16　信号同步关系

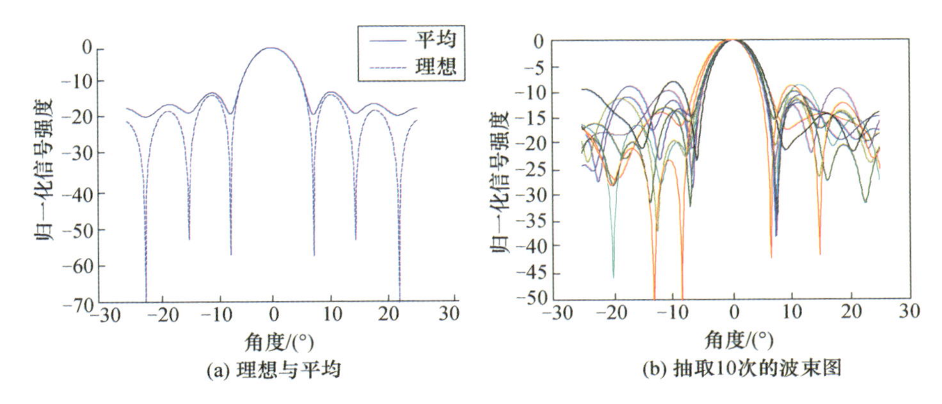

图 5.17 波束图比较(仿真一)

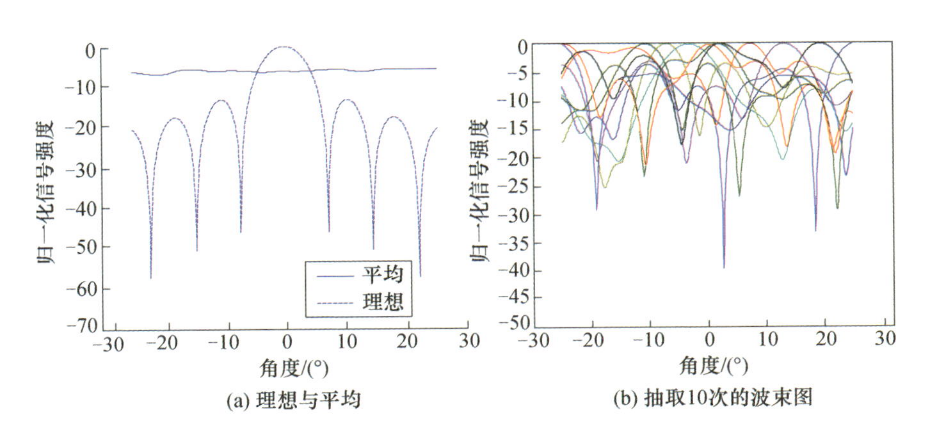

图 5.18 波束图比较(仿真二)

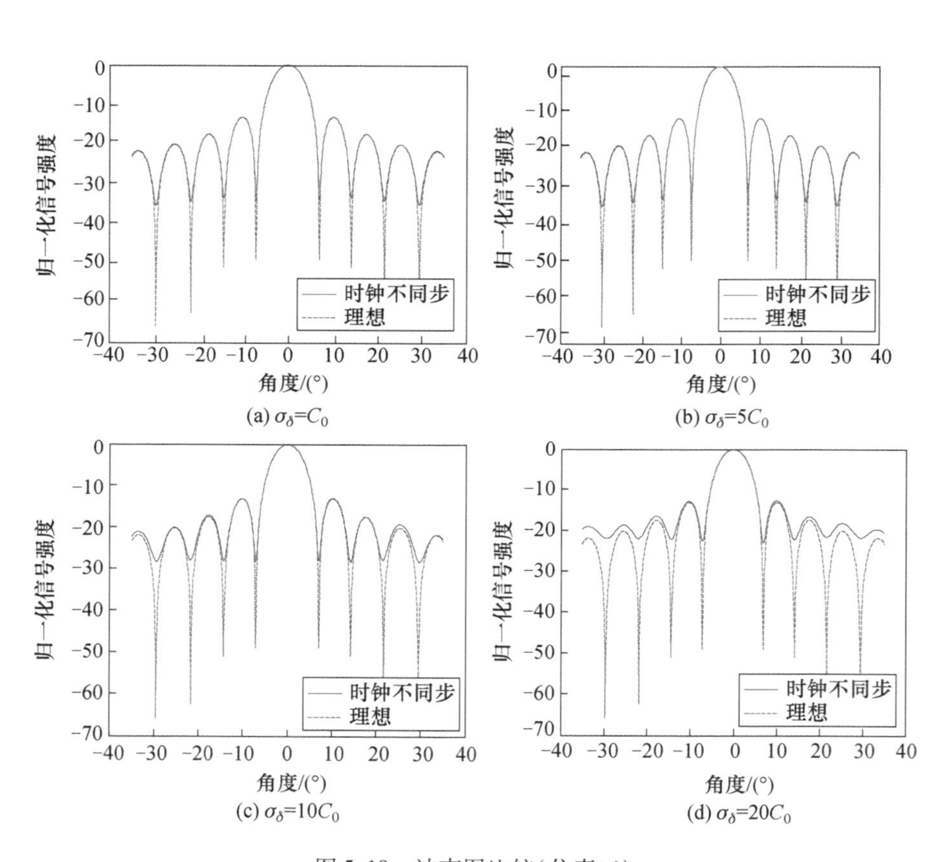

(a) $\sigma_\delta=C_0$ (b) $\sigma_\delta=5C_0$

(c) $\sigma_\delta=10C_0$ (d) $\sigma_\delta=20C_0$

图 5.19 波束图比较(仿真三)

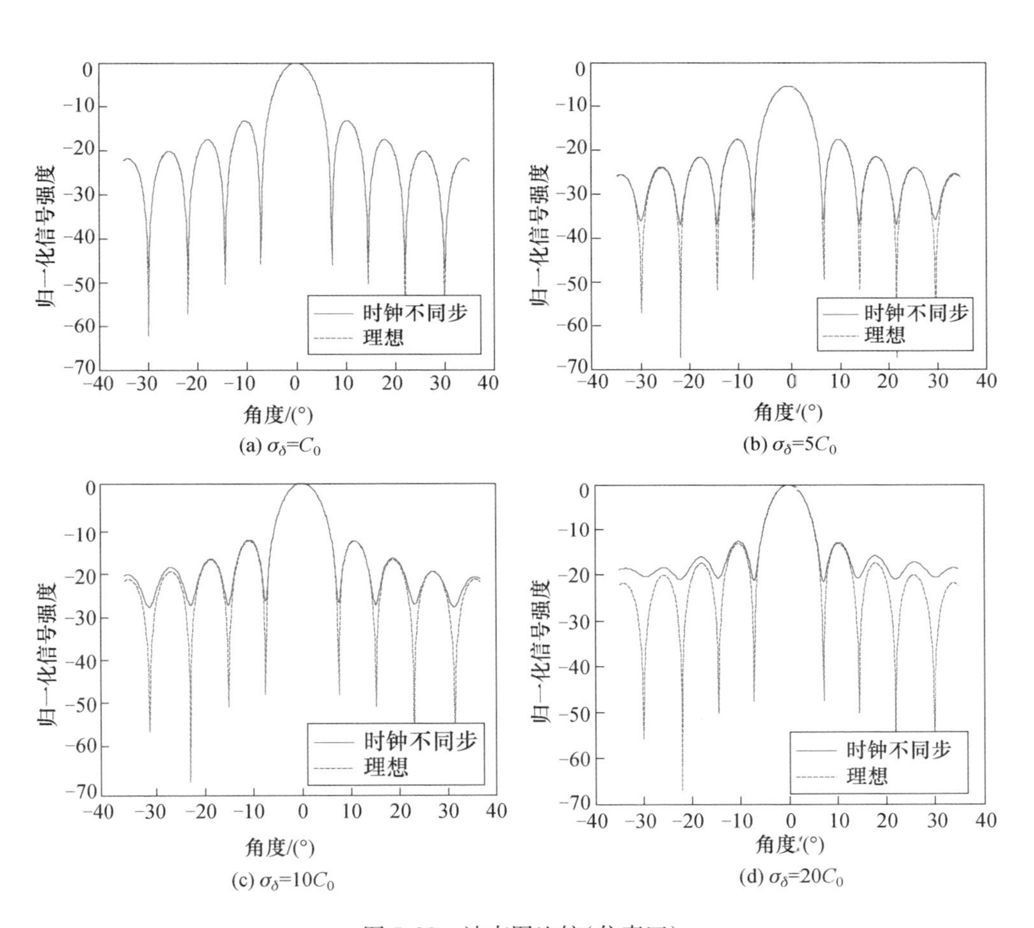

图 5.20　波束图比较(仿真四)

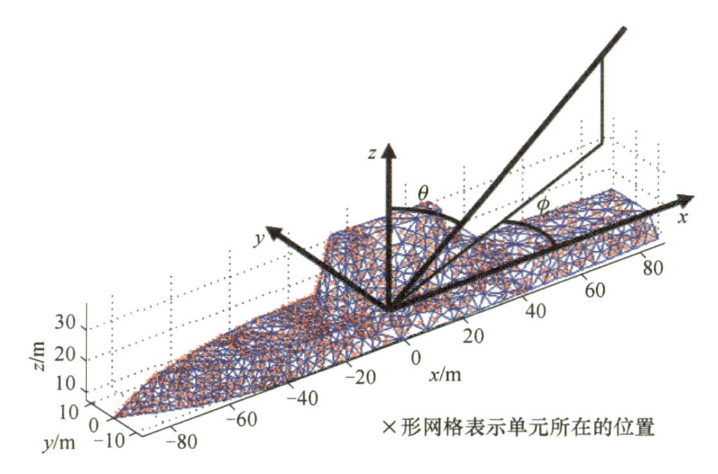

图 5.22　DD(X)1200 个单元机会布置图

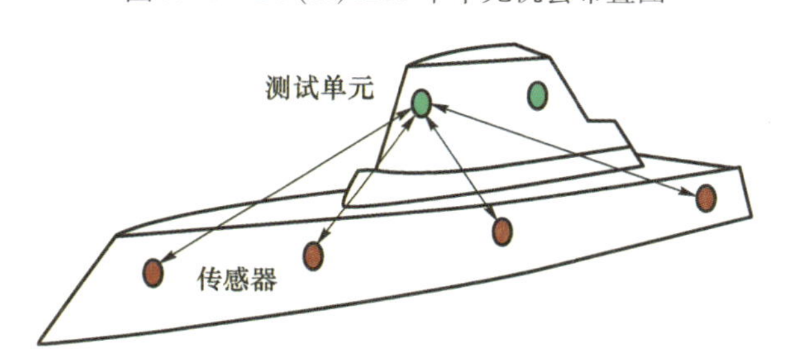

图 5.24　在传感器的无遮挡视线范围内放置测试单元

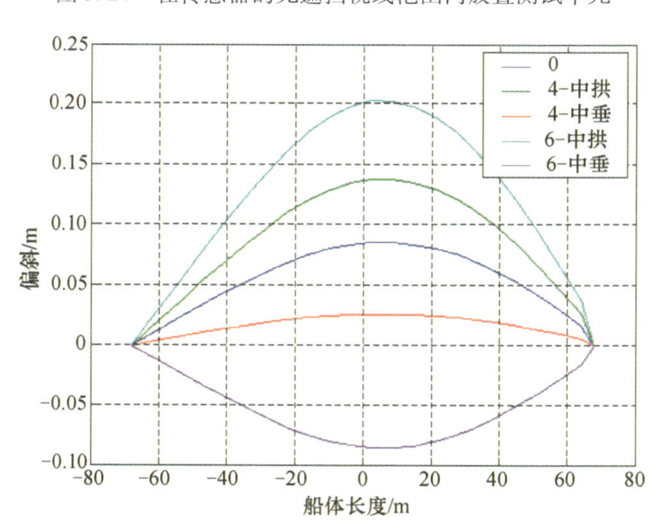

图 5.25　FFG7 在满载和不同海况下的船体挠度曲线

彩/14

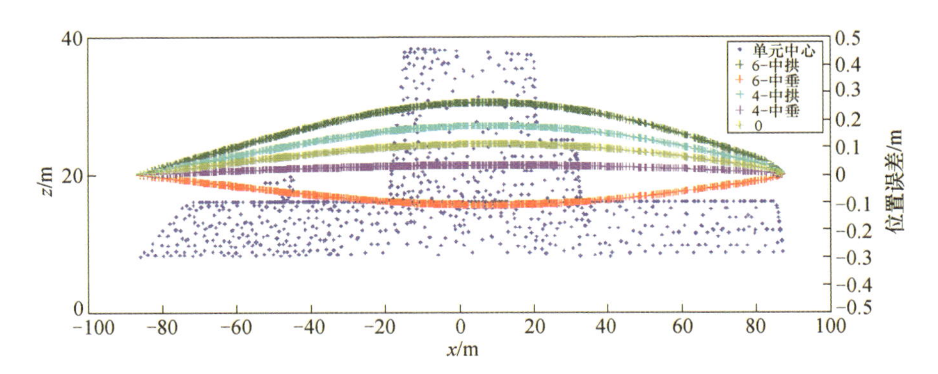

图 5.26　不同海况条件下的 DD(X)船体挠度估计

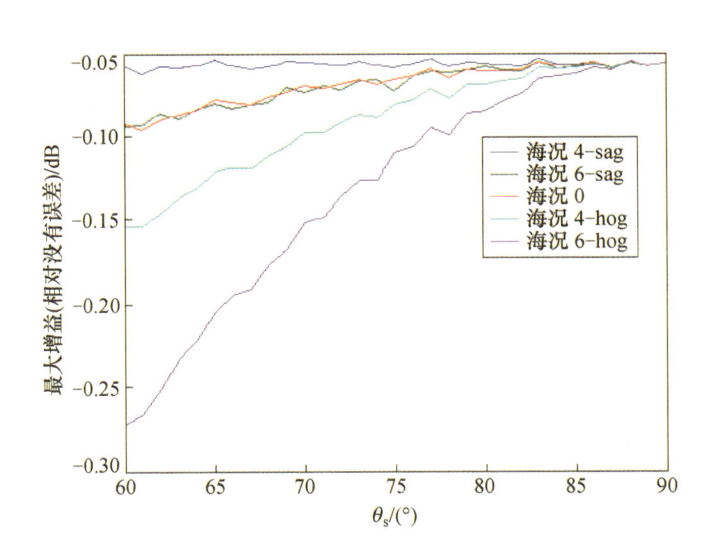

图 5.28　最大增益和扫描角度 θ_S 的关系曲线

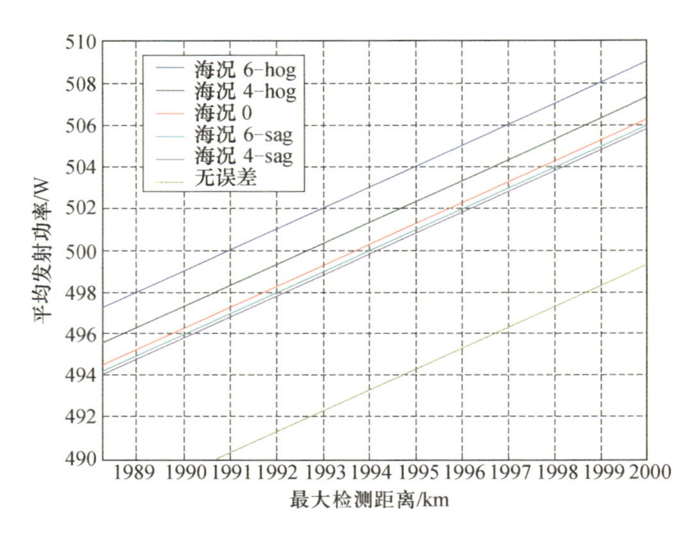

图 5.29　机会阵不同海况下的性能曲线

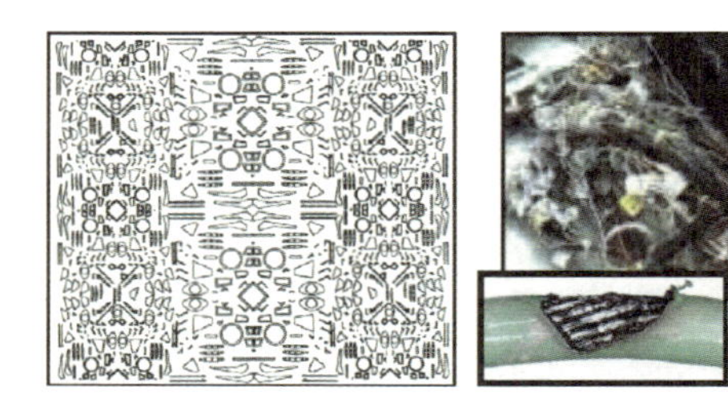

图 6.3　传统飞机机体与电路走线图

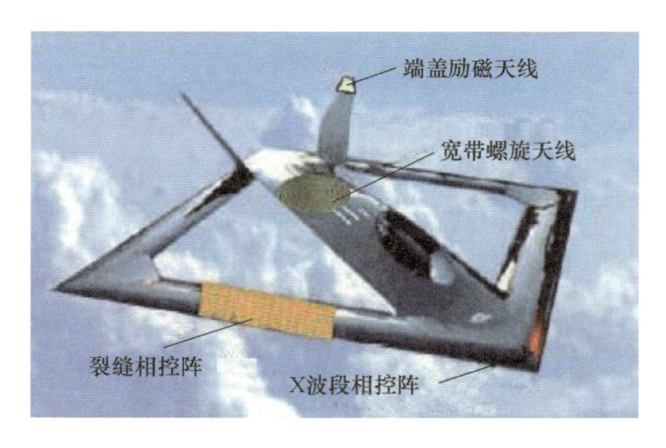

图 6.7　传感器飞机概念图

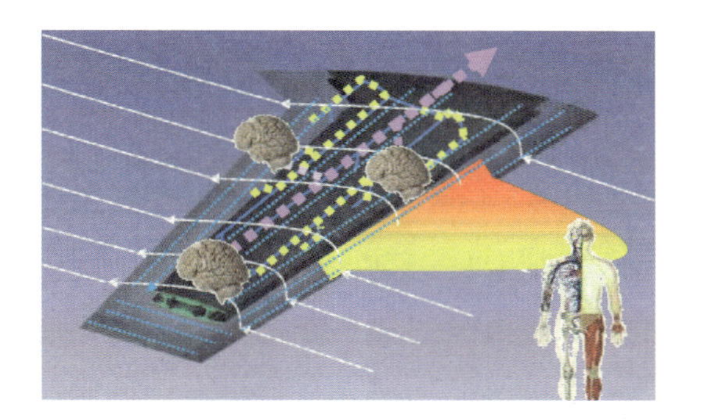

图 6.11　结构状态感知概念

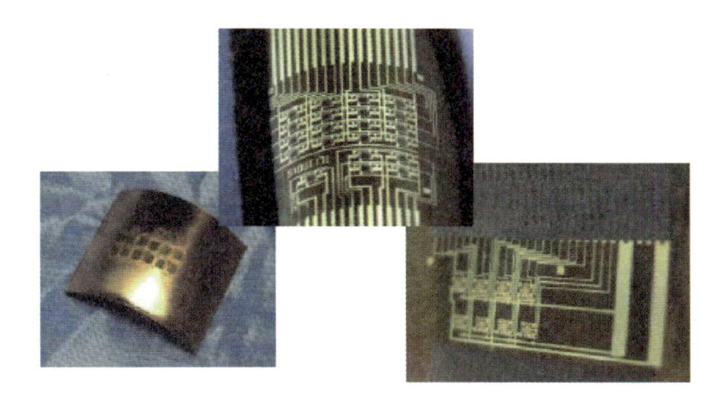

图 6.14　激光转印半导体

(a) 反射面频率可重构天线

(b) 差分馈电频率可重构天线

图 6.17　频率可重构天线

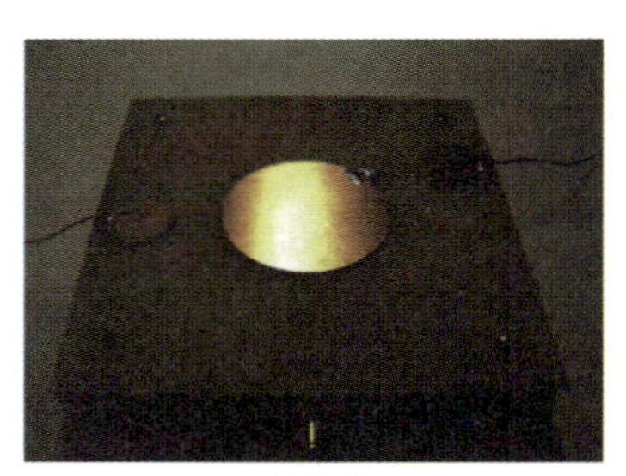

(a) 正面

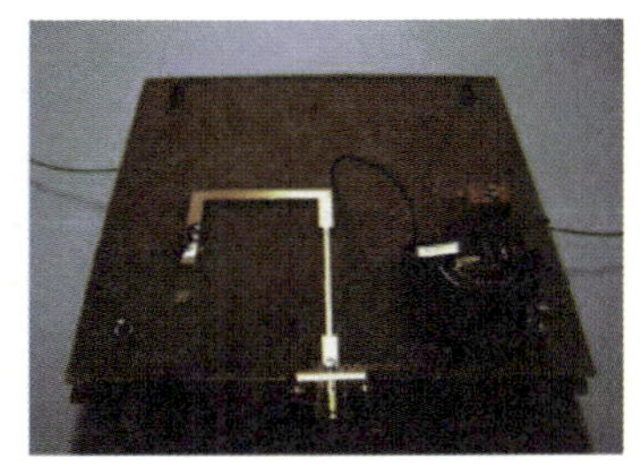

(b) 反面

图 6.19　圆形贴片极化可重构天线

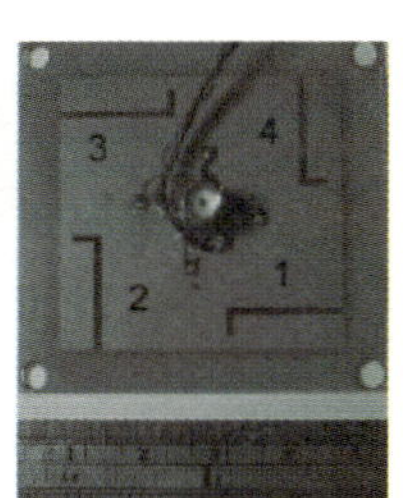

(a) L型微带缝隙可重构天线

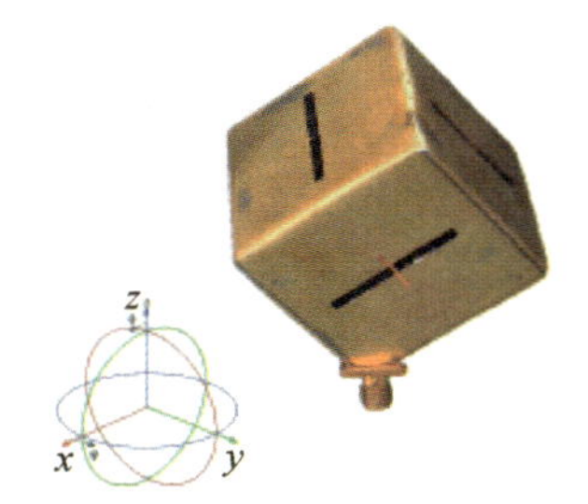

(b) 立方体方向图可重构天线

图 6.21　方向图可重构天线

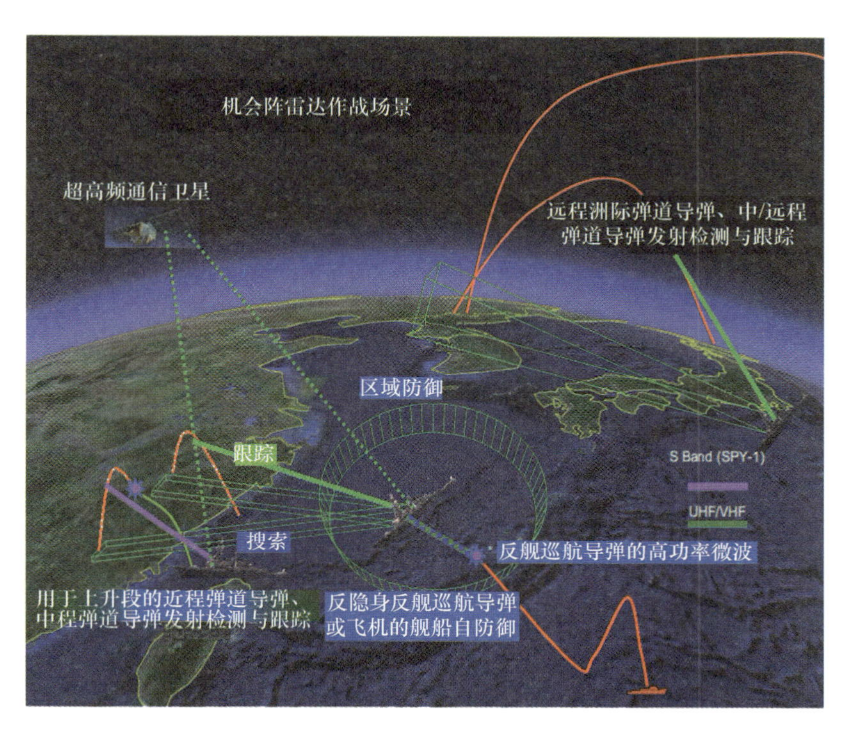

图 7.1　反导反隐身机会阵作战视图

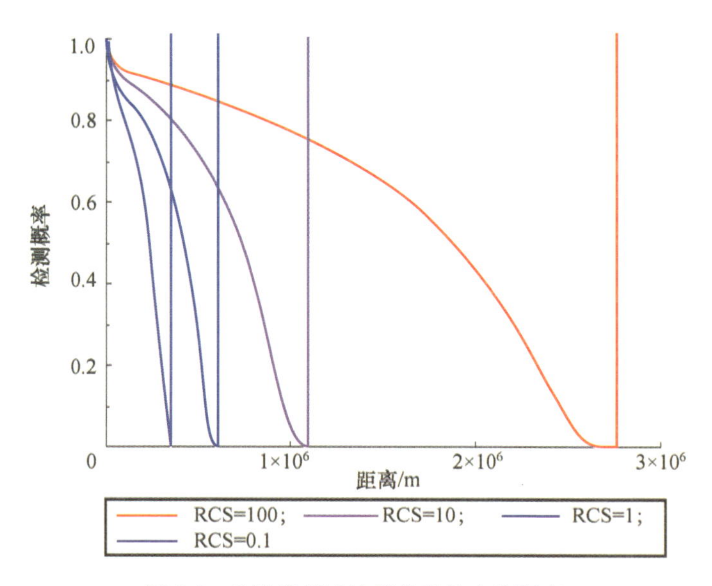

图 7.2　S 波段雷达计算仿真的交接距离

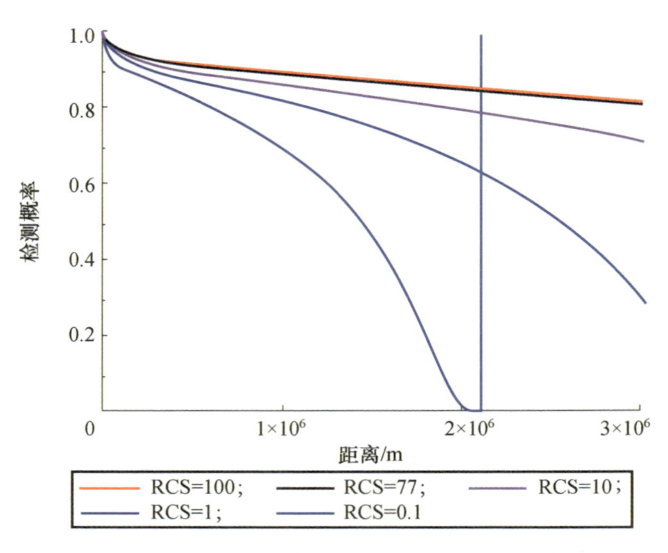

图 7.3　机会阵雷达使用 UHF 频段 P_D与距离曲线

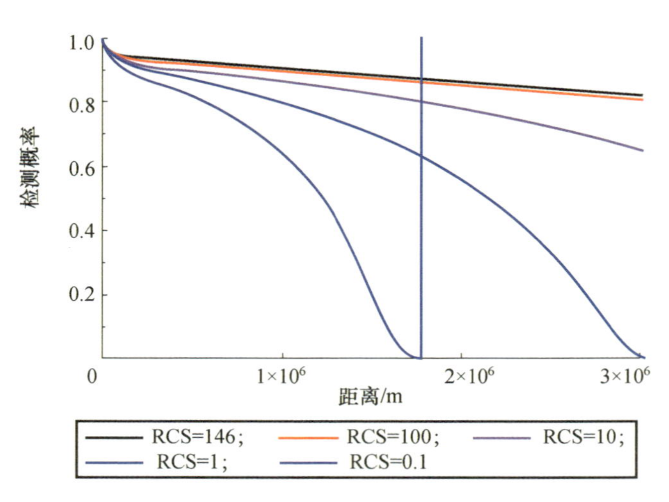

图 7.4　机会阵雷达使用 VHF 频段信号 P_D与距离曲线

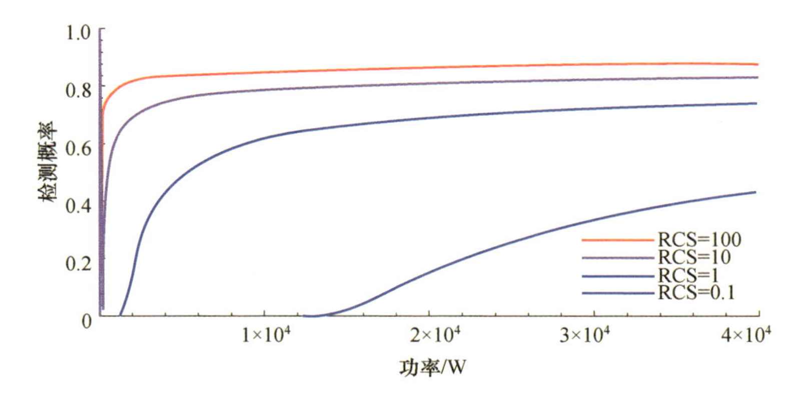

图 7.5　UHF 雷达在 748km 移交距离处的 P_D 与功率曲线

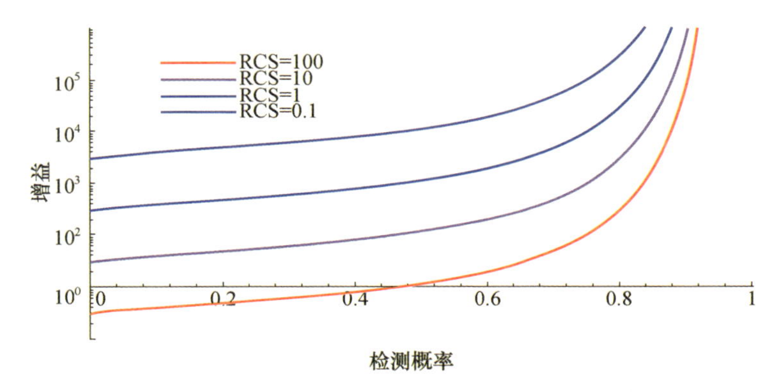

图 7.6　VHF 雷达在 748km 移交(Hand off)距离处的增益与 P_D 曲线

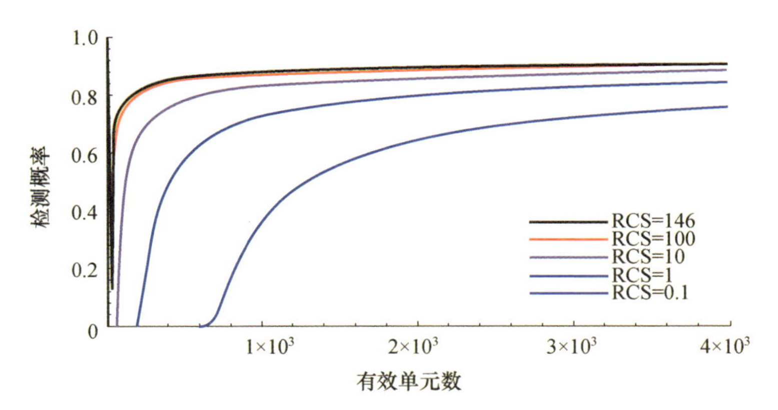

图 7.7　VHF 雷达在 748km 距离处 P_D 与单元数曲线